Infinitesimalrechnung 2

Grundkurs

von
Karl-August Keil
Johannes Kratz
Hans Müller
Karl Wörle

Bayerischer Schulbuch-Verlag · München

bsv **Mathematik**

Gedruckt auf chlorfrei gebleichtem Papier

1997
1. Auflage

Umschlaggestaltung: Lutz Siebert
Satz und Druck: Tutte Druckerei GmbH, Salzweg-Passau
ISBN 3-7627-3858-0

Dieses Werk folgt der reformierten Rechtschreibung und Zeichensetzung.

Inhalt

G. Grundwissen

G.1.	Die Gerade und ihre Steigung	8
G.2.	Allgemeine Eigenschaften von Funktionen	9
G.2.1.	Monotonie	9
G.2.2.	Umkehrbarkeit und Umkehrfunktion	10
G.2.3.	Beschränktheit	12
G.2.4.	Symmetrie des Graphen	13
G.3.	Grenzwerte von Funktionen	14
G.3.1.	Grenzwert für $x \to \infty$	14
G.3.2.	Grenzwert für $x \to x_0$	15
G.3.3.	Stetigkeit	16
G.4.	Ableitung und Ableitungsfunktion	16
G.4.1.	Die Ableitung an einer Stelle x_0	16
G.4.2.	Die Ableitungsfunktion	18
G.4.3.	Höhere Ableitungen	18
G.5.	Ableitungsregeln	19
G.5.1.	Ableitungsregel für Summe, Differenz und konstanten Faktor	19
G.5.2.	Die Produktregel	19
G.5.3.	Die Quotientenregel	21
G.5.4.	Zusammengesetzte Funktionen und Kettenregel	23
G.6.	Kurvendiskussion	25

7. Einführung in die Integralrechnung

7.1.	Die Inhaltsbestimmung als Grundproblem der Integralrechnung	30
7.1.1.	Ein Verfahren zur Bestimmung des Kreisflächeninhalts	30
7.1.2.	Flächeninhalte im Zeit-Geschwindigkeits-Diagramm	31
7.2.	Das bestimmte Integral	34
7.2.1.	Gerichtete Flächeninhalte	34
7.2.2.	Definition des bestimmten Integrals	35
7.3.	Berechnung bestimmter Integrale	37
7.3.1.	Die Streifenmethode	37
7.3.2.	Die Anwendung der Streifenmethode am Beispiel einer Tabellenkalkulation	40
7.3.3.	Integration bei einfachen Funktionen	41
7.3.4.	Die Summengrenzwertformel	48
▶	Ergänzungen und Ausblicke: Integration der Sinusfunktion mit dem Computer	54

7.4. Eigenschaften des bestimmten Integrals ... 55
7.4.1. Umkehrung der Integrationsrichtung ... 55
7.4.2. Linearitätseigenschaften ... 56
7.4.3. Monotonieeigenschaft ... 57
7.4.4. Additivitätseigenschaft ... 58

7.5. Flächenberechnungen an Graphen ... 58
7.5.1. Die Fläche zwischen dem Graphen einer Funktion und der x-Achse ... 58
7.5.2. Die Fläche zwischen den Graphen zweier Funktionen ... 60
► Ergänzungen und Ausblicke: Die Simpson-Regel ... 64

8. Ausbau der Integralrechnung

8.1. Integralfunktion und Stammfunktion ... 68
8.1.1. Das Integral als Funktion der oberen Grenze ... 68
8.1.2. Begriff der Stammfunktion ... 69

8.2. Der Hauptsatz der Differenzial- und Integralrechnung ... 72
8.2.1. Hinführung und Beweis ... 72
8.2.2. Berechnung bestimmter Integrale mit Hilfe einer Stammfunktion ... 75
8.2.3. Integrationsregeln für einige wichtige Funktionen – Das unbestimmte Integral ... 76

8.3. Rückblick und Vorschau ... 80
► Ergänzungen und Ausblicke: Integration von $\frac{\sin x}{x}$ mit der Simpson-Regel ... 81

8.4. Das Integral in Anwendungen ... 82
8.4.1. Lineare Bewegungsvorgänge ... 82
8.4.2. Das Arbeitsintegral ... 84
8.4.3. Der Schuss ins Weltall ... 87
8.4.4. Beispiele aus verschiedenen Anwendungsgebieten ... 88

8.5. Vermischte Aufgaben zur Infinitesimalrechnung ... 90
► Ergänzungen und Ausblicke: Rauminhalt eines Rotationskörpers ... 96

9. Logarithmus- und Exponentialfunktion

9.1. Die Integralfunktion L: $x \mapsto \int_1^x \frac{dt}{t}$; $x \in \mathbb{R}^+$ ... 100
9.1.1. Charakteristische Eigenschaften der Integralfunktion L ... 100
9.1.2. Identifizierung der Funktion L über ihre Umkehrfunktion ... 104
9.1.3. Grenzwertdarstellung der Zahl e ... 106

9.2. Die natürliche Logarithmusfunktion ... 108
9.2.1. Eigenschaften und Graph ... 108
9.2.2. Ableitungsregel ... 110
9.2.3. Integrationsformeln ... 111

9.3. Die natürliche Exponentialfunktion (e-Funktion) 114
9.3.1. Eigenschaften und Graph 114
9.3.2. Ableitungsregel 116
9.3.3. Integrationsformeln 117
9.3.4. Vermischte Aufgaben zur ln- und e-Funktion 119

9.4. Die allgemeine Logarithmus- und Exponentialfunktion 123
9.4.1. Begriffe 123
9.4.2. Ableitungsregeln und Graphen 125

9.5. Die Exponentialfunktion in Physik und Biologie 127
9.5.1. Energieaustausch bei Abkühlung und Erwärmung 127
9.5.2. Das allgemeine Wachstumsgesetz 129
9.5.3. Das allgemeine Zerfallsgesetz 129
9.5.4. Radioaktiver Zerfall und Halbwertszeit 130
9.5.5. Zusammenfassung 130

9.6. Zur Geschichte der Integralrechnung 133
► Ergänzungen und Ausblicke:
A. Aus der Elektrizitätslehre 136
B. Reihenentwicklungen 138
C. Verzinsung und stetige Verzinsung 142

10. Rationale Funktionen

10.1. Zusammenfassung bisheriger Erkenntnisse 146

10.2. Verhalten im Unendlichen 150

10.3. Zur Integration rationaler Funktionen 156

10.4. Rationale Funktionen in der Physik 158

11. Wiederholungsaufgaben

11.1. Aufgaben zur Wiederholung von Produktregel, Quotientenregel und Kettenregel 164

11.2. Zu den Abschnitten 1. bis 6. 166

11.3. Zu den Abschnitten 1. bis 8. 167

11.4. Zu den Abschnitten 1. bis 10. 169
► Ergänzungen und Ausblicke:
Iterationsverfahren zur Nullstellenbestimmung 175

Stichwortverzeichnis 182

Bedeutung der farbigen Kennzeichnung von Lehrtexten:

- Abschnitte, die wahlweise behandelt werden können, sind durch blaue,
- Ergänzungs- und Zusatzstoffe durch rote Ziffern oder Buchstaben gekennzeichnet;

von Aufgaben:

- „Grundaufgaben": Sie sind schwarz nummeriert und bilden das Grundgerüst. Sie werden als erste Übung zum Verständnis und zur Festigung des Lehrstoffes empfohlen.
- „Wahlaufgaben": Sie sind blau gekennzeichnet und dienen der Vertiefung. Sie können in Anpassung an die zur Verfügung stehende Zeit und an das Leistungsvermögen der Klasse in einer Auswahl behandelt werden.
- „Zusatzaufgaben": Sie sind rot gekennzeichnet, bieten zusätzlichen Stoff oder stellen erhöhte Anforderungen. Sie können ohne Schaden für den Gesamtlehrgang grundsätzlich übergangen werden.

G. Grundwissen

G.1. Die Gerade und ihre Steigung

Dieses Kapitel wiederholt Inhalte der 11. Jahrgangsstufe. Aufgaben dazu befinden sich auch ab Seite 164. Soweit Kenntnisse daraus (z. B. Produkt-, Quotienten-, Kettenregel) noch nicht vorhanden sind, kann hier auf solche Inhalte eingegangen werden. Je nach Lehrplanaufbau kann dies jedoch auch später an geeigneter Stelle geschehen.

Eine Funktion $f\colon x \mapsto mx + t;\ x \in \mathbb{R}$ heißt *lineare Funktion*. Ihr Graph ist eine Gerade. $y = mx + t$ ist die *Gleichung* der Geraden.

Die Gerade schneidet die y-Achse im Punkt $P(0;\, t)$. m heißt der *Steigungsfaktor* der Geraden. Je größer $|m|$, desto steiler verläuft sie:

$m > 0$: die Gerade steigt nach rechts an,
$m < 0$: die Gerade fällt nach rechts ab,
$m = 0$: die Gerade verläuft parallel zur x-Achse.

Zur Definition der *Steigung* in einem Punkt $P_0(x_0;\, y_0)$ der Geraden g wählt man noch einen beliebigen anderen Punkt $P_1(x_1;\, y_1)$ auf g (Fig. G.1) und bildet im entstehenden „Steigungsdreieck" das Verhältnis

$$\boxed{\frac{\Delta y}{\Delta x} = \frac{y_1 - y_0}{x_1 - x_0} = \tan\alpha}$$

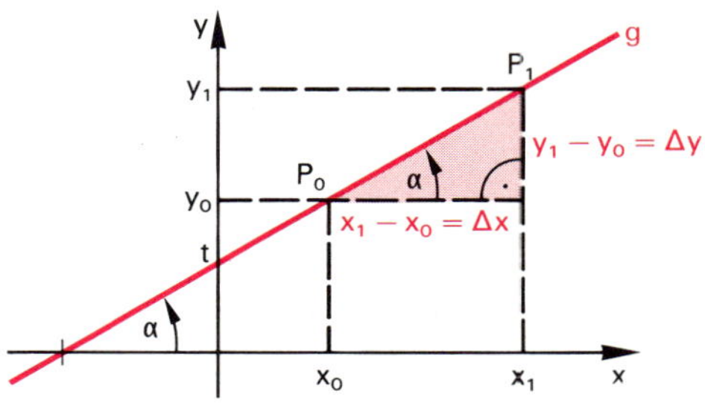

Fig. G.1

Da $y_0 = mx_0 + t$ und $y_1 = mx_1 + t$, erhält man

$$\frac{\Delta y}{\Delta x} = \frac{y_1 - y_0}{x_1 - x_0} = \frac{(mx_1 + t) - (mx_0 + t)}{x_1 - x_0} = \frac{m(x_1 - x_0)}{x_1 - x_0} = m\,,$$

unabhängig von x_0, x_1 und t.

Die Gerade mit der Gleichung $y = mx + t$ hat also an jeder Stelle und unabhängig von t die Steigung

$$\boxed{\frac{\Delta y}{\Delta x} = \tan\alpha = m} \quad \text{mit} \quad -90° < \alpha < 90°$$

Steigung und Steigungsfaktor sind also identisch und gleich dem Tangens des Neigungswinkels α der Geraden gegen die x-Achse.

Zwei Geraden mit den Steigungen m_1 und m_2 stehen genau dann aufeinander senkrecht, wenn

$$\boxed{m_1 \cdot m_2 = -1}$$

Aufgaben

1. Welche Steigung hat die Gerade PQ? Berechne ihren Neigungswinkel auf 0,01° genau. Wie lautet die Gleichung der Geraden?
   a) P(2; 2), Q(4; 6) b) P(−5; 0), Q(3; −2)

2. Berechne die Neigungswinkel der Geraden g_1 und g_2 auf 0,01° genau. Unter welchem Winkel und in welchem Punkt schneiden sie sich?
   a) g_1: $y = \frac{3}{2}x + 2$ und g_2: $y = -\frac{1}{3}x - \frac{5}{3}$
   b) g_1: $2x - 3y - 4 = 0$ und g_2: $3x + 2y + 7 = 0$

3. Im Punkt $A \in g$ wird das Lot zu g errichtet. Welche Gleichung hat es?
   a) g: $y = -\frac{1}{2}x + 3$; A(2; ?) b) g: $2x - 3y + 6 = 0$; A(?; 4)

G.2. Allgemeine Eigenschaften von Funktionen

G.2.1. Monotonie

Die Funktion $f: x \mapsto f(x);\ x \in D_f$ heißt

streng monoton zunehmend[1]	*streng monoton abnehmend*[1]
wenn mit zunehmendem x	
der Funktionswert f(x) zunimmt;	der Funktionswert f(x) abnimmt;
oder	
wenn für alle $x_1, x_2 \in D_f$ gilt	
$x_1 < x_2 \Rightarrow f(x_1) < f(x_2)$;	$x_1 < x_2 \Rightarrow f(x_1) > f(x_2)$.

Von den zugehörigen Graphen sagt man, dass sie streng monoton steigen (Fig. G.2) bzw. fallen.

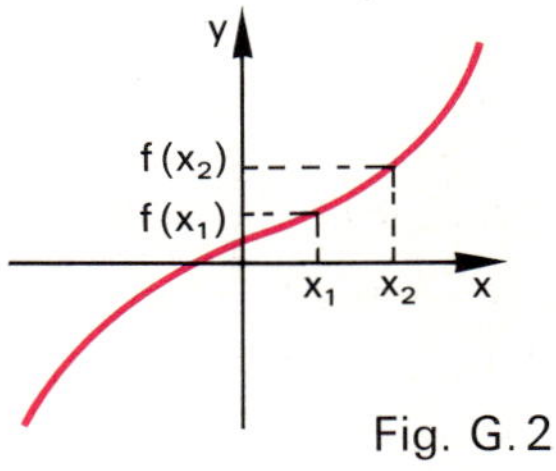

Fig. G.2

Beispiel: $f: x \mapsto f(x) = x^2;\ x \in \mathbb{R}^+$

Wir betrachten die Differenz benachbarter Funktionswerte:

$$f(x_2) - f(x_1) = x_2^2 - x_1^2 = (x_2 + x_1)(x_2 - x_1)$$

Für $0 < x_1 < x_2$ sind die beiden letzten Faktoren jeweils positiv und damit auch $f(x_2) - f(x_1) > 0$, f selbst also streng monoton zunehmend.

Wie liegen die Verhältnisse bei $g: x \mapsto g(x) = x^2;\ x \in \mathbb{R}^-$?

Wird beim Vergleich der Funktionswerte $f(x_2)$ und $f(x_1)$ die Gleichheit noch zugelassen, so entfällt der Zusatz „streng".

[1] auch *echt* monoton zunehmend (abnehmend).

Aufgabe

Zeige, dass die Funktion $f\colon x \mapsto \frac{1}{x};\ x \in \mathbb{R}^+$ streng monoton abnimmt. Was ergibt sich, wenn man als Definitionsmenge $\mathbb{R}^-$ wählt?

G.2.2. Umkehrbarkeit und Umkehrfunktion

Die allgemeine Definition einer Funktion

$$f\colon x \mapsto y = f(x);\ x \in D_f$$

lässt zu, dass verschiedene x-Werte aus D_f den gleichen Funktionswert y haben.

Folgt jedoch aus $x_1 \neq x_2$ stets auch $f(x_1) \neq f(x_2)$, so ist jedes $y \in W_f$ nur das Bild *genau* eines $x \in D_f$, d.h. $f(x_1) = f(x_2)$ ist nur möglich, wenn $x_1 = x_2$ ist. Wir nennen eine solche Funktion f *umkehrbar*.

Die umgekehrte Zuordnung $y \mapsto x$ mit $y = f(x)$ stellt dann für $y \in W_f$ selbst wieder eine Funktion dar, die wir die *Umkehrfunktion* von f nennen und mit f^{-1} bezeichnen:

$$f^{-1}\colon y \mapsto x = f^{-1}(y) \quad \text{mit} \quad f(x) = y;\ y \in W_f$$

Es gilt: $\quad D_{f^{-1}} = W_f \quad$ und $\quad W_{f^{-1}} = D_f$

Vertauscht man, um auch für f^{-1} zur üblichen Darstellung einer Funktion zu kommen, die Variablen x und y, so bedeutet das für den Graphen $G_{f^{-1}}$ eine Spiegelung an der Winkelhalbierenden des 1. und 3. Quadranten.

Beispiel: $f\colon x \mapsto y = x^2;\quad D_f = [1; 3]$

$f^{-1}\colon y \mapsto x = \sqrt{y};\quad D_{f^{-1}} = W_f = [1; 9]$, nach Vertauschung von x und y:

$f^{-1}\colon x \mapsto y = \sqrt{x};\quad D_{f^{-1}} = [1; 9]$, Fig. G.3

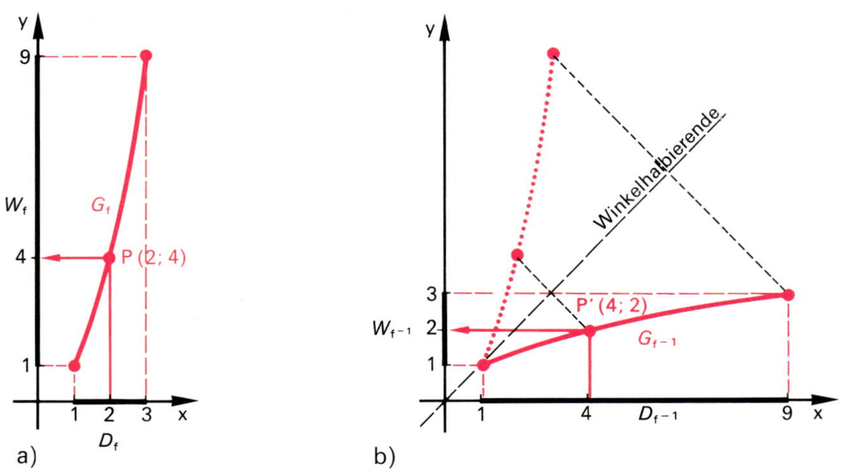

Fig. G.3

Zwischen Funktion und Umkehrfunktion gelten die folgenden Beziehungen:

a) Bildet man die Umkehrfunktion zu f^{-1}, so erhält man die ursprüngliche Funktion f. Es gilt also

$$(f^{-1})^{-1} = f.$$

Diese Beziehung ist eine Erklärung für die Schreibweise f^{-1} der Umkehrfunktion von f. Es besteht eine gewisse, freilich mit Vorsicht zu wertende Analogie zu einer Potenzregel der Algebra.

b) Figur G.4 veranschaulicht: D_f wird durch f abgebildet auf W_f. W_f ist nun die Definitionsmenge $D_{f^{-1}}$ der Umkehrfunktion f^{-1}. $D_{f^{-1}}$ wird durch f^{-1} abgebildet auf $W_{f^{-1}} = D_f$.

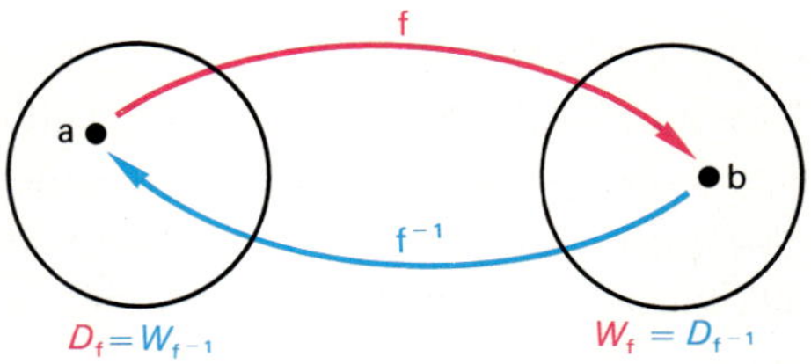

Fig. G.4

Man sieht:

$$\boxed{f(a) = b \Leftrightarrow a = f^{-1}(b)}$$

für $a \in D_f$ bzw. $b \in D_{f^{-1}}$.

Daraus ergibt sich durch Einsetzen wiederum sofort:

$$\boxed{f(f^{-1}(b)) = b \quad \text{und} \quad f^{-1}(f(a)) = a}$$

Beispiel: $f(x) = x^2$; $f^{-1}(x) = \sqrt{x}$ für $x > 0$

$f(f^{-1}(x)) = (\sqrt{x})^2 = x$ und $f^{-1}(f(x)) = \sqrt{x^2} = x$ für $x > 0$

Ein hinreichendes (aber nicht notwendiges) Kriterium für die Umkehrbarkeit einer Funktion liefert der

Satz:

Streng monotone Funktionen sind umkehrbar.

Aufgabe

Begründe, warum f umkehrbar ist und gib f^{-1} an (mit Vertauschung der Variablen). Zeichne die Graphen G_f und $G_{f^{-1}}$ und bestimme, soweit vorhanden, deren Schnittpunkte.

a) $f\colon x \mapsto \frac{1}{2}x + 2$; $D_f = \mathbb{R}$

b) $f\colon x \mapsto x^2$; $D_f = \mathbb{R}_0^-$

c) $f\colon x \mapsto \frac{1}{2}x^2 + \frac{1}{2}$; $D_f = \mathbb{R}_0^+$

d) $f\colon x \mapsto -x + 4$; $D_f = \mathbb{R}$

e) $f\colon x \mapsto x^2 - 6x + 10$; $D_f = [3; \infty[$

f) $f\colon x \mapsto \frac{1}{2}x^2 + x$; $D_f = [-1; \infty[$

G.2.3 Beschränktheit

Die Funktion $f\colon x \mapsto f(x);\ x \in D_f$ heißt

nach oben beschränkt	*nach unten beschränkt*
wenn es eine Zahl $S \in \mathbb{R}$ gibt, sodass	wenn es eine Zahl $s \in \mathbb{R}$ gibt, sodass
$f(x) \leqq S$	$f(x) \geqq s$

für alle $x \in D_f$.

S heißt eine *obere Schranke*, s eine *untere Schranke* von f.

Ist S eine obere Schranke, so ist jede Zahl, die größer ist als S, auch eine obere Schranke. Entsprechendes gilt für untere Schranken. Eine nach oben beschränkte Funktion hat unendlich viele obere, eine nach unten beschränkte Funktion unendlich viele untere Schranken. Die kleinste obere Schranke heißt *Supremum*, die größte untere Schranke *Infimum* von f.

Aus der Vollständigkeitseigenschaft der reellen Zahlen folgt, dass jede nach oben beschränkte Funktion ein Supremum hat, jede nach unten beschränkte Funktion ein Infimum.

Das Supremum (Infimum) kann zur Wertemenge gehören, muss es aber nicht.

Beispiel: Jede quadratische Funktion ist entweder nach oben oder nach unten beschränkt. Der Funktionswert im Scheitel ist Supremum bzw. Infimum.

Eine Funktion heißt *beschränkt*, wenn sie nach oben und unten beschränkt ist (Fig. G.5).

Beispiel: Die Sinusfunktion $f\colon x \mapsto \sin x$ ist beschränkt, weil für alle $x \in \mathbb{R}$ gilt $-1 \leqq \sin x \leqq 1$. 1 ist Supremum, -1 ist Infimum.

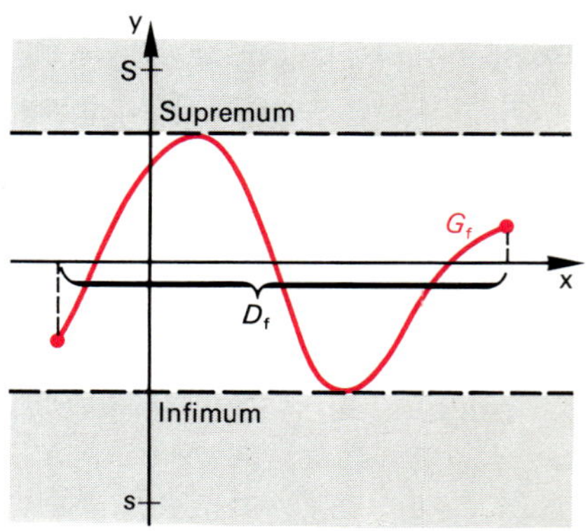

Fig. G.5

Aufgabe

Untersuche folgende Funktionen auf Beschränktheit nach oben bzw. unten. Gib ggf. das Supremum bzw. Infimum an. Gehört es zur Wertemenge?

a) $f\colon x \mapsto -x^2 + 2x;\quad x \in \mathbb{R}$ b) $f\colon x \mapsto |x-1| + 2;\quad x \in \mathbb{R}$ c) $f\colon x \mapsto \frac{1}{x};\quad x \in \mathbb{R}^+$

G.2.4. Symmetrie des Graphen

Eine Funktion $f: x \mapsto f(x);\ x \in D_f$ heißt

gerade,
ungerade, } wenn mit $x \in D_f$ auch $-x \in D_f$ gilt und $\begin{cases} f(-x) = f(x) \\ f(-x) = -f(x). \end{cases}$

Bei der geraden Funktion gehört also zu den Werten x und $-x$ derselbe Funktionswert, d. h. der Graph ist symmetrisch zur y-Achse. Fig. G.6.

Bei der ungeraden Funktion gehören zu den Werten x und $-x$ Funktionswerte, die sich nur im Vorzeichen unterscheiden. Der Graph ist punktsymmetrisch zum Ursprung. Fig. G.7.

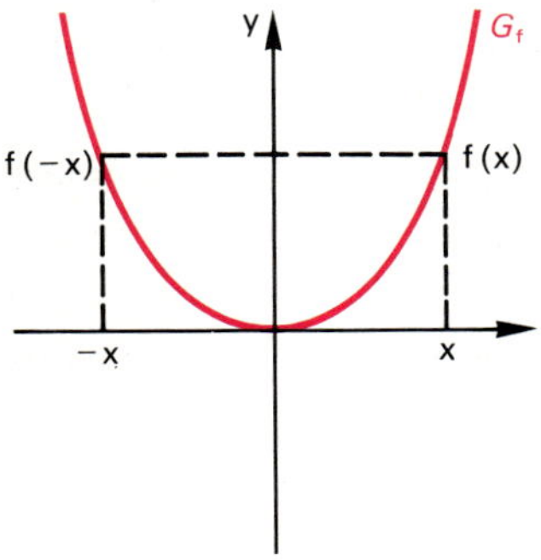

Fig. G.6

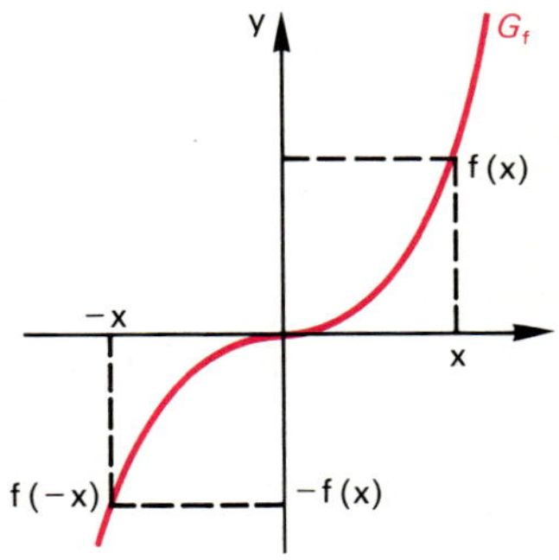

Fig. G.7

Beispiele: Für die folgenden Funktionen sei jeweils $D_f = \mathbb{R}$, sodass mit $x \in D_f$ auch $-x \in D_f$ gilt. Damit sind $f: x \mapsto x^2$ und $f: x \mapsto \cos x$, wegen $(-x)^2 = x^2$ bzw. $\cos(-x) = \cos x$, *gerade Funktionen*. Dagegen sind $f: x \mapsto x^3$ und $f: x \mapsto \sin x$ *ungerade Funktionen*, weil $(-x)^3 = -x^3$ und $\sin(-x) = -\sin x$.

Aufgabe

Welche Symmetrieeigenschaften haben die Graphen der folgenden Funktionen (jeweils maximale Definitionsmenge vorausgesetzt)?

a) $f: x \mapsto x^2 - 1$ b) $f: x \mapsto |x|$ c) $f: x \mapsto \frac{1}{x}$

d) $f: x \mapsto \frac{1}{x^2}$ e) $f: x \mapsto x^2 - 2|x| + 1$ f) $f: x \mapsto x^3 - 4x$

g) $f: x \mapsto x \cos x$ h) $f: x \mapsto \frac{\sin x}{x}$

G.3. Grenzwerte von Funktionen

G.3.1. Grenzwert für $x \to \infty$

Eine Funktion f mit rechtsseitig unbeschränktem Definitionsbereich hat *für* $x \to \infty$ *den Grenzwert* a, wenn der Betrag $|f(x) - a|$ jede noch so kleine positive Zahl unterschreitet, sobald x groß genug wird.

Man schreibt:

$$\lim_{x \to \infty} f(x) = a \quad \text{bzw.} \quad \lim_{x \to \infty} (f(x) - a) = 0$$

und sagt: f *konvergiert für* $x \to \infty$ *gegen den Grenzwert* a.

Beispiel: Für $n \in \mathbb{N}$ und $a \in \mathbb{R}$ gilt $\lim\limits_{x \to \infty} \frac{a}{x^n} = 0$ und entsprechend $\lim\limits_{x \to -\infty} \frac{a}{x^n} = 0$.

Es gelten die *Grenzwertregeln*:

> Wenn $\lim\limits_{x \to \infty} f(x) = a$ und $\lim\limits_{x \to \infty} g(x) = b$,
>
> dann ist $\lim\limits_{x \to \infty} [f(x) \pm g(x)] = a \pm b$,
>
> $\lim\limits_{x \to \infty} [f(x) \cdot g(x)] = a \cdot b$ und
>
> $\lim\limits_{x \to \infty} \frac{f(x)}{g(x)} = \frac{a}{b}$, falls $b \neq 0$

Von diesen Regeln macht man Gebrauch, wenn man zur Ermittlung des Grenzwertes von Bruchtermen durch die höchste (im Nenner) vorkommende Potenz von x kürzt:

Beispiel: $$\lim_{x \to \infty} \frac{3x^3 - 7x + 13}{4x^3 + 20x^2} = \lim_{x \to \infty} \frac{3 - \frac{7}{x^2} + \frac{13}{x^3}}{4 + \frac{20}{x}} = \frac{3}{4}$$

Auf analoge Weise ist der Grenzwert einer Funktion für $x \to -\infty$ definiert. Die Grenzwertregeln gelten auch für $x \to -\infty$.

Aufgabe

Bestimme die folgenden Grenzwerte:

a) $\lim\limits_{x \to \infty} \frac{x^2 - 3x + 2}{x^2 + x - 6}$ b) $\lim\limits_{x \to \infty} \frac{2x - 3x^3}{x^3 + 1}$ c) $\lim\limits_{x \to \infty} \frac{2x + \sin x}{x + 3}$ d) $\lim\limits_{n \to \infty} \frac{2n}{n^2 + 1}$

G.3.2. Grenzwert für $x \to x_0$

Eine Funktion f hat für $x \to x_0$ den Grenzwert a, wenn der Betrag $|f(x) - a|$ jede noch so kleine positive Zahl unterschreitet, sobald x der Stelle x_0 nahe genug kommt.

Dabei muss $x \neq x_0$ sein, und die Annäherung an x_0 muss innerhalb von D_f möglich sein.

Man schreibt:

$$\lim_{x \to x_0} f(x) = a \quad \text{oder} \quad \lim_{x \to x_0} (f(x) - a) = 0$$

und sagt: f konvergiert für $x \to x_0$ gegen a.

Anmerkungen:

1. Befindet sich x_0 im Inneren von D_f, oder ist x_0 eine Definitionslücke, so muss sowohl bei der Annäherung von links als auch von rechts für $x \to x_0$ der Betrag $|f(x) - a|$ jede noch so kleine positive Zahl unterschreiten.
2. Ist f rechts von x_0 nicht definiert, so kommt natürlich nur eine Annäherung von links in Frage. Entsprechendes gilt, wenn f links von x_0 nicht definiert ist.
   An der Stelle x_0 selbst muss f nicht definiert sein.

1. Beispiel: Die Funktion $f\colon x \mapsto \frac{x^2 - 1}{x - 1}$; $D_f = D_{f(x)}$ ist an der Stelle $x_0 = 1$ nicht definiert. Für $x \neq 1$ gilt $f(x) = x + 1$. Es ist $\lim_{x \to 1} f(x) = 2$, weil der Betrag $|f(x) - 2|$ jede noch so kleine positive Zahl unterschreitet, sobald x der Stelle $x_0 = 1$ nahe genug kommt.

2. Beispiel: $f\colon x \mapsto 2x^2$ mit $D_f = \mathbb{R}$ ist an der Stelle $x_0 = 1$ definiert, wobei $f(1) = 2$. Es ist aber auch $\lim_{x \to 1} f(x) = 2$, was man am einfachsten dadurch nachweist, dass man $x = 1 + h$ in den Funktionsterm einsetzt und das Verhalten für $h \to 0$ betrachtet („h-Methode“).

Die Grenzwertregeln von G.3.1. gelten für den Fall $x \to x_0$ entsprechend wie für $x \to \infty$.

Aufgabe

Bestimme folgende Grenzwerte:

a) $\lim_{x \to 2} \frac{x^2 - 4}{x + 2}$ b) $\lim_{x \to 1} \frac{x^3 - 1}{x^2 - 1}$ c) $\lim_{x \to 3} (x^2 + 1)$ d) $\lim_{x \to 2} \frac{3}{x}$

G.3.3. Stetigkeit

Eine Funktion f heißt an einer Stelle $x_0 \in D_f$ *stetig*, wenn

$$\lim_{x \to x_0} f(x) = f(x_0).$$

Dazu muss also die Funktion f an der Stelle x_0 selbst definiert sein. Die Funktion des 2. Beispiels von G.3.2. ist an der Stelle $x_0 = 1$ stetig, weil $\lim_{x \to 1} f(x) = f(1)$.
Eine Funktion f heißt an einer Stelle x_0 unstetig, wenn $x_0 \in D_f$ und $\lim_{x \to x_0} f(x) \neq f(x_0)$.
Existiert in diesem Fall der Grenzwert $\lim_{x \to x_0} f(x) = a$, so ist $f(x_0) \neq a$.

Ist f an der Stelle x_0 nicht definiert, so ist die Funktion dort weder stetig noch unstetig (z. B. $x \mapsto \frac{1}{x}$ an der Stelle $x_0 = 0$). Existiert dabei jedoch der Grenzwert $\lim_{x \to x_0} f(x) = a$, so heißt f *an der Stelle* x_0 *stetig fortsetzbar*, weil die Funktion $\bar{f}$ mit

$$\bar{f}(x) = \begin{cases} f(x) & \text{für} \quad x \in D_f \\ a & \text{für} \quad x = x_0 \end{cases}$$

an der Stelle x_0 definitionsgemäß stetig ist (vgl. 1. Beispiel in G.3.2.).
Aus den Grenzwertregeln für $x \to x_0$ ergibt sich für zwei an der Stelle x_0 stetige Funktionen, dass dann auch ihre Summe, ihre Differenz, ihr Produkt und ihr Quotient stetig sind, Letzteres allerdings nur, wenn der Nenner nicht null ist.

Funktionen, die an jeder Stelle eines abgeschlossenen Intervalls [a; b] stetig sind, nehmen darin einen größten und einen kleinsten Funktionswert (*Maximum* bzw. *Minimum*) an (*Extremwertsatz*); außerdem wird von ihnen jeder Funktionswert zwischen f(a) und f(b) mindestens einmal angenommen (*Zwischenwertsatz*).

G.4. Ableitung und Ableitungsfunktion

G.4.1. Die Ableitung an einer Stelle x_0

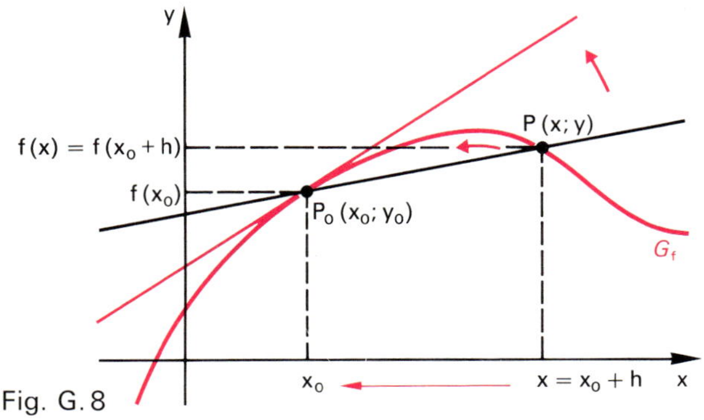

Fig. G. 8

Auf der Suche nach der Steigung des Graphen G_f einer Funktion $f\colon x \mapsto f(x)$ in einem bestimmten Punkt $P_0(x_0; y_0)$ im Inneren von D_f wählt man einen beliebigen anderen Punkt $P(x; y)$ auf G_f und bestimmt zunächst (nach Abschnitt G.1.) die Steigung der Kurvensekante PP_0:

$$m_{PP_0} = \frac{\Delta y}{\Delta x} = \frac{y - y_0}{x - x_0} = \frac{f(x) - f(x_0)}{x - x_0} \qquad \text{(vgl. Fig. G.8)}$$

Der rechts stehende Quotient heißt *Differenzenquotient*. Hat er für $x \to x_0$ einen Grenzwert, so definieren wir diesen als die *Steigung von G_f* im Punkt $P_0(x_0; y_0)$ und nennen ihn die *Ableitung* (oder den *Differenzialquotienten*) $f'(x_0)$ der Funktion f an der Stelle x_0:

$$f'(x_0) = \lim_{x \to x_0} \frac{f(x) - f(x_0)}{x - x_0}$$

Setzen wir $x = x_0 + h$, also $h = x - x_0$, so ist $x \to x_0$ gleichbedeutend mit $h \to 0$, und wir erhalten die für Berechnungen oft zweckmäßigere „h-Form“:

$$f'(x_0) = \lim_{h \to 0} \frac{f(x_0 + h) - f(x_0)}{h}$$

Existiert dieser Grenzwert, so nennen wir f an der Stelle x_0 *differenzierbar*. Dazu muss f an der Stelle x_0 zumindest stetig sein. Die Umkehrung gilt nicht (z. B. ist $x \mapsto |x|$ an der Stelle $x_0 = 0$ zwar stetig, aber nicht differenzierbar).

Die Gerade mit der Steigung $m = f'(x_0)$ durch den Punkt $P_0(x_0; y_0)$ ist die *Tangente* an G_f in P_0.

Beispiel: Für $f\colon x \mapsto x^2$; $D_f = \mathbb{R}$ erhält man an einer beliebigen Stelle x_0:

$$f'(x_0) = \lim_{h \to 0} \frac{(x_0 + h)^2 - x_0^2}{h} = \lim_{h \to 0} \frac{2x_0 h + h^2}{h}$$

$$= \lim_{h \to 0} (2x_0 + h) = 2x_0 .$$

Für $x_0 = 1$ erhält man damit für die Tangente im Punkt $P_0(1; 1)$

$$\frac{y - 1}{x - 1} = 2 \quad \text{also} \quad y = 2x - 1.$$

Aufgabe

Berechne für folgende Funktionen mit $D_f = D_{f(x)}$ allgemein die Ableitung $f'(x_0)$ und bestimme dann die Gleichung der Tangente für $x_0 = 1$:

a) $f\colon x \mapsto \frac{1}{x}$ $(x_0 \neq 0)$ b) $f\colon x \mapsto \frac{1}{x^2}$ $(x_0 \neq 0)$ c) $f\colon x \mapsto \sqrt{x}$ $(x_0 > 0)$

G.4.2. Die Ableitungsfunktion

Die Ableitung $f'(x_0)$ definiert für jedes x_0 aus dem Differenzierbarkeitsbereich von f selbst wieder eine Funktion von x_0.

Wir nennen sie (nachdem wir statt x_0 wieder einfacher x schreiben) die *Ableitungsfunktion* $f'\colon x \mapsto f'(x);\ x \in D_{f'}$.

Durch unmittelbares Einsetzen in die Definition der Ableitung erhält man wie im obigen Beispiel für einige wichtige Grundfunktionen folgende

Tabelle 1

$f(x) = c$ (konstant)	$\Rightarrow f'(x) = 0$ (konstant)
$f(x) = x$	$\Rightarrow f'(x) = 1$ (konstant)
$f(x) = x^2$	$\Rightarrow f'(x) = 2x$
$f(x) = x^3$	$\Rightarrow f'(x) = 3x^2$
$f(x) = \frac{1}{x}$	$\Rightarrow f'(x) = -\frac{1}{x^2} \quad (x \neq 0)$
$f(x) = \sqrt{x}$	$\Rightarrow f'(x) = \frac{1}{2\sqrt{x}} \quad (x > 0)$
$f(x) = \sin x$	$\Rightarrow f'(x) = \cos x$
$f(x) = \cos x$	$\Rightarrow f'(x) = -\sin x$

Aufgabe

Bestimme die Ableitungsfunktion zu folgenden Funktionen mit $D_f = D_{f(x)}$:

a) $f\colon x \mapsto mx + t$ b) $f\colon x \mapsto ax^2$ c) $f\colon x \mapsto \frac{1}{x^2}$

G.4.3. Höhere Ableitungen

Häufig ist die Ableitungsfunktion f′ einer Funktion f (zumindest in einer Teilmenge von $D_{f'}$) selbst wieder differenzierbar. Die Ableitung von f′ wird mit f″ bezeichnet und heißt 2. Ableitung von f. Die Ableitung von f″ nennen wir die 3. Ableitung f‴ von f. Es folgen ggf. 4., 5., ..., n-te Ableitung von f, für die man $f^{(4)}, f^{(5)}, \ldots, f^{(n)}$ schreibt. Eine Funktion, deren n-te Ableitung $f^{(n)}$ in einer gewissen Zahlenmenge existiert, heißt dort n-mal differenzierbar.

Beispiel: aus der Physik:

Die Geschwindigkeit ist die 1. Ableitung des Weges nach der Zeit,
die Beschleunigung ist die 2. Ableitung des Weges nach der Zeit.

G.5. Ableitungsregeln

Um Funktionen, die sich aus der vorausgehenden Tabelle zusammensetzen, differenzieren zu können, benötigt man einige allgemeine Ableitungsverfahren.

G.5.1. Ableitungsregel für Summe, Differenz und konstanten Faktor

Unmittelbar aus der Definition der Ableitung ergeben sich die folgenden

Regeln:

$$f(x) = u(x) \pm v(x) \Rightarrow f'(x) = u'(x) \pm v'(x)$$
$$f(x) = c \cdot u(x) \Rightarrow f'(x) = c \cdot u'(x) \quad \text{mit} \quad c \in \mathbb{R}$$

Beispiel: $f(x) = 3x^2 + 12x - 7 \Rightarrow f'(x) = 6x + 12$

(Wie lässt sich daraus leicht der Parabelscheitel finden?)

Aufgaben

Differenziere folgende Funktionsterme:

a) $f(x) = x^2 + x$ b) $f(x) = -2x^2 - 8x + 1$ c) $f(x) = x^3 + 5$

d) $f(x) = 2\sqrt{x} + 3\sin x$ e) $f(x) = \frac{a}{x} + b\sqrt{x}$ f) $f(x) = a\sin x + b\cos x$

G.5.2. Die Produktregel[1]

Für eine Produktfunktion mit $f(x) = u(x) \cdot v(x)$ gilt keine so einfache Regel wie die für Summe und Differenz zweier Funktionen in G.5.1. Für $f(x) = x^2 \cdot x = x^3$ z.B. ist nämlich $f'(x) = 3x^2$, die Ableitungen der Einzelfaktoren x^2 und x sind aber 2x und 1, ihr Produkt also 2x.

Zur Klärung bilden wir zunächst den Differenzenquotienten

$$\frac{f(x) - f(x_0)}{x - x_0} = \frac{u(x) \cdot v(x) - u(x_0) \cdot v(x_0)}{x - x_0}$$

$$\underset{2}{=} \frac{u(x) \cdot v(x) - u(x) \cdot v(x_0) + u(x) \cdot v(x_0) - u(x_0) \cdot v(x_0)}{x - x_0}$$

$$= u(x)\,\frac{v(x) - v(x_0)}{x - x_0} + v(x_0)\,\frac{u(x) - u(x_0)}{x - x_0}$$

[1] Diese und die folgenden Regeln werden in manchen Kursen erst in der 12. Jahrgangsstufe behandelt, deshalb ist die Darstellung hier etwas ausführlicher gehalten. Zusätzliche Aufgaben siehe 11.1.

[2] Im Zähler wird der Term $u(x) \cdot v(x_0)$ gleichzeitig subtrahiert und addiert.

Die Ableitung $f'(x_0)$ ist der Grenzwert des Differenzenquotienten. Mit den Grenzwertregeln erhalten wir

$$\begin{aligned} f'(x_0) &= \lim_{x \to x_0} u(x) \cdot \lim_{x \to x_0} \frac{v(x) - v(x_0)}{x - x_0} + \lim_{x \to x_0} v(x_0) \cdot \lim_{x \to x_0} \frac{u(x) - u(x_0)}{x - x_0} \\ &= u(x_0) \cdot v'(x_0) + v(x_0) \cdot u'(x_0), \end{aligned}$$

falls $u(x)$ und $v(x)$ an der Stelle x_0 differenzierbar sind. Mit kleinen Umstellungen auf der rechten Seite ergibt sich, wenn wir gleichzeitig x_0 durch x ersetzen und die Schnittmenge der Definitionsmengen von u und v mit D bezeichnen, die

Produktregel:

> Sind die Funktionen u und v für ein $x \in D$ differenzierbar, so trifft dies auch für die Produktfunktion $u \cdot v$ zu, und es gilt:
>
> $f(x) = u(x) \cdot v(x) \quad \Rightarrow \quad f'(x) = u'(x) \cdot v(x) + u(x) \cdot v'(x)$

Beispiele:

a) $f(x) = x^2 \cdot \sin x$
$f'(x) = 2x \cdot \sin x + x^2 \cdot \cos x = x(2\sin x + x\cos x)$

b) $f(x) = (x^2 + 3x + 4)^2 = (x^2 + 3x + 4) \cdot (x^2 + 3x + 4)$
$f'(x) = (2x + 3) \cdot (x^2 + 3x + 4) + (x^2 + 3x + 4) \cdot (2x + 3)$
$= 2 \cdot (x^2 + 3x + 4) \cdot (2x + 3)$
(siehe auch Kettenregel)

c) $f(x) = x^3 = x^2 \cdot x$
$f'(x) = 2x \cdot x + x^2 \cdot 1 = 3x^2$
in Übereinstimmung mit G.4.2.

d) $f(x) = x^4 = x^2 \cdot x^2$
$f'(x) = 2x \cdot x^2 + x^2 \cdot 2x = 4x^3$
Zeige, dass die Zerlegung $f(x) = x \cdot x^3$ das gleiche Ergebnis liefert!

e) $f(x) = x^5 = x \cdot x^4$
$f'(x) = 1 \cdot x^4 + x \cdot 4x^3 = 5x^4$
Zeige, dass die Zerlegung $f(x) = x^2 \cdot x^3$ zum gleichen Ergebnis führt!

Allgemein gelangt man damit zu folgender

Regel: $f(x) = x^n \Rightarrow f'(x) = n \cdot x^{n-1}$ für $n \in \mathbb{N} \setminus \{1\}$ und $x \in \mathbb{R}$

Aufgaben

1. Bilde die Ableitung mit Hilfe der Produktregel:

   a) $f(x) = x\sqrt{x}$ b) $f(x) = \frac{\sqrt{x}}{x}$ c) $f(x) = \frac{1}{x^2}$

   d) $f(x) = x^2 \cos x$ e) $f(x) = x^7 \sin x$ f) $f(x) = \frac{\cos x}{x}$

2. Begründe, warum die Regel $f(x) = c \cdot u(x) \Rightarrow f'(x) = c \cdot u'(x)$ für $c \in \mathbb{R}$ nur ein Sonderfall der Produktregel ist!

3. Zeige:
   $f(x) = u(x)\,v(x)\,w(x) \Rightarrow f'(x) = u'(x)\,v(x)\,w(x) + u(x)\,v'(x)\,w(x) + u(x)\,v(x)\,w'(x)$
   kurz: $(uvw)' = u'vw + uv'w + uvw'$

G.5.3. Die Quotientenregel

Für eine Quotientenfunktion mit $f(x) = \frac{u(x)}{v(x)}$ und $v(x) \neq 0$ gilt $f(x) \cdot v(x) = u(x)$. Setzen wir die Existenz der Ableitungen voraus (vgl. Aufgabe 1), so können wir auf der linken Seite die Ableitung mit Hilfe der Produktregel bilden und gleich der Ableitung der rechten Seite setzen:

$$f'(x) \cdot v(x) + f(x) \cdot v'(x) = u'(x)$$

Lösen wir diese Gleichung nach $f'(x)$ auf, ersetzen im Zähler $f(x)$ durch $\frac{u(x)}{v(x)}$ und erweitern Zähler und Nenner mit $v(x)$, so erhalten wir die

Quotientenregel:

$$f(x) = \frac{u(x)}{v(x)} \Rightarrow f'(x) = \frac{u'(x) \cdot v(x) - u(x) \cdot v'(x)}{(v(x))^2} \quad \text{für} \quad v(x) \neq 0$$

Beispiele: a) $f(x) = \frac{\sin x}{x^3} \Rightarrow f'(x) = \frac{\cos x \cdot x^3 - \sin x \cdot 3x^2}{x^6} = \frac{x \cos x - 3 \sin x}{x^4}$

b) $f(x) = \tan x = \frac{\sin x}{\cos x} \Rightarrow f'(x) = \frac{\cos x \cdot \cos x - \sin x \cdot (-\sin x)}{\cos^2 x}$

$= \frac{\cos^2 x + \sin^2 x}{\cos^2 x} = \frac{1}{\cos^2 x}$

Entsprechend erhält man $f(x) = \cot x \Rightarrow f'(x) = -\frac{1}{\sin^2 x}$

c) $f(x) = x^{-5} = \frac{1}{x^5} \Rightarrow f'(x) = \frac{0 \cdot x^5 - 1 \cdot 5x^4}{x^{10}} = -\frac{5}{x^6} = -5 \cdot x^{-6}$

Das Beispiel c) lässt vermuten, dass die Differenziationsregel für die Potenzfunktion auch dann anwendbar ist, wenn der Exponent ganzzahlig negativ ist. Dies gilt in der Tat, denn mit $n = -m$ ist

$$f(x) = x^{-m} = \frac{1}{x^m}; \quad x \in \mathbb{R} \setminus \{0\} \quad \text{und} \quad m \in \mathbb{N},$$

$$f'(x) = \frac{0 \cdot x^m - 1 \cdot m x^{m-1}}{(x^m)^2} = -\frac{m}{x^{2m-(m-1)}} = -\frac{m}{x^{m+1}}$$

$$= -m \cdot x^{-m-1} = n \cdot x^{n-1}.$$

Was ergibt sich für $n = 0$?

Insgesamt erhalten wir damit folgende Ergänzung zu unserer Tabelle 1 in G.4.2:

Tabelle 2

$f(x) = x^n \Rightarrow f'(x) = n \cdot x^{n-1}$ für $x \in D_f$ und $n \in \mathbb{Z}$,

wobei $D_f = \mathbb{R}$ für $n > 1$ und $D_f = \mathbb{R} \setminus \{0\}$ für alle übrigen ganzen Zahlen n.

$f(x) = \tan x \Rightarrow f'(x) = \frac{1}{\cos^2 x}$ für $x \neq (2k+1)\frac{\pi}{2}$ für alle $k \in \mathbb{Z}$

$f(x) = \cot x \Rightarrow f'(x) = -\frac{1}{\sin^2 x}$ für $x \neq k \cdot \pi$ für alle $k \in \mathbb{Z}$

Aufgaben

1. Beweise die Quotientenregel (ähnlich wie die Produktregel) direkt durch Ansetzen des Differenzenquotienten von f an der Stelle x_0! (Umformung des Zählers nach gleichzeitigem Subtrahieren und Addieren von $u(x_0) \cdot v(x_0)$!)

2. Bilde $f'(x)$:

   a) $f(x) = \frac{1}{9 - x^2}$ b) $f(x) = \frac{1}{\sqrt{x}}$ c) $f(x) = \frac{1}{\sin x}$ d) $f(x) = \frac{1}{2 + x - x^2}$

3. Beweise: $f(x) = \frac{1}{g(x)} \Rightarrow f'(x) = -\frac{g'(x)}{(g(x))^2}$

4. Differenziere mit der Quotientenregel:

   a) $f(x) = \frac{x+1}{x}$ b) $f(x) = \frac{(a-x)^2}{x}$ c) $f(x) = \frac{x^2 - 1}{x^2}$

   Frage: Wie kann man a), c) und auch b) einfacher differenzieren?

   d) $f(x) = \frac{x^3}{(x-a)^2}$ e) $f(x) = \frac{x}{\sin x}$ f) $f(x) = \frac{1}{x^4} - \frac{1}{x^5}$

G.5.4. Zusammengesetzte Funktionen und Kettenregel

Funktionsterme wie $\sqrt{x^2+1}$ oder $\sin(2x+1)$ können wir mit unseren bisherigen Ableitungsregeln nicht differenzieren. Man kann solche Funktionen durch Einführung einer Hilfsvariablen aus zwei Termen zusammensetzen:

Beispiele: a) $f\colon x \mapsto y = \sqrt{x^2+1}$ kann zusammengesetzt werden aus
$g\colon x \mapsto u = x^2+1$ und $h\colon u \mapsto y = \sqrt{u}$

b) $f\colon x \mapsto y = \sin(2x+1)$ ist zusammengesetzt aus
$g\colon x \mapsto u = 2x+1$ und $h\colon u \mapsto y = \sin u$

Es werden also zwei Funktionen $g\colon x \mapsto u = g(x)$ und $h\colon u \mapsto y = h(u)$ zu einer neuen Funktion f zusammengesetzt oder verkettet. Man schreibt auch

$$f\colon x \mapsto y = h(g(x)) \quad \text{oder} \quad f = h \circ g$$

und spricht von der *Verkettung von Funktionen*. (Dabei muss auf Definitionsmengen Rücksicht genommen werden!)

Zur Herleitung der Ableitung setzen wir nun voraus, dass g und h differenzierbar und damit auch stetig sind, und bilden den Differenzenquotienten

$$\frac{f(x)-f(x_0)}{x-x_0} = \frac{h(g(x))-h(g(x_0))}{x-x_0} = \frac{h(u)-h(u_0)}{x-x_0}$$
$$= \frac{(h(u)-h(u_0))\cdot(u-u_0)}{(u-u_0)\cdot(x-x_0)} = \frac{h(u)-h(u_0)}{u-u_0}\cdot\frac{g(x)-g(x_0)}{x-x_0}.$$ [1]

Wegen der Stetigkeit von g ist $\lim\limits_{x\to x_0} g(x) = g(x_0) = u_0$. Für $x \to x_0$ gilt auch $u \to u_0$. Damit ist

$$f'(x_0) = \lim_{x\to x_0}\frac{f(x)-f(x_0)}{x-x_0} = \lim_{u\to u_0}\frac{h(u)-h(u_0)}{u-u_0}\cdot\lim_{x\to x_0}\frac{g(x)-g(x_0)}{x-x_0}$$
$$= h'(u_0)\cdot g'(x_0).$$

In der angegebenen Form ist die Gleichung $f'(x_0) = h'(u_0)\cdot g'(x_0)$ eine lokale Aussage. Da sie für jedes x_0 des Differenzierbarkeitsbereichs von $f(x) = h(g(x))$ gilt, kann man x_0 durch x und u_0 durch u ersetzen. So ergibt sich für $x \in D_{g'}$ und $u = g(x)$, $u \in D_{h'}$ die
Kettenregel:

$$\boxed{f(x) = h(g(x)) \;\Rightarrow\; f'(x) = h'(u)\cdot g'(x) = h'(g(x))\cdot g'(x)}$$

[1] Bei dieser Herleitung wird vorausgesetzt, dass $u - u_0 \neq 0$, d.h. dass zumindest in einer „kleinen Umgebung" von x_0 gilt $g(x) \neq g(x_0)$. Die Kettenregel gilt jedoch in der angegebenen Form allgemein.

Beispiele: a) $f(x) = \sqrt{x^2+1}$; $h(u) = \sqrt{u}$; $u = g(x) = x^2 + 1$

$$h'(u) = \frac{1}{2\sqrt{u}}; \quad g'(x) = 2x$$

$$f'(x) = h'(u) \cdot g'(x) = \frac{1}{2\sqrt{u}} \cdot 2x = \frac{x}{\sqrt{x^2+1}} \quad \text{für alle } x \in \mathbb{R}$$

b) $f(x) = \sin(2x+1)$; $h(u) = \sin u$; $u = g(x) = 2x + 1$

$$h'(u) = \cos u; \quad g'(x) = 2$$

$$f'(x) = h'(u) \cdot g'(x) = \cos u \cdot 2 = 2\cos(2x+1) \quad \text{für alle } x \in \mathbb{R}$$

Aufgaben

1.–7.: Bilde für den angegebenen Term $f(x)$ der Funktion $f\colon x \mapsto f(x);\ x \in D_f$ den Ableitungsterm $f'(x)$! Bei welchen Aufgaben stimmt $D_{f'}$ nicht mit D_f überein?

1. a) $(3x+2)^4$; $D_f = \mathbb{R}$ b) $(1-x)^5$; $D_f = \mathbb{R}$ c) $(3x^2-2x+5)^3$; $D_f = \mathbb{R}$

2. a) $\frac{1}{2x-1}$; $D_f =]0{,}5; \infty[$ b) $\frac{1}{(2x-1)^3}$; $D_f =]-\infty; 0{,}5[$
   c) $\frac{1}{(x^2+x+1)^2}$; $D_f = \mathbb{R}$ d) $\frac{1}{(2-\sin x)^2}$; $D_f = \mathbb{R}$

3. a) $\sin 2x$; $D_f = \mathbb{R}$ b) $\cos(\frac{1}{2}\pi x)$; $D_f = \mathbb{R}$
   c) $\sin(ax+b)$; $D_f = \mathbb{R}$ d) $\tan \pi x$; $D_f = [0; 0{,}5[$

4. a) $\sin^2 x$; $D_f = \mathbb{R}$ b) $\sin^2 x + \cos^2 x$; $D_f = \mathbb{R}$
   c) $\sin^3 x$; $D_f = \mathbb{R}$ d) $-\cos^4 x$; $D_f = \mathbb{R}$

5. a) $\sqrt{2x-3}$; $D_f = [1{,}5; \infty[$ b) $\sqrt{x^2+1}$; $D_f = \mathbb{R}$
   c) $\sqrt{\frac{x^2+1}{x}}$; $D_f = \mathbb{R}^+$ d) $\sqrt{x+\sqrt{x}}$; $D_f = \mathbb{R}_0^+$

6. a) $\sin x \cdot \sin 2x$; $D_f = \mathbb{R}$ b) $x \cdot \sqrt{x^2+1}$; $D_f = \mathbb{R}$
   c) $x^2\sqrt{1-x^2}$; $D_f = [-1; 1]$ d) $x^2 \cdot \sin 2x$; $D_f = \mathbb{R}$

7. a) $\frac{\sin 2x}{x^2}$; $D_f = \mathbb{R}^+$ b) $\frac{\sqrt{x}}{\cos 3x}$; $D_f =]0; \frac{1}{6}\pi[$
   c) $\sqrt{\sin 2x}$; $D_f =]0; \frac{1}{2}\pi[$ d) $\cos^2 \pi x$; $D_f = \mathbb{R}$

8. Bestimme a und b so, dass der Graph der Funktion $f\colon x \mapsto a + \sin(x+b),\ x \in \mathbb{R}$ durch den Ursprung geht und die x-Achse als Tangente hat!

9. Beweise, dass die Funktion $f\colon x \mapsto y = A \cdot \sin\sqrt{c}x + B \cdot \cos\sqrt{c}x,\ c \in \mathbb{R}^+$ die *Differenzialgleichung*[1] $f''(x) = -c \cdot f(x)$ erfüllt!

[1] Differenzialgleichungen stellen einen Zusammenhang zwischen einer Funktion und ihrer Ableitung her. Sie spielen unter anderem in der Physik eine bedeutende Rolle.

G.6. Kurvendiskussion

Zur genaueren Untersuchung („Diskussion") einer Funktion f und ihres Graphen fragt man üblicherweise nach folgenden Punkten:

1. Definitionsmenge (häufig ist hier die maximale Definitionsmenge, d.h. die Definitionsmenge $D_{f(x)}$ des Terms f (x), zu bestimmen).
2. Leicht erkennbare Symmetrieeigenschaften des Graphen G_f: Achsensymmetrie zur y-Achse, Punktsymmetrie zum Ursprung.
3. Nullstellen, Unendlichkeitsstellen (bei Definitionslücken), Vorzeichen von f (x) („Felderabstreichen").
4. Verhalten für $x \to +\infty$ und $x \to -\infty$ (evtl. Asymptoten) bzw. Verhalten am Rand der Definitionsmenge.
5. f'(x), Nullstellen von f'(x) (waagrechte Tangenten).
6. f''(x), Nullstellen von f''(x).
7. Steigen und Fallen von G_f; Extremwerte von f bzw. Extrempunkte von G_f.
8. Krümmungsverhalten des Graphen; Wendepunkte.
9. Wertemenge; Graph G_f.

In der folgenden Tabelle sind mögliche Eigenschaften eines Graphen G_f an einer Stelle x_0 zusammengestellt, wobei vorausgesetzt ist, dass die betrachteten Terme f (x), f'(x) bzw. f''(x) jeweils in einem Intervall $J = [x_0 - h;\, x_0 + h]$ definiert und stetig sind. In anders gelagerten Fällen sind Grenzwerte für $x \to x_0$ zu untersuchen.

<table>
<tr><th rowspan="2"></th><th rowspan="2">negativer Wert</th><th colspan="2">Nullstelle</th><th rowspan="2">positiver Wert</th></tr>
<tr><th>mit VZW</th><th>ohne VZW</th></tr>
<tr><td rowspan="2">f (x_0)</td><td rowspan="2">G_f unterhalb der x-Achse</td><td colspan="2">G_f hat einen gemeinsamen Punkt mit der x-Achse</td><td rowspan="2">G_f oberhalb der x-Achse</td></tr>
<tr><td>G_f schneidet die x-Achse</td><td>G_f berührt die x-Achse</td></tr>
<tr><td rowspan="2">f'(x_0)</td><td rowspan="2">G_f fällt</td><td colspan="2">G_f hat eine waagerechte Tangente</td><td rowspan="2">G_f steigt</td></tr>
<tr><td>G_f hat einen Extrempunkt</td><td>G_f hat einen Terrassenpunkt</td></tr>
<tr><td rowspan="2">f''(x_0)</td><td rowspan="2">G_f ist rechtsgekrümmt</td><td colspan="2">G_f ist nicht gekrümmt</td><td rowspan="2">G_f ist linksgekrümmt</td></tr>
<tr><td>G_f hat einen Wendepunkt</td><td>kein Wendepunkt</td></tr>
</table>

Beispiel: Diskussion von
$f\colon x \mapsto f(x) = \frac{1}{10} \cdot (x^4 - 8x^2 - 9)$; $D_f = D_{f(x)}$.

1. Maximale Definitionsmenge $D_{f(x)} = \mathbb{R}$.
2. G_f ist achsensymmetrisch zur y-Achse, weil mit $x \in D_f$ auch $-x \in D_f$ ist und f(x) nur gerade Potenzen von x enthält.
3. Nullstellen: Mit $z = x^2$ folgen aus $z^2 - 8z - 9 = 0$; $z_1 = -1$, $z_2 = 9$ und damit $x_1 = -3$, $x_2 = +3$ als einfache Nullstellen, also Vorzeichenwechsel für f(x).
4. Verhalten für $x \to +\infty$ und $x \to -\infty$:
   $$f(x) = \frac{1}{10}x^4 \cdot \left(1 - \frac{8}{x^2} - \frac{9}{x^4}\right)$$
   Der Klammerinhalt hat für $|x| \to \infty$ den Grenzwert 1, somit $f(x) \to +\infty$ für $x \to +\infty$ und für $x \to -\infty$.
5. $f'(x) = \frac{2}{5}x \cdot (x^2 - 4)$
   $f'(x) = 0$ für $x_1 = 0$, $x_2 = -2$, $x_3 = +2$; waagerechte Tangenten für den Graphen G_f; einfache Nullstellen, also jeweils Vorzeichenwechsel für f'(x).
6. $f''(x) = \frac{2}{5} \cdot (3x^2 - 4)$
   $f''(x) = 0$ für $x_{1/2} = \pm\frac{2}{3}\sqrt{3} \approx \pm 1{,}15$; einfache Nullstellen, also jeweils Vorzeichenwechsel für f''(x).
7. Aus den Vorzeichen für f'(x) in Fig. G.9 folgt, dass G_f für $x < -2$ und für $0 < x < 2$ fällt, für $-2 < x < 0$ und für $x > 2$ steigt. Mit $f(0) = -0{,}9$ und $f(\pm 2) = -2{,}5$ hat G_f also den Hochpunkt H(0; −0,9) und die Tiefpunkte $T_1(-2; -2{,}5)$, $T_2(2; -2{,}5)$.
8. Aus den Vorzeichen für f''(x) folgt, dass G_f für $-\frac{2}{3}\sqrt{3} < x < +\frac{2}{3}\sqrt{3}$ rechtsgekrümmt, für $x < -\frac{2}{3}\sqrt{3}$ und für $x > \frac{2}{3}\sqrt{3}$ linksgekrümmt ist. Die Nullstellen von f''(x) sind daher die Abszissen der Wendepunkte von G_f.
   $W_1(-\frac{2}{3}\sqrt{3}; -\frac{161}{90})$, $W_2(+\frac{2}{3}\sqrt{3}; -\frac{161}{90})$
9. Aus 7. ergibt sich $W_f = [-2{,}5; +\infty[$.

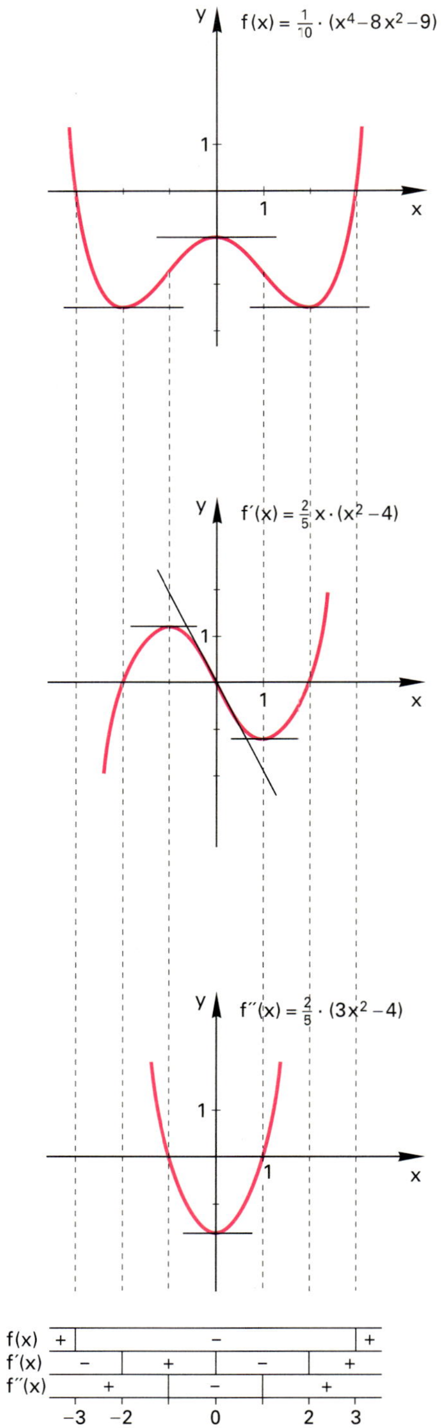

Fig. G.9

Anmerkung:

Das vorangegangene Beispiel lässt erkennen, dass die Bestimmung der Art der Extrempunkte auch mit Hilfe der 2. Ableitung gelingen kann:
Da $f''(0) = -1{,}6 < 0$, ist G_f bei $x = 0$ rechtsgekrümmt.
Zusammen mit der waagrechten Tangente bei $x = 0$ hat G_f also dort einen Hochpunkt. Entsprechend folgt aus $f''(\pm 2) > 0$ eine Linkskrümmung von G_f und mit den waagrechten Tangenten jeweils ein Tiefpunkt von G_f.

In ähnlicher Weise kann der Wendepunktsnachweis bei $f''(x_0) = 0$ mit Hilfe der 3. Ableitung erfolgen.
Aus $f'''(x_0) \neq 0$ folgt nämlich dann der Vorzeichenwechsel für $f''(x)$ an der Stelle x_0.

Geometrisch lassen sich unsere Erkenntnisse unter den genannten Voraussetzungen in folgender Tabelle zusammenfassen:

	$f''(x_0) > 0$	$f''(x_0) = 0$ (VZW)	$f''(x_0) < 0$
$f'(x_0) > 0$	steigend, linksgekr. 	steigend und Wendepunkt 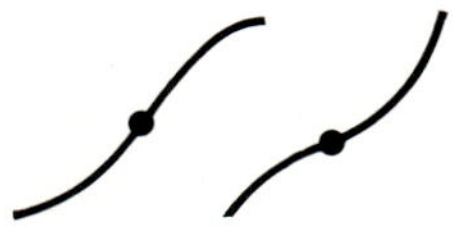	steigend, rechtsgekr. 
$f'(x_0) = 0$	lokales Minimum 	Terrassenpunkt 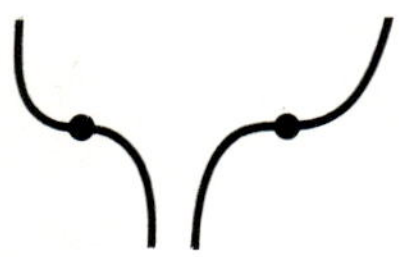	lokales Maximum 
$f'(x_0) < 0$	fallend, linksgekr. 	fallend und Wendepunkt 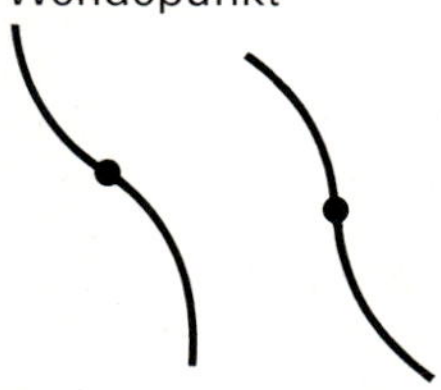	fallend, rechtsgekr. 

Aufgaben

1. Diskutiere folgende Funktionen $f\colon x \mapsto f(x)$ im jeweils maximalen Definitionsbereich:

a) $f(x) = x^3 - 3x$ b) $f(x) = x^3 + 3x$ c) $f(x) = \frac{1}{6}(x^4 - 9x^2)$

d) $f(x) = x^3 - 6x^2 + 9x$ e) $f(x) = \frac{1}{4}x^4 - \frac{4}{3}x^3 + 2x^2 + 2$ f) $f(x) = \dfrac{x^2 + 1}{x}$

g) $f(x) = \frac{x^2 - 1}{x}$ h) $f(x) = \frac{1}{x^2 + 1}$ i) $f(x) = \frac{1}{x^2 - 1}$

2. a) Zeige, dass $f''(x) = 0$ bei ganzrationalen Funktionen 3. Grades immer den x-Wert des Wendepunkts liefert.
   b) Bestätige, dass die Gleichung $f''(x) = 0$ bei ganzrationalen Funktionen 4. Grades mit $f(x) = ax^4 + bx^3 + cx^2 + dx + e$ nur dann die x-Werte von Wendepunkten liefert, wenn die Koeffizienten die Bedingung $3b^2 - 8ac > 0$ erfüllen.

3. a) Wie viele Wendepunkte kann der Graph einer ganzrationalen Funktion 6. Grades höchstens haben?
   b) Wie viele Terrassenpunkte kann ein solcher Graph höchstens haben?

4. $f\colon x \mapsto f(x) = -\frac{1}{8} \cdot (x^4 + 4x^3 + 6x^2 + 4x - 15), \quad x \in \mathbb{R}$.
   a) Zeige, dass f nur die Nullstellen -3 und 1 hat.
   b) Bestätige: $f'(x) = -\frac{1}{8} \cdot (x + 1)^3$.
   c) Zeige, dass die 2. Ableitung keine Aussage über die Art des Punktes mit waagrechter Tangente erlaubt und gib die Art des Punktes mit Hilfe der 1. Ableitung an.
   d) Zeige, dass G_f keinen Wendepunkt besitzt.
   e) Weise nach, dass $f(-1 + x) = f(-1 - x)$ für alle $x \in \mathbb{R}$ gilt.
   Hinweis: Verwende $f(x) = -\frac{1}{8} \cdot (x + 3) \cdot (x - 1) \cdot (x^2 + 2x + 5)$.
   Weshalb ist dies der Beweis dafür, dass G_f die Gerade mit der Gleichung $x = -1$ als Symmetrieachse besitzt?
   f) Zeichne G_f in einem Koordinatensystem und senkrecht darunter die Graphen der 1. Ableitung und der 2. Ableitung.

5. Gegeben ist die Funktion
   $f\colon x \mapsto f(x) = -\frac{1}{27} \cdot (x^3 + 3x^2 - 24x - 53), x \in \mathbb{R}$.
   a) Untersuche das Steigungsverhalten des Graphen G_f.
   b) Ermittle die Koordinaten des Hoch- und des Tiefpunkts von G_f.
   c) Berechne die Korrdinaten des Wendepunkts von G_f und stelle die Gleichung der Wendetangente auf.
   d) Skizziere den Graphen G_f.

6. Im Folgenden werden Funktionen 3. Grades betrachtet:
   $f(x) = ax^3 + bx^2 + cx + d;\ x \in \mathbb{R}$.
   a) Zeige, dass der Wendepunkt den x-Wert $x_w = -\frac{b}{3a}$ hat.
   b) Welche Eigenschaft hat die Gerade mit der Gleichung $t(x) = cx + d$ bezüglich des Graphen G_f?
   c) Untersuche, unter welcher Bedingung diese Gerade mit G_f genau einen gemeinsamen Punkt hat und zeige, dass sie dann die Wendetangente von G_f ist.

7. Einführung in die Integralrechnung

7.1. Die Inhaltsbestimmung als Grundproblem der Integralrechnung

7.1.1. Ein Verfahren zur Bestimmung des Kreisflächeninhalts

Die Berechnung der Flächeninhalte von Dreiecken und speziellen Vierecken ist aus dem Geometrieunterricht der Unter- und Mittelstufe bekannt. So ergibt sich für Quadrat und Rechteck die Inhaltsformel aus der lückenlosen Überdeckung mit geeigneten kongruenten Einheitsquadraten[1]. Demgegenüber beruht die Flächenbestimmung beim Dreieck, Parallelogramm und Trapez auf dem Vergleich mit zerlegungs- bzw. ergänzungs- und damit flächengleichen Figuren bekannten Inhalts. Auch hier handelt es sich im erweiterten Sinne um ein Überdeckungsprinzip.

Die genannten Verfahren sind jedoch bei der Bestimmung des Kreisflächeninhalts – wie bei allen krummlinig begrenzten Flächen – nicht mehr anwendbar. Das lehrt die Berechnung der Kreiszahl π in der Flächenformel $r^2\pi$. Um ihren Zahlenwert *mit jeder gewünschten Genauigkeit* zu erhalten, sind Grenzbetrachtungen im Sinne der Infinitesimalrechnung erforderlich. Wir wollen dies an der sogenannten *Streifenmethode* erläutern, die zwar in der Mittelstufe weniger effektiv ist, der Vorgehensweise der Integralrechnung aber besonders angepasst ist.

In Fig. 7.1.a sind zu einem gegebenen Kreis Rechteckstreifen gleicher Breite parallel zur y-Achse gezeichnet. Die ganz im Kreisinnern liegenden (gerasterten) Rechtecke bilden ein dem Kreis einbeschriebenes und nach entsprechender Verlängerung ein dem Kreis umbeschriebenes *Stufenvieleck*. Die Inhalte der ein- und umbeschriebenen Stufenvielecke bilden bei fortgesetzter Halbierung der

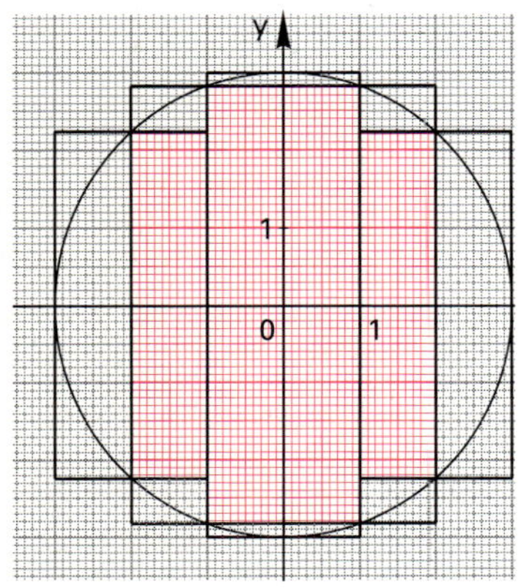

Fig. 7.1 a

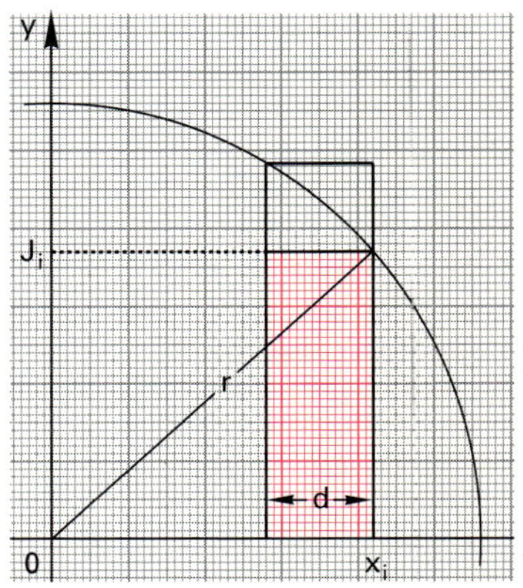

Fig. 7.1 b

[1] Das Problem inkommensurabler Rechtecksseiten bleibt dabei unberücksichtigt.

Streifenbreite eine *Intervallschachtelung* für den Flächeninhalt des Kreises. Dadurch wird dieser eindeutig festgelegt. Wegen der Symmetrie des Kreises genügt die Betrachtung des 1. Quadranten. Das folgende Zahlenbeispiel erläutert die Bestimmung des Kreisflächeninhalts nach der Streifenmethode.

Beispiel: An Hand von Fig. 7.1.b berechnen wir die Inhalte $\underline{A}$ und $\overline{A}$ der ein- und umbeschriebenen Stufenvielecke für den Fall, dass die Streifenbreite $d = 0{,}1\,r$ beträgt. Dazu gehen wir vom 1. Quadranten aus und multiplizieren die dort geltenden Inhaltssummen mit 4.

Für den Innenstreifen zur rechten Abszisse x_i mit der Länge y_i gilt für $i = 1, 2, 3, \ldots, 10$:

$$\underline{A}_i = 0{,}1\,r \cdot y_i = 0{,}1\,r \cdot \sqrt{r^2(1 - 0{,}01 \cdot i^2)} = 0{,}1\,r^2\sqrt{1 - 0{,}01 \cdot i^2}.$$

Daraus folgt: $$\underline{A} = 4\,(\underline{A}_1 + \underline{A}_2 + \cdots + \underline{A}_9 + \underline{A}_{10})$$
$$= 4 \cdot 0{,}1\,r^2\,(\sqrt{0{,}99} + \sqrt{0{,}96} + \cdots + \sqrt{0{,}19} + 0)$$

Analog erhält man für das umbeschriebene Stufenvieleck

$$\overline{A} = 4 \cdot 0{,}1\,r^2\,(1 + \sqrt{0{,}99} + \sqrt{0{,}96} + \cdots + \sqrt{0{,}19})\,.$$

Damit ergibt sich: $2{,}90r^2 < r^2\pi < 3{,}30r^2$.

An einer deutlichen Zeichnung (vgl. Fig. 7.10) sieht man unmittelbar, dass bei der Streifenbreite $\frac{1}{2}d$ die untere Grenze $\underline{A}$ wächst und die obere Grenze $\overline{A}$ abnimmt. Das Fehlerintervall für $r^2\pi$ wird somit kleiner.

7.1.2. Flächeninhalte im Zeit-Geschwindigkeits-Diagramm

Viele physikalische Problemstellungen lassen sich auf Inhaltsbestimmungen zurückführen. Dies wurde bereits zu Beginn des ersten Teils der Infinitesimalrechnung am Beispiel einer Energiebetrachtung aus dem Gebiet der Raumfahrt deutlich (siehe 3. Beispiel zu 0.1.). Wir wollen hier noch ein weiteres einschlägiges Beispiel aus der Kinematik untersuchen.

In einem Diagramm ist, wie bei einem Fahrtenschreiber, über der Zeitachse die jeweilige Momentangeschwindigkeit eines Körpers aufgetragen. Ist es möglich, aus dieser Darstellung den Bewegungsablauf zu erkennen, also den Standort zu einem bestimmten Zeitpunkt zu ermitteln? Man könnte auch sagen: Ist es möglich, aus der „Zeit-Geschwindigkeits-Funktion" die „Zeit-Weg-Funktion" zu ermitteln?

A. Einfach ist diese Frage zu beantworten, wenn zwischen zwei Zeitpunkten t_1 und t_2 die Geschwindigkeit konstant gleich v_0 geblieben ist.

Die Veränderung $x_2 - x_1$ der Ortskoordinate (der Körper bewege sich auf einer x-Achse) ergibt sich dann als das Produkt aus Geschwindigkeit und Zeitspanne:

$$x_2 - x_1 = s = v_0 \cdot (t_2 - t_1)$$

An Fig. 7.2 erkennt man:

Ist v_0 *positiv*, dann ist die Ortsveränderung $x_2 - x_1$ gleich dem Flächeninhalt des Rechtecks, das im Intervall $[t_1; t_2]$ zwischen der t-Achse und dem Graphen liegt (Fig. 7.2a). Die Bewegung erfolgt in Richtung größerer x-Werte (*Vorwärtsfahrt*).
Ist v_0 *negativ*, dann ist die Ortsveränderung gleich dem mit -1 multiplizierten Flächeninhalt des entsprechenden Rechtecks (Fig. 7.2b). Der Körper bewegt sich in Richtung kleinerer x-Werte (*Rückwärtsfahrt*).

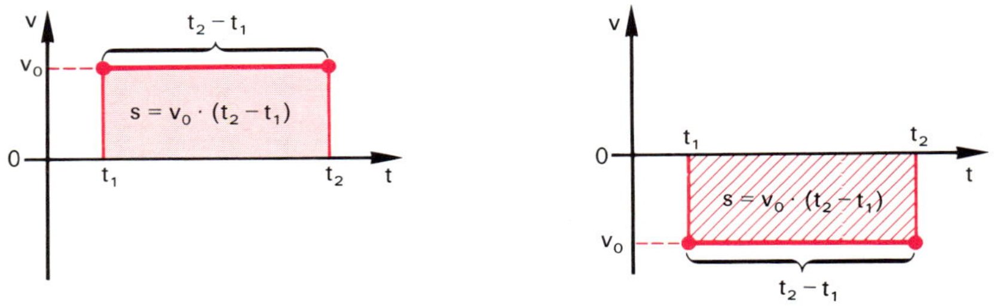

Fig. 7.2 a) $v_0 > 0$, $s > 0$ (Vorwärtsfahrt) b) $v_0 < 0$, $s < 0$ (Rückwärtsfahrt)

Bemerkung:
Wird künftig von Größen gesprochen (insbesondere von Flächeninhalten, Breiten ...), so ist deren Maßzahl in Verbindung mit der jeweiligen Maßeinheit gemeint. Außerdem ist die Wahl gleicher Einheitsstrecken auf den Koordinatenachsen vorausgesetzt. Bei gerichteten Größen, z. B. bei Geschwindigkeiten, werden entgegengesetzte Richtungen durch das Vorzeichen gekennzeichnet, falls Missverständnisse auftreten können.

Beispiel: Ein Massenpunkt P befindet sich am Skalenpunkt O einer Geraden, d. h. im Ursprung der t-Achse. Bei Beginn der Zeitmessung ($t_1 = 0$ s) setzt er sich mit der konstanten Geschwindigkeit $v_1 = +5$ cm/s in Bewegung. Nach $t_2 = 6$ s hält er an, kehrt sofort mit der konstanten Geschwindigkeit $v_2 = -3$ cm/s um und hält endgültig nach $t_3 = 8$ s. Wo befindet sich der Massenpunkt jetzt?

Lösung: $\overline{OP} = 5\,\frac{\text{cm}}{\text{s}} \cdot (6\,\text{s} - 0\,\text{s}) - 3\,\frac{\text{cm}}{\text{s}} \cdot (8\,\text{s} - 6\,\text{s}) = 30\,\text{cm} - 6\,\text{cm} = 24\,\text{cm}$,

d. h.: Der Massenpunkt ist 24 cm vom Ausgangspunkt O entfernt.

B. Variiert die Geschwindigkeit jedoch zwischen den Zeitpunkten t_1 und t_2, so ist der Graph der Zeit-Geschwindigkeits-Funktion keine Parallele zur t-Achse, wie in Abschnitt A, sondern irgendeine Kurve (vgl. Fig. 7.3). Es besteht zunächst keine Möglichkeit zur Bestimmung der auf der x-Achse zurückgelegten Strecke, d. h. der Ortsveränderung $x_2 - x_1$ im Zeitintervall $[t_1; t_2]$. Geben wir uns aber vorerst mit einer Näherung für den gesuchten Wert zufrieden, können wir die oben gestellte Frage auf folgende Weise beantworten:

Wir nehmen an, dass die Geschwindigkeit sich nicht stetig, sondern in kleinen Stufen ändert, d.h. über kurze Zeitintervalle konstant ist. Die in diesen Zeitintervallen zurückgelegten Streckenteile ergeben sich gemäß Abschnitt A als Produkte aus Interval-Länge und Geschwindigkeit zu Beginn jedes Intervalls – sie entsprechen also den Flächeninhalten der rechteckigen Streifen, die in der grafischen Darstellung jeweils zu den Intervallen gehören (Fig. 7.3a). Die gesamte zwischen t_1 und t_2 zurückgelegte Strecke ergibt sich als Summe der einzelnen Streckenteile, sie entspricht also der Summe der Inhalte der einzelnen Rechtecke.

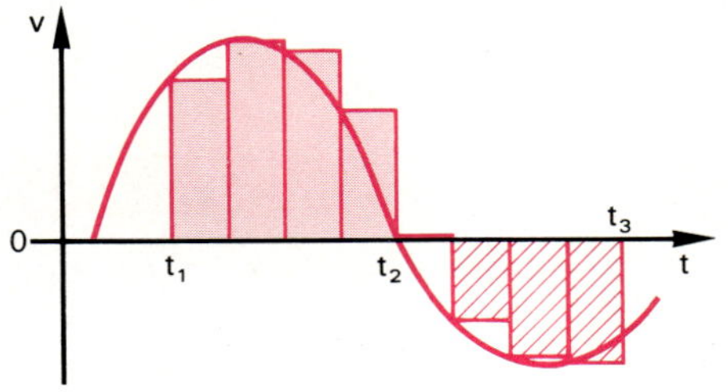

Fig. 7.3a

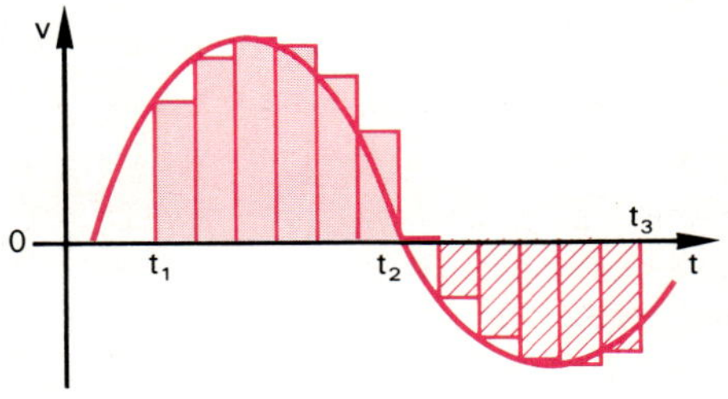

Fig. 7.3b

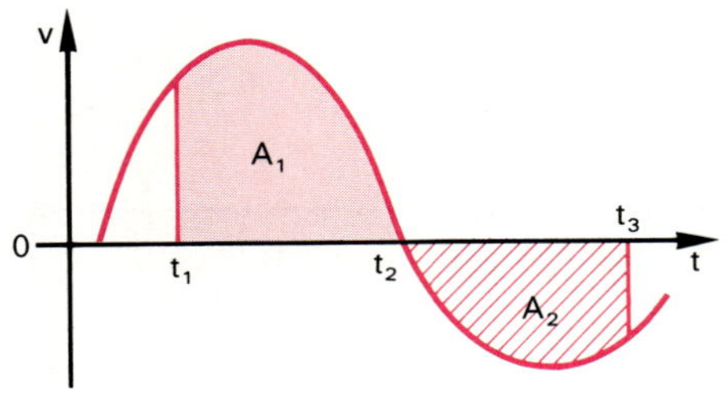

Fig. 7.3c

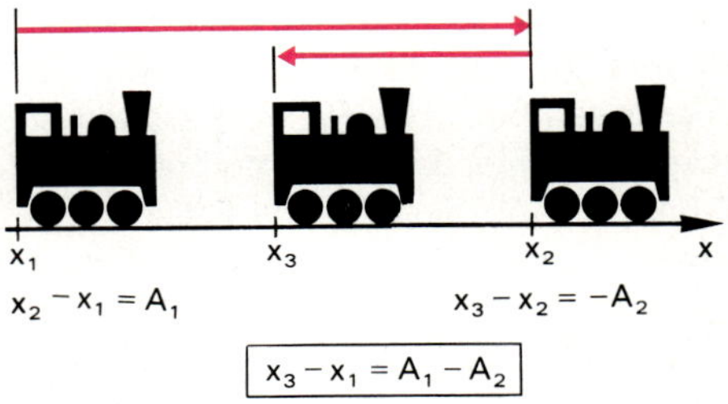

Fig. 7.3d

Wir können die Näherung offenbar dadurch beliebig verbessern, dass wir den Zeitabschnitt $[t_1; t_2]$ in immer mehr und immer kürzere Teilintervalle zerlegen (Fig. 7.3b). Damit nähert sich aber auch der Flächeninhalt der gesamten „Treppenfigur" dem Inhalt A_1 der Fläche zwischen Zeitachse und Graph im Bereich $[t_1; t_2]$ (Fig. 7.3c). A_1 entspricht dann der Ortsveränderung $x_2 - x_1$ im Intervall $[t_1; t_2]$. Es gilt: $x_2 - x_1 = A_1$.

Entsprechendes gilt für $[t_2; t_3]$. Zu beachten ist, dass hier wegen $v(t) < 0$ der Flächeninhalt A_2 (immer positiv!) mit -1 multipliziert werden muss, um die Ortsveränderung zu erhalten (Rückwärtsfahrt!). Folglich gilt jetzt: $x_3 - x_2 = -A_2$.

Wir stellen nun fest: Die Ortsveränderung im Zeitraum von t_1 bis t_3 ergibt sich als Differenz der Flächeninhalte der Flächenstücke zwischen Graph und Zeitachse in den Intervallen $[t_1; t_2]$ bzw. $[t_2; t_3]$ (Fig. 7.3c). Also: $x_3 - x_1 = A_1 - A_2$ (Fig. 7.3d).

Ergebnis:
Kennen wir die Inhalte der Teilflächen über bzw. unter der Zeitachse, so können wir durch Addition bzw. Subtraktion derselben die gesamte Ortsveränderung ermitteln. Damit wird die physikalische Fragestellung auf die mathematische nach Summen und Differenzen von Flächeninhalten zurückgeführt.

Diese Fragestellung ist Sache der Integralrechnung.

Zur Erinnerung: In Abschnitt 3.1.1. haben wir ganz unterschiedliche Fragen aus Physik und Wirtschaft auf die eine Frage nach der Steigung des den Zusammenhang beschreibenden Graphen zurückgeführt. Von hier ausgehend haben wir die Differenzialrechnung entwickelt.

Aufgaben

1. Bestimme mit der Streifenmethode (ein- und umbeschriebene Stufenvielecke) näherungsweise den Inhalt
   a) eines Kreises (Radius r) bei der Streifenbreite $d = \frac{r}{100}$,
   b) eines Kreissektors zum Mittelpunktswinkel 60° bei der Streifenbreite $d = \frac{r}{20}$!

   Innerhalb welcher Fehlergrenzen liegt jeweils das Ergebnis?

2. Fig. 7.4 zeigt den Graphen einer Funktion f. A_1 bzw. A_2 sind die Flächeninhalte des rot gerasterten bzw. des rot schraffierten Dreiecks. Gib jeweils eine Interpretation des Terms $A_1 - A_2$ für folgende Fälle, in denen x bzw. y die jeweils angegebenen Größen repräsentieren:
   a) x: Zeit — y: Geschwindigkeit
   b) x: Federlänge — y: Federkraft
   c) x: Zeit — y: Beschleunigung

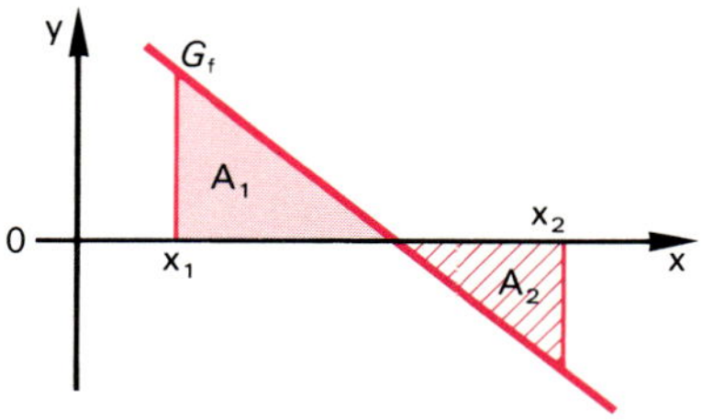

Fig. 7.4

7.2. Das bestimmte Integral

7.2.1. Gerichtete Flächeninhalte

Um physikalische Zusammenhänge wie in 7.1.2. mathematisch zu beschreiben, ist es offenbar notwendig, Flächenstücke zwischen dem Graphen und der x-Achse nicht nur durch ihren Inhalt, sondern auch durch ihre Lage über oder unter der x-Achse zu kennzeichnen. Dazu führen wir den Begriff des *gerichteten Inhalts* ein. Er ist bei Flächenstücken über der x-Achse gleich dem Inhalt, bei Flächenstücken unter der x-Achse gleich dem negativen Inhalt.

Zur Ermittlung der gesamten Ortsänderung im Beispiel von 7.1.2. sind also entweder die Inhalte der unter der Achse liegenden Flächenstücke von denen der darüber liegenden zu subtrahieren, oder, gleichbedeutend damit, *die gerichteten Inhalte der Flächenstücke zu addieren*.

Unabhängig von entsprechenden Problemstellungen aus der Physik oder anderen Anwendungsbeispielen sind gerichtete Flächeninhalte bei allen Funktionen zu berücksichtigen, deren Graph oberhalb *und* unterhalb der x-Achse verläuft. Für die *Summe* solcher gerichteter Flächeninhalte am Funktionsgraph wird der Begriff des bestimmten Integrals eingeführt.

7.2.2. Definition des bestimmten Integrals

Definition 7.1:

Es sei f eine stetige Funktion in einem Teilintervall [a; b] von D_f. f habe in [a; b] nur endlich viele Nullstellen.

Die Summe der gerichteten Inhalte aller Flächenstücke, die der Graph G_f zwischen a und b mit der x-Achse einschließt, heißt *bestimmtes Integral* über f von a bis b, in Zeichen:

$$\int_a^b f(x)\,dx$$

gelesen: Integral f (x) dx von a bis b.

Die Schreibweise werden wir später begründen.

Die Berechnung des bestimmten Integrals heißt Integration.

Das bestimmte Integral kann auch folgendermaßen definiert werden:
Das bestimmte Integral über f von a bis b ist *die Summe* der Inhalte jener Flächenstücke zwischen G_f und x-Achse, die *über* der x-Achse liegen, *abzüglich der Summe* der Inhalte aller Flächenstücke, die *unter* der x-Achse liegen.

Beispiel:

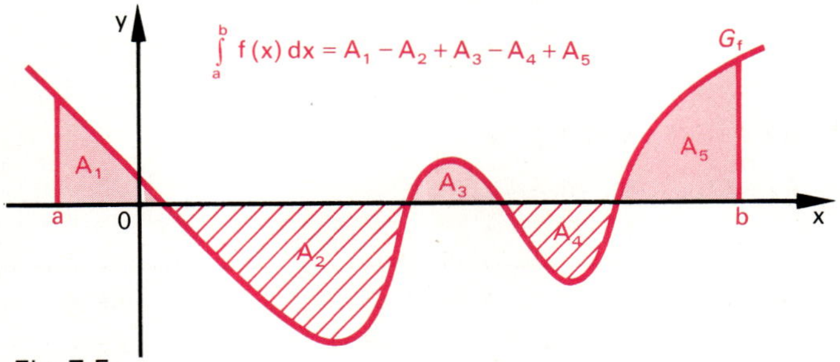

Fig. 7.5

Der Graph von f ist in Fig. 7.5 dargestellt.
A_1 bis A_5 seien die Inhalte der jeweiligen Flächenstücke. Dann ist

$$\int_a^b f(x)\,dx = A_1 - A_2 + A_3 - A_4 + A_5.$$

Bezeichnen wir mit A_1^* bis A_5^* die entsprechenden *gerichteten Inhalte*, so ist

$A_1^* = A_1$, $A_2^* = -A_2$, $A_3^* = A_3$, $A_4^* = -A_4$, $A_5^* = A_5$ und

$$\int_a^b f(x)\,dx = A_1^* + A_2^* + A_3^* + A_4^* + A_5^*.$$

Bemerkungen:

1. Ist in Fig. 7.5 der Gesamtinhalt aller auftretenden Teilflächen zu bestimmen, also $A_1 + A_2 + A_3 + A_4 + A_5$, so ist das bestimmte Integral f(x) dx von a bis b dafür nicht geeignet. In diesem Fall sind auch die Inhalte von Flächen unterhalb der x-Achse positiv zu werten (siehe auch 7.5.1).
2. Die Beschränkung auf endlich viele Nullstellen ist vorerst notwendig, um „Summen" von unendlich vielen Zahlen zu vermeiden.

Aufgaben

1. Berechne jeweils das bestimmte Integral $\int_a^b f(x)\,dx$ zu den Funktionen mit den folgenden Graphen (Fig. 7.6).

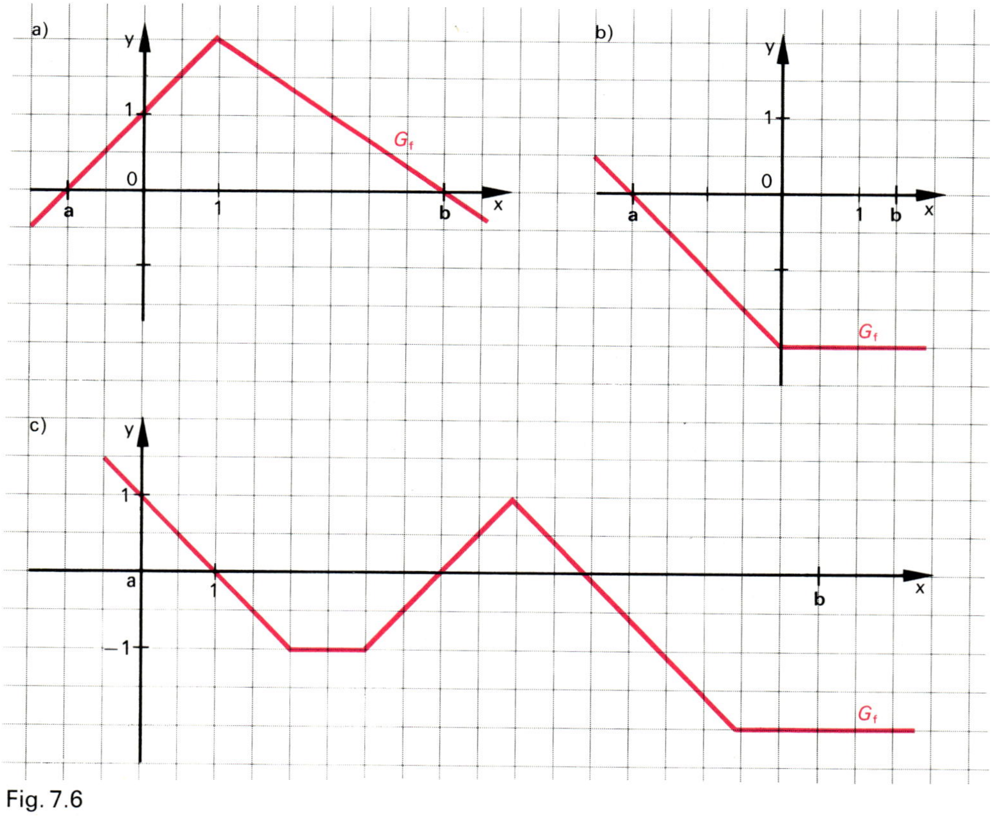

Fig. 7.6

2. a) Für das zur konstanten Funktion $f\colon x \mapsto 1;\ x \in \mathbb{R}$ gehörige bestimmte Integral $\int_a^b 1\,dx$ schreibt man kurz $\int_a^b dx$. (Fig. 7.7)

Zeige: $\boxed{\int_a^b dx = b - a}$

b) Was ergibt sich für $\int_a^b c\,dx$ mit $c \in \mathbb{R}$? (Zunächst Fallunterscheidung!)

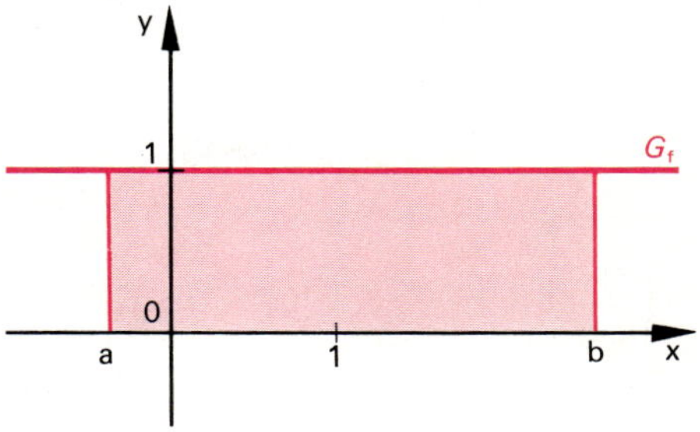

Fig. 7.7

7.3. Berechnung bestimmter Integrale

Zur Berechnung eines bestimmten Integrals müssen wir die Inhalte $[J]_\alpha^\beta$ von Flächenstücken bestimmen, die vom Graphen G_f, der x-Achse und zwei Ordinaten begrenzt werden, kurz: von Flächenstücken zwischen Graph und x-Achse über Teilintervallen $[\alpha; \beta]$ von $[a; b]$.

Wir machen zunächst einschränkende Voraussetzungen: Die Funktion f sei in $[a; b]$ definiert, stetig, nichtnegativ und monoton zunehmend. In diesem Fall ist

$$\int_a^b f(x)\,dx = [J]_a^b.$$

Wir werden also ein Verfahren zur Berechnung des Flächeninhalts $[J]_a^b$ entsprechend Fig. 7.8 entwickeln. Dabei gehen wir davon aus, dass auf beiden Koordinatenachsen dieselbe Einheitsstrecke als Längeneinheit 1 LE verwendet wird. Dann stellen die x- und y-Werte direkt die Maßzahlen zu dieser Längeneinheit dar, $[J]_a^b$ die Maßzahl zur entsprechenden Flächeneinheit 1 FE.

Ebenso wie die Bezeichnung LE, wird die Bezeichnung FE bei nicht anwendungsbezogenen Aufgaben weggelassen.

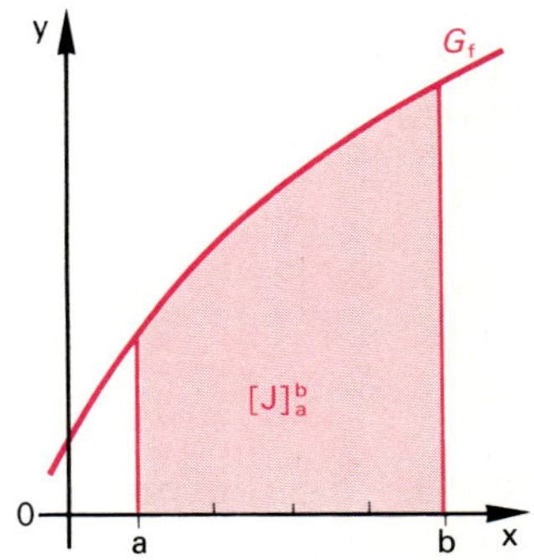

Fig. 7.8

7.3.1. Die Streifenmethode[1]

A. Das Verfahren der fortgesetzten Intervallhalbierung

Wir halbieren zunächst das Intervall $[a; b]$, bauen, wie Fig. 7.9 a zeigt, in das Flächenstück eine untere, zweistufige Treppe ein und grenzen es nach oben hin durch eine ebenfalls zweistufige Treppe ab. Dann liegt $[J]_a^b$ zwischen dem Inhalt

[1] Es handelt sich im Folgenden um die schon in 7.1.1. am Beispiel der Kreisfläche vorgestellte Streifenmethode.

$\underline{J}_2$ der unteren (blau schraffiert) und dem Inhalt $\overline{J}_2$ der oberen Treppe (blau gerastert). Es gilt:

$$\underline{J}_2 \leqq [J]_a^b \leqq \overline{J}_2$$

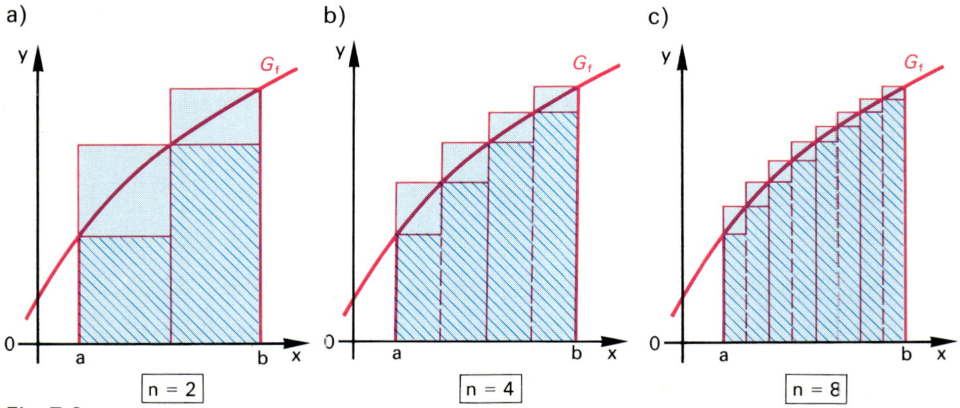

Fig. 7.9

Nun halbieren wir jedes der beiden Teilintervalle. Wie Fig. 7.9 b zu entnehmen ist, können wir auf diese Weise das zu berechnende Flächenstück zwischen eine untere vierstufige und eine obere, ebenfalls vierstufige Treppe eingrenzen. Es ist:

$$\underline{J}_4 \leqq [J]_a^b \leqq \overline{J}_4$$

Durch erneute Halbierung der Teilintervalle lässt sich, wie aus Fig. 7.9 c zu ersehen ist, das Flächenstück zwischen eine untere und eine obere achtstufige Treppe einschließen, sodass gilt:

$$\underline{J}_8 \leqq [J]_a^b \leqq \overline{J}_8$$

Setzen wir dieses Verfahren der fortgesetzten Intervallhalbierung fort, so ist stets für jedes $n = 2^k$ mit $k \in \mathbb{N}$ (Zweierpotenzen):

$$\underline{J}_n \leqq [J]_a^b \leqq \overline{J}_n$$

Alle $\underline{J}_n$ (die sogenannten Untersummen) und alle $\overline{J}_n$ (die sogenannten Obersummen) sind elementar als Summen von Rechteckinhalten berechenbar. Offensichtlich nähert sich $\underline{J}_n$ von unten her und $\overline{J}_n$ von oben her dem gesuchten Flächeninhalt $[J]_a^b$ immer mehr. Dies untersuchen wir nun genauer.

B. Eigenschaften der Unter- und Obersummen

Beim Übergang von der n-stufigen zur 2n-stufigen Treppe werden die Ordinaten der alten Teilung stets wieder Ordinaten der neuen. Außerdem treten n neue Mittelordinaten (gestrichelt eingezeichnet) hinzu.

Wie Fig. 7.10 a zeigt, ist $\underline{J}_{2n} \geqq \underline{J}_n$. Denn es kommt bei der Halbierung jedes Teilintervalls ein Flächenstück hinzu.

Wie Fig. 7.10 b zeigt, ist $\overline{J}_{2n} \leqq \overline{J}_n$. Denn es fällt bei der Halbierung jedes Teilintervalls ein Flächenstück weg.

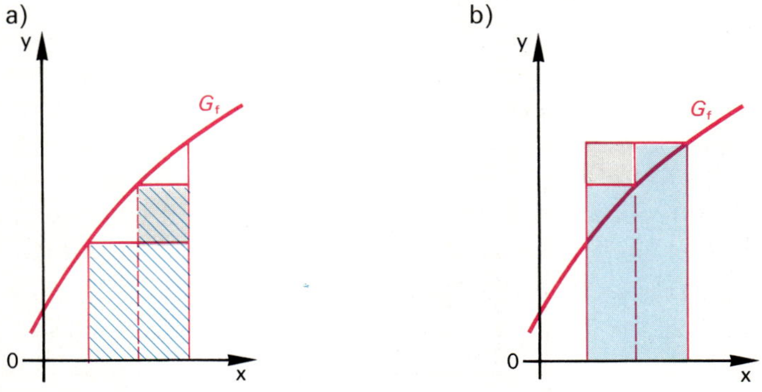

Fig. 7.10

Weiter ist $\overline{J}_n \geqq \underline{J}_n$, und, wie man aus Fig. 7.11 sieht, ist die Differenz $\overline{J}_n - \underline{J}_n$ gleich dem Flächeninhalt des Rechtecks mit der Grundlinie $\frac{b-a}{n}$ und der Höhe $[f(b) - f(a)]$. Also ist

$$\overline{J}_n - \underline{J}_n = [f(b) - f(a)] \cdot \frac{b-a}{n}.$$

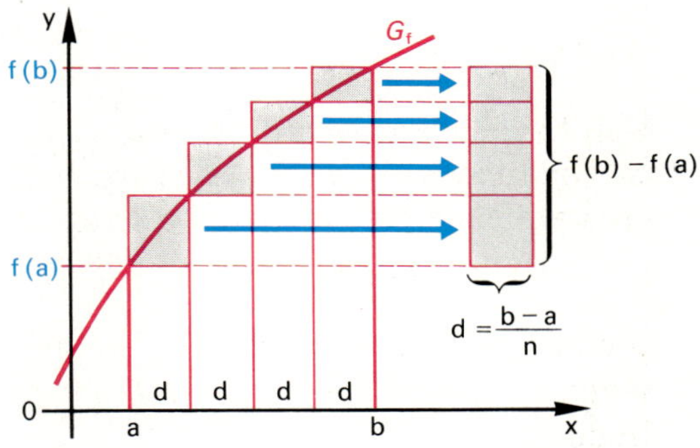

Fig. 7.11

Dieser Term geht mit $n \to \infty$ gegen null, da die in der eckigen Klammer stehende Differenz und der Zähler des Bruches konstant sind.

Damit steht fest:

(1) Die Untersummen $\underline{J}_n$ bilden eine monoton zunehmende Folge.
(2) Die Obersummen $\overline{J}_n$ bilden eine monoton abnehmende Folge.
(3) Die Differenzen $\overline{J}_n - \underline{J}_n$ bilden eine Folge mit dem Grenzwert 0.

Mithin sind die Merkmale einer Intervallschachtelung (s. Abschn. 2.3.2.) erfüllt:

$$\underline{J}_2 \leqq \underline{J}_4 \leqq \underline{J}_8 \leqq \cdots \leqq \underline{J}_n \leqq \cdots \leqq [J]_a^b \leqq \cdots \leqq \overline{J}_n \leqq \cdots \leqq \overline{J}_8 \leqq \overline{J}_4 \leqq \overline{J}_2$$
$$(n = 2^k \quad \text{mit} \quad k \in \mathbb{N})$$

Durch sie ist $[J]_a^b$ als gemeinsamer Grenzwert der Folge der Untersummen und Obersummen festgelegt.

Damit haben wir auch das bestimmte Integral $\int_a^b f(x)\,dx = [J]_a^b$ ermittelt.[1]

[1] Das Wort Integral kommt von lat. integer, ganz, denn es werden hier unendlich viele Streifenflächen zu einem neuen Ganzen zusammengefasst. Man vergleiche die Bedeutung des Wortes integrieren im normalen Sprachgebrauch: „zusammenfassen zu einem größeren Ganzen".

7.3.2. Die Anwendung der Streifenmethode am Beispiel einer Tabellenkalkulation

Die praktische Durchführung der Flächenberechnung mittels Unter- und Obersumme ist eine sehr mühsame und eintönige Rechenaufgabe. Für solche Aufgaben ist ein Computer sehr gut geeignet. Statt ein Programm zur Berechnung in einer Programmiersprache zu schreiben, ist es hier auch möglich, ein sogenanntes *Tabellenkalkulationsprogramm* einzusetzen. Das Programm gibt die Tabellenform vor, die Anzahl der Zeilen und Spalten kann man wählen. In die Felder können Werte eingegeben oder nach Rechenvorschriften aus anderen Feldern berechnet werden. Auch Überschriften und andere Texte kann man einfügen.

In der folgenden Tabelle wird die Flächenberechnung für $f(x) = \sqrt{x}$ mit dem Intervall $1 \leqq x \leqq 2$, $a = 1$, $b = 2$ und $n = 16$ Streifen durchgeführt.

Funktion Wurzel (x)	Teilpunkt	x-Wert	Funktion	Unterstreifen	Untersumme	Ober-Streifen	Obersumme
	0	1,0000	1,00000				
	1	1,0625	1,03078	0,06350	0,06250	0,06442	0,06442
a =	2	1,1250	1,06066	0,06442	0,12692	0,06629	0,13071
1,0	3	1,1875	1,08972	0,06629	0,19321	0,06811	0,19882
	4	1,2500	1,11803	0,06811	0,26132	0,06988	0,26870
b =	5	1,3125	1,14564	0,06988	0,33120	0,07160	0,34030
2,0	6	1,3750	1,17260	0,07160	0,40280	0,07329	0,41359
	7	1,4375	1,19896	0,07329	0,47609	0,07493	0,48853
n =	8	1,5000	1,22474	0,07493	0,55103	0,07655	0,56507
16	9	1,5625	1,25000	0,07655	0,62757	0,07813	0,64320
	10	1,6250	1,27475	0,07813	0,70570	0,07967	0,72287
dx =	11	1,6875	1,29904	0,07967	0,78537	0,08119	0,80406
0,0625	12	1,7500	1,32288	0,08119	0,86656	0,08268	0,88674
	13	1,8125	1,34629	0,08268	0,94924	0,08414	0,97088
	14	1,8750	1,36931	0,08414	1,03338	0,08558	1,05646
	15	1,9375	1,39194	0,08558	1,11896	0,08700	1,14346
	16	2,0000	1,41421	0,08700	1,20596	0,08839	1,23185
	Mittelwert:		(Obersumme + Untersumme)/2				1,21890

Man muss sich mit der Benützung eines Tabellenkalkulationsprogramms vertraut machen. Die Berechnung der Felder sei kurz angedeutet:

S(−1) bedeutet den Wert im Feld eine Spalte links
Z(−1) bedeutet den Wert im Feld eine Zeile darüber
Z(−1) S(−1) bedeutet den Wert im Feld eine Zeile darüber, eine Spalte links

1. Spalte:	Nummer des Teilungspunktes	Z(−1) + 1
2. Spalte:	Abszisse des Teilungspunktes	(b − a)/n ∗ S(−1) + 1
3. Spalte:	Funktionswert zum Teilungspunkt	WURZEL(S(−1))
4. Spalte:	Streifen der unteren Treppe	(b − a)/n ∗ (Z(−1) S(−1))
5. Spalte:	Untersumme	Z(−1) + S(−1)
6. Spalte:	Streifen der oberen Treppe	(b − a)/n ∗ S(−3)
7. Spalte:	Obersumme	Z(−1) + S(−1)

Es wurden alle Zwischenergebnisse wie die Teilungspunkte, die Funktionswerte, die einzelnen Streifenflächen und die Zwischensumme vom Computer ausgegeben, um die ganze Berechnung zu überblicken. Ändert man die Intervallgrenzen a, b oder die Zahl der Teilintervalle n, so erscheinen am Bildschirm in kurzer Zeit die neuen Werte. Auch eine andere Funktion lässt sich einfach eingeben.

7.3.3. Integration bei einfachen Funktionen

Wir wollen unsere Überlegungen und Erkenntnisse auf einige einfache Funktionen anwenden, die in einem Intervall [a; b] stetig, nichtnegativ und monoton zunehmend sind.
Zur Berechnung des bestimmten Integrals müssen wir die Flächeninhalte der Stufen jeder Treppenfigur anschreiben und aufaddieren. Wir führen dazu eine abkürzende Schreibweise ein:

$$a_1 + a_2 + a_3 + \cdots + a_n = \sum_{\nu=1}^{n} a_\nu$$

gelesen: Summe aller a_ν für $\nu = 1$ bis n.[1]

Beispiele: a) $1 + 2 + 3 + \cdots + n = \sum_{\nu=1}^{n} \nu,$ denn $a_\nu = \nu,\ \nu = 1, 2, 3, \ldots, n$

b) $1^2 + 2^2 + 3^2 + \cdots + n^2 = \sum_{\nu=1}^{n} \nu^2,$ denn $a_\nu = \nu^2,\ \nu = 1, 2, 3, \ldots, n$

c) $1^3 + 2^3 + 3^3 + \cdots + n^3 = \sum_{\nu=1}^{n} \nu^3,$ denn $a_\nu = \nu^3,\ \nu = 1, 2, 3, \ldots, n.$

A. Integration der Funktion f: $x \mapsto x$; $x \in \mathbb{R}_0^+$

Der Graph dieser Funktion ist die Winkelhalbierende des I. Quadranten mit der Gleichung $y = x$. Wir berechnen $\int_a^b f(x)\,dx = \int_a^b x\,dx$, $0 \leqq a < b$. Da $f(x) \geqq 0$ für $x \geqq 0$, müssen wir dazu den Flächeninhalt des Flächenstücks zwischen G_f und der x-Achse über [a; b] bestimmen. Wir gehen dabei in zwei Schritten vor.

1. Schritt:
Der Ursprung ist Randpunkt des Flächenstücks (a = 0); Fig. 7.12.

Wir zerlegen das Intervall [0; b] in n gleich breite Abschnitte, wobei $n = 2^k$ (als Folge der fortgesetzten Intervallhalbierung). Dann ist die Breite eines solchen Abschnitts $\frac{b}{n}$ und es gehören zu den Rändern dieser Abschnitte die Abszissen:

$$0, \frac{b}{n}, \quad 2 \cdot \frac{b}{n}, \quad 3 \cdot \frac{b}{n}, \quad \ldots, \quad (n-1) \cdot \frac{b}{n}, \quad n \cdot \frac{b}{n}$$

---

[1] Das Zeichen $\sum$ ist der griechische Großbuchstabe Sigma (für „Summe").

sowie die Ordinaten:

$$0,\ \frac{b}{n},\quad 2\cdot\frac{b}{n},\quad 3\cdot\frac{b}{n},\quad \ldots,\quad (n-1)\cdot\frac{b}{n},\quad n\cdot\frac{b}{n}$$

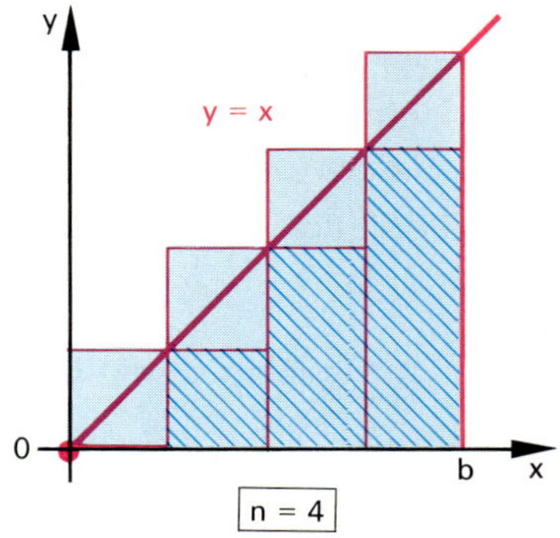

Fig. 7.12

Folglich gilt für die Obersumme:

$$\overline{J}_n = \frac{b}{n}\cdot\frac{b}{n} + \frac{b}{n}\cdot\left(2\cdot\frac{b}{n}\right) + \frac{b}{n}\cdot\left(3\cdot\frac{b}{n}\right)$$

$$+\cdots+\frac{b}{n}\cdot\left(n\cdot\frac{b}{n}\right) =$$

$$= \frac{b^2}{n^2}(1+2+3+\cdots+n) =$$

$$= \frac{b^2}{n^2}\cdot\sum_{\nu=1}^{n}\nu = \frac{b^2}{n^2}\cdot\frac{n(n+1)}{2}$$

Hier wurde die Formel $1+2+3+\cdots+n = \sum_{\nu=1}^{n}\nu = \frac{n(n+1)}{2}$ benutzt.[1]

Nach einfacher Umformung erhält man

$$\overline{J}_n = \frac{b^2}{2}\left(1+\frac{1}{n}\right).$$

Aus 7.3.1. wissen wir, dass die Folge der Obersummen und die Folge der Untersummen eine Intervallschachtelung bilden, das heißt:

$$\lim_{n\to\infty}\overline{J}_n = \lim_{n\to\infty}\underline{J}_n.$$

Wir können uns also allgemein die Berechnung einer der beiden Summen (hier $\underline{J}_n$) sparen. Wir erhalten als Ergebnis der Intervallschachtelung:

$$[J]_0^b = \lim_{n\to\infty}\overline{J}_n = \lim_{n\to\infty}\frac{b^2}{2}\left(1+\frac{1}{n}\right) = \frac{b^2}{2}.$$

Das Ergebnis stimmt mit dem Flächeninhalt des gleichschenklig-rechtwinkligen Dreiecks mit der Kathete b überein.

Die Intervallschachtelung durch die Unter- und Obersummen ist in der nachstehenden Tabelle deutlich zu erkennen:

n	2	4	8	16	32	$\cdots$	1024	$\cdots$	$\to\infty$
$\underline{J}_n$	$\frac{1}{4}b^2$	$\frac{3}{8}b^2$	$\frac{7}{16}b^2$	$\frac{15}{32}b^2$	$\frac{31}{64}b^2$	$\cdots$	$\frac{1023}{2048}b^2$	$\cdots$	$\to\frac{1}{2}b^2$
$\overline{J}_n$	$\frac{3}{4}b^2$	$\frac{5}{8}b^2$	$\frac{9}{16}b^2$	$\frac{17}{32}b^2$	$\frac{33}{64}b^2$	$\cdots$	$\frac{1025}{2048}b^2$	$\cdots$	$\to\frac{1}{2}b^2$
$\overline{J}_n-\underline{J}_n$	$\frac{1}{2}b^2$	$\frac{1}{4}b^2$	$\frac{1}{8}b^2$	$\frac{1}{16}b^2$	$\frac{1}{32}b^2$	$\cdots$	$\frac{1}{1024}b^2$	$\cdots$	$\to 0$

[1] Siehe Infinitesimalrechnung 1, Abschnitt 1.8 („Ergänzungen und Ausblicke").

2. Schritt:
Der Ursprung liegt außerhalb des Flächenstücks ($0 < a < b$); Fig. 7.13.

Dann lässt sich die zwischen der x-Achse und dem Graphen über $[a; b]$ liegende Fläche als Differenz zweier Dreiecksflächeninhalte darstellen:

$$[J]_a^b = [J]_0^b - [J]_0^a$$

und somit

$$[J]_a^b = \frac{b^2}{2} - \frac{a^2}{2}$$

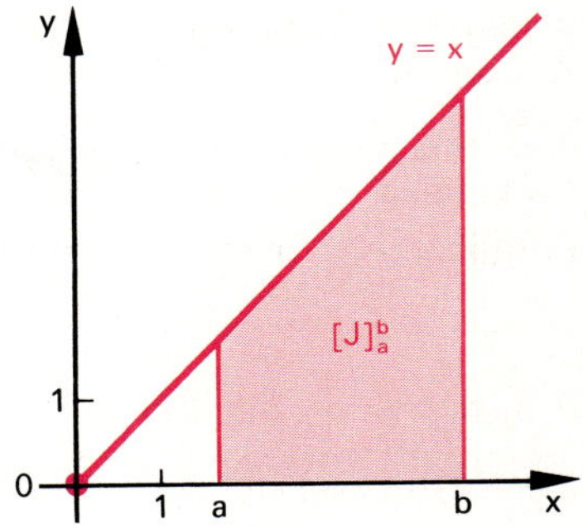

Fig. 7.13

Das Resultat lässt sich mit der Flächenformel für das Trapez überprüfen.

Ergebnis: $\boxed{\int_a^b x\,dx = \frac{b^2}{2} - \frac{a^2}{2}}$ für $0 \leqq a < b$

Aufgaben

1. und 2.: zur Einübung des Summenzeichens.

1. Schreibe ohne $\sum$-Zeichen:

a) $\sum_{\nu=1}^{5} \nu$ b) $\sum_{\nu=1}^{6} (2\nu - 1)$ c) $\sum_{\nu=1}^{8} (-1)^{\nu}$ d) $\sum_{\nu=1}^{6} (-1)^{\nu+1}$

e) $\sum_{\nu=3}^{6} 3^{\nu}$ f) $\sum_{\nu=1}^{5} (-1)^{\nu} \frac{\nu}{\nu+1}$ g) $\sum_{\nu=2}^{6} \frac{\nu}{\nu-1}$ h) $\sum_{\nu=0}^{n} f(x_{\nu} + \nu)$

2. Schreibe mit dem $\sum$-Zeichen:

a) $1 + 2 + 3 + 4 + 5 + 6 + 7 + 8$ b) $3^2 + 4^2 + 5^2 + 6^2 + 7^2 + 8^2 + 9^2$

c) $2^1 + 2^2 + 2^3 + 2^4 + 2^5$ d) $1^4 + 2^4 + 3^4 + 4^4 + 5^4 + 6^4$

e) $4^0 - 4^1 + 4^2 - 4^3 + 4^4$ f) $\frac{1}{1 \cdot 2} - \frac{1}{2 \cdot 3} + \frac{1}{3 \cdot 4} - \frac{1}{4 \cdot 5} + \frac{1}{5 \cdot 6}$

g) $f(a+h) \cdot h + f(a+2h) \cdot h + f(a+3h) \cdot h + f(a+4h) \cdot h + \cdots + f(a+nh) \cdot h$

3.–6.: zur Integration bei linearen Funktionen.

3. Berechne:

a) $\int_0^4 x\,dx$ b) $\int_0^6 x\,dx$ c) $\int_4^6 x\,dx$ d) $\int_1^7 x\,dx$

Bestätige das Ergebnis jeweils an Hand einer elementargeometrischen Flächenberechnung!

4. Für welche Werte $b > 0$ bzw. $a > 0$ gilt:

a) $\int_0^b x\,dx = 8$ b) $\int_1^b x\,dx = 1{,}5$ c) $\int_a^4 x\,dx = 6$ d) $\int_a^{2a} x\,dx = 24$

5. Berechne für die Funktion f: $x \mapsto x$; $x \in \mathbb{R}_0^+$ den Wert $[J]_a^b$ mit Hilfe der Untersummen! Was ändert sich in der Herleitung?

6. Berechne mittels eines Grenzprozesses die bestimmten Integrale $\int_a^b f(x)\,dx$ für folgende Funktionen ($a < b$, $a, b \in D_f$):

a) f: $x \mapsto 2x$; $x \in \mathbb{R}_0^+$ b) f: $x \mapsto x + 1$; $x \in [-1; \infty[$ c) f: $x \mapsto \frac{1}{2}x + 3$; $x \in [-6; \infty[$

B. Integration der Funktion f : $x \mapsto x^2$; $x \in \mathbb{R}_0^+$

Der Graph von f ist der rechte Zweig der Normalparabel mit der Gleichung $y = x^2$.

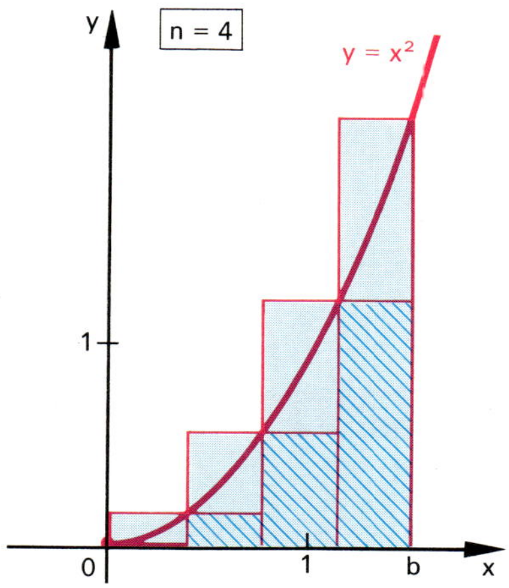

Fig. 7.14

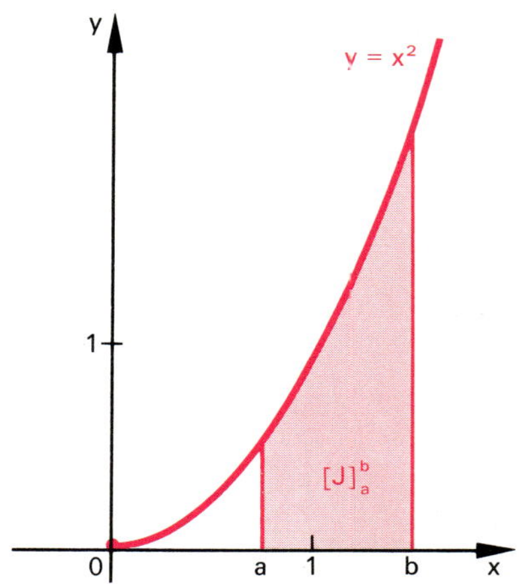

Fig. 7.15

1. Schritt: $a = 0$; Fig. 7.14.

Wird das Intervall $[0; b]$ wieder in $n = 2^k$ Teilabschnitte der Breite $\frac{b}{n}$ zerlegt, so gehören zu den Rändern dieser Teilabschnitte

die Abszissen: $0, \quad \frac{b}{n}, \quad 2 \cdot \frac{b}{n}, \quad 3 \cdot \frac{b}{n}, \quad \ldots, \quad (n-1) \cdot \frac{b}{n}, \quad n \cdot \frac{b}{n},$

die Ordinaten: $0, \quad \left(\frac{b}{n}\right)^2, \quad \left(2 \cdot \frac{b}{n}\right)^2, \quad \left(3 \cdot \frac{b}{n}\right)^2, \quad \ldots, \quad \left[(n-1) \cdot \frac{b}{n}\right]^2, \quad \left(n \cdot \frac{b}{n}\right)^2$

Für die Obersumme erhalten wir jetzt

$$\overline{J}_n = \frac{b}{n} \cdot \left(\frac{b}{n}\right)^2 + \frac{b}{n} \cdot \left(2 \cdot \frac{b}{n}\right)^2 + \frac{b}{n} \cdot \left(3 \cdot \frac{b}{n}\right)^2 + \cdots + \frac{b}{n} \cdot \left(n \cdot \frac{b}{n}\right)^2 =$$

$$= \left(\frac{b}{n}\right)^3 \cdot (1^2 + 2^2 + 3^2 + \cdots + n^2) = \frac{b^3}{n^3} \cdot \sum_{\nu=1}^{n} \nu^2 = \frac{b^3}{n^3} \cdot \frac{n(n+1)(2n+1)}{6}$$

Hier wurde die Formel $1^2 + 2^2 + 3^2 + \cdots + n^2 = \sum_{\nu=1}^{n} \nu^2 = \frac{n(n+1)(2n+1)}{6}$ verwendet.

Nach leichter Umformung ergibt sich

$$\overline{J}_n = \frac{b^3}{6}\left(1+\frac{1}{n}\right)\left(2+\frac{1}{n}\right).$$

Die Folgen der Ober- und Untersummen bestimmen, wie wir aus 7.3.1. wissen, eine Intervallschachtelung. Die durch die Intervallschachtelung festgelegte Zahl ist

$$\lim_{n\to\infty} \overline{J}_n = \lim_{n\to\infty} \frac{b^3}{6}\left(1+\frac{1}{n}\right)\left(2+\frac{1}{n}\right) = \frac{b^3}{3}.$$

Das Flächenstück zwischen x-Achse und Parabel hat daher über dem Intervall [0; b] den Inhalt

$$[J]_0^b = \frac{b^3}{3}.$$

2. Schritt: $0 < a < b$; Fig. 7.15.

Ähnlich wie in A. folgt für den Inhalt des zwischen x-Achse und Parabel über [a; b] liegenden Flächenstücks

$$[J]_a^b = \frac{b^3}{3} - \frac{a^3}{3}.$$

Ergebnis: $\boxed{\int_a^b x^2dx = \frac{b^3}{3} - \frac{a^3}{3}}$ für $0 \leqq a < b$

Aufgaben

1. Berechne:
   a) $\int_0^2 x^2dx$ b) $\int_0^4 x^2dx$ c) $\int_3^6 x^2dx$ d) $\int_{0,2}^{0,6} x^2dx$
2. Gibt es Zahlen $b > 0$ bzw. $a > 1$, für die gilt
   a) $\int_0^b x^2dx = 9$ b) $\int_2^{2a} x^2dx = 69\frac{1}{3}$?
3. Zeige: Die Parabel mit der Gleichung $y = x^2$ teilt die Fläche des Rechtecks OABP, mit O (0; 0), A (2; 0), P (2; 4), B (0; 4), im Verhältnis 1 : 2.
4. Berechne für $f: x \mapsto x^2; x \in \mathbb{R}_0^+$ den Wert $[J]_a^b$ mit Hilfe der Untersummen!
5. Berechne mittels Grenzprozess $\int_0^b f(x)\,dx$ und $\int_a^b f(x)\,dx$ für die Graphen folgender Funktionen $f: x \mapsto f(x)$, wobei $0 \leqq a < b$ und $x \in \mathbb{R}_0^+$ ist:
   a) $f(x) = 2x^2$ b) $f(x) = x^2 + 1$ c) $f(x) = \frac{1}{2}x^2 + 3$
6. Wie viele fortgesetzte Halbierungen des Intervalls [0; 4] sind bei der Berechnung von $[J]_0^4$ für die Parabel mit der Gleichung $y = x^2$ notwendig, damit $\overline{J}_n - \underline{J}_n < 0{,}1$ wird?

C. Integration der Funktion $f: x \mapsto x^3$; $x \in \mathbb{R}_0^+$

G_f ist der im I. Quadranten verlaufende Zweig der kubischen Parabel mit der Gleichung $y = x^3$.

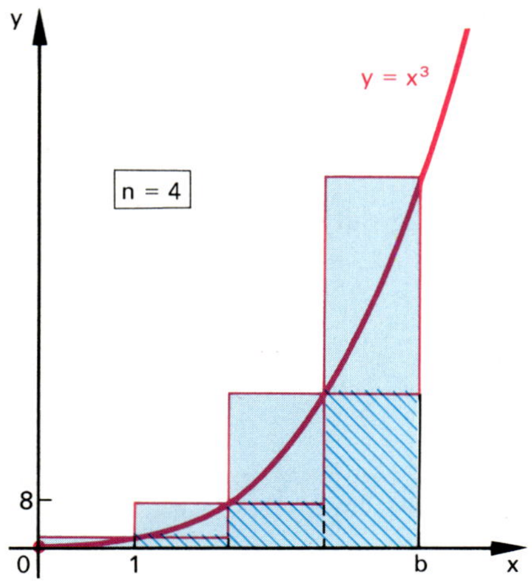

Fig. 7.16

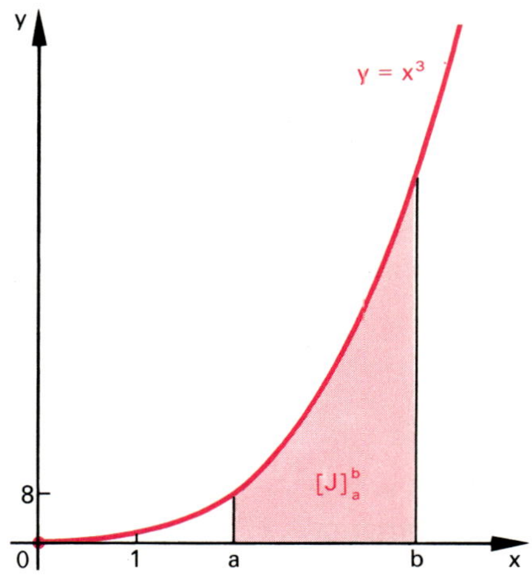

Fig. 7.17

1. Schritt: $a = 0$; Fig. 7.16

Eine ähnliche Rechnung wie in A. und B. ergibt:

$$\overline{J}_n = \frac{b^4}{n^4}(1^3 + 2^3 + 3^3 + \cdots + n^3) = \frac{b^4}{n^4}\sum_{\nu=1}^{n} \nu^3.$$

Mit Hilfe der Formel

$$\sum_{\nu=1}^{n} \nu^3 = \frac{n^2(n+1)^2}{4}$$

kann man folgendermaßen umformen:

$$\overline{J}_n = \frac{b^4}{n^4} \cdot \frac{n^2(n+1)^2}{4} = \frac{b^4}{4}\,\frac{(n+1)^2}{n^2} = \frac{b^4}{4}\left(1 + \frac{1}{n}\right)^2.$$

Es liegt eine Intervallschachtelung vor mit

$$\lim_{n\to\infty} \underline{J}_n = \lim_{n\to\infty} \overline{J}_n = \frac{b^4}{4}.$$

Dieser gemeinsame Grenzwert der Ober- und Untersumme ist der Inhalt des Flächenstücks zwischen der x-Achse, der kubischen Parabel und der Geraden zu $x = b$:

$$[J]_0^b = \frac{b^4}{4}.$$

2. Schritt: $0 < a < b$; Fig. 7.17.

Als Inhalt des Flächenstücks zwischen der x-Achse und der kubischen Parabel im Intervall [a; b] erhalten wir

$$[J]_a^b = \frac{b^4}{4} - \frac{a^4}{4}.$$

Ergebnis: $\boxed{\int_a^b x^3 dx = \frac{b^4}{4} - \frac{a^4}{4}}$ für $0 \leqq a < b$.

Aufgaben

1. Berechne:

   a) $\int_0^2 x^2 dx$ b) $\int_3^4 x^3 dx$ c) $\int_0^1 x^3 dx + \int_1^2 x^3 dx$ d) $\int_1^2 x^3 dx + \int_2^4 x^3 dx - \int_1^4 x^3 dx$

2. Bestimme $b > 2$ bzw. $a > 0$ so, dass gilt:

   a) $\int_2^b x^3 dx = 60$ b) $\int_{3a}^{4a} x^3 dx = 43\frac{3}{4}$ c) $\int_0^a x^3 dx = a^2$ (geom. Veranschaulichung)

3. Auf dem Graphen G_f der Funktion $f: x \mapsto x^3$; $x \in \mathbb{R}$ liegt der Punkt P (1; ?). Er wird mit dem Ursprung O verbunden. Berechne den Inhalt des zwischen der Strecke [OP] und G_f liegenden Flächenstücks!

4. Berechne mittels eines Grenzprozesses die bestimmten Integrale:

   a) $\int_a^b (x^3 + 2)\, dx$ b) $\int_a^b 2 \cdot x^3 dx$ $(0 \leqq a < b)$

5. Bestimme mittels Grenzprozess zur Funktion $\varphi: x \mapsto Ax^3 + B$ mit $A > 0, B > 0, 0 \leqq a < b$ das bestimmte Integral $\int_a^b \varphi(x)\, dx$.

6. Gegeben sind die Funktion $f: x \mapsto x^3$; $x \in \mathbb{R}$ und die Gerade g mit der Gleichung $7x - y - 6 = 0$.

   a) Berechne die Schnittpunkte von g mit dem Graphen G_f![1]

   b) Welchen Inhalt hat das im I. Quadranten gelegene, von g und G_f begrenzte Kurvensegment?

[1] Hinweis: Es ergibt sich eine Gleichung 3. Grades, von der sich eine Lösung erraten lässt.

7.3.4. Die Summengrenzwertformel

A. Stetige, nichtnegative, monotone Funktionen

Das Integrationsverfahren, das wir in 7.3.3. auf einige spezielle Funktionen angewandt haben, formulieren wir jetzt allgemeiner:

Die Funktion f sei im Intervall [a; b] stetig, monoton zunehmend und nicht negativ. Dann besteht die Fläche zwischen dem Graphen von f und der x-Achse im Bereich [a; b] nur aus einem Stück über der x-Achse. Das bestimmte Integral von a bis b über f ist also gleich dem Inhalt dieses Flächenstücks:

$$\int_a^b f(x)\,dx = [J]_a^b.$$

Zur Bestimmung von $[J]_a^b$ zerlegen wir das Intervall [a; b] in $n = 2^k$ Abschnitte, deren Breite wir mit Δx bezeichnen[1]. Es ist dann

$$\Delta x = \frac{b-a}{n}.$$

k durchläuft die Folge der natürlichen Zahlen, n die Zweierpotenzen.

Bezeichnen wir die einzelnen Summanden der Unter- und Obersummen als *Flächenelemente*, so erhalten wir (Fig. 7.18):

Abszisse des ν-ten Teilpunktes:

$x_\nu = a + \nu \cdot \Delta x$

mit $\nu = 1, 2, \ldots, (n-1)$; $\quad x_0 = a, \quad x_n = b.$

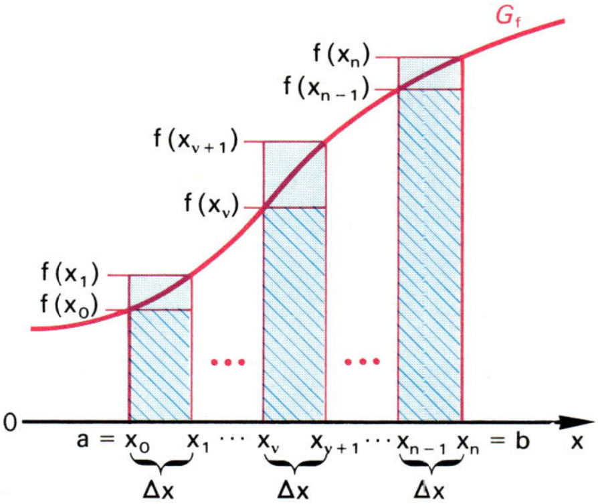

Fig. 7.18

Funktionswert an der Stelle x_ν:

$f(a + \nu \cdot \Delta x)$ mit $\nu = 0, 1, 2, \ldots, n.$

ν-tes Flächenelement der unteren Treppe: $f[a + (\nu - 1)\Delta x] \cdot \Delta x$, mit $\nu = 1, 2, \ldots, n$

Untersumme:

$$\begin{aligned}\underline{J}_n &= f(a) \cdot \Delta x + f(a + \Delta x) \cdot \Delta x + f(a + 2 \cdot \Delta x) \cdot \Delta x + \cdots + f[a + (n-1) \cdot \Delta x] \cdot \Delta x \\ &= \sum_{\nu=0}^{n-1} f(a + \nu \cdot \Delta x) \cdot \Delta x\end{aligned}$$

ν-tes Flächenelement der oberen Treppe: $f(a + \nu \cdot \Delta x) \cdot \Delta x$, wobei $\nu = 1, 2, \ldots, n$

Obersumme:

$$\begin{aligned}\overline{J}_n &= f(a + \Delta x) \cdot \Delta x + f(a + 2 \cdot \Delta x) \cdot \Delta x + f(a + 3 \cdot \Delta x) \cdot \Delta x + \cdots + f[a + n \cdot \Delta x) \cdot \Delta x \\ &= \sum_{\nu=1}^{n} f(a + \nu \cdot \Delta x) \cdot \Delta x\end{aligned}$$

[1] Lies: „Delta x". Mit dem Δ-Zeichen, dem griechischen Großbuchstaben für D, werden häufig Differenzen bezeichnet.

Nach den Ergebnissen von 7.3.1. bilden die Folgen der Unter- und Obersummen eine die Zahl $[J]_a^b$ definierende Intervallschachtelung, wenn n alle Zweierpotenzen durchläuft $(n = 2^k,\ k \in \mathbb{N})$. Es ist

$$\sum_{\nu=0}^{n-1} f(a+\nu\Delta x)\,\Delta x \leqq [J]_a^b \leqq \sum_{\nu=1}^{n} f(a+\nu\Delta x)\,\Delta x$$

und

$$\lim_{n\to\infty} \sum_{\nu=0}^{n-1} f(a+\nu\Delta x)\,\Delta x = [J]_a^b = \lim_{n\to\infty} \sum_{\nu=1}^{n} f(a+\nu\Delta x)\,\Delta x$$

bzw.

$$\boxed{\lim_{n\to\infty} \sum_{\nu=0}^{n-1} f(a+\nu\Delta x)\cdot\Delta x = \int_a^b f(x)\,dx = \lim_{n\to\infty} \sum_{\nu=1}^{n} f(a+\nu\Delta x)\cdot\Delta x} \quad (S)$$

$$\Delta x = \frac{b-a}{n}, \quad n = 2^k,\ k \in \mathbb{N}.$$

Wir nennen S die *Summengrenzwertformel.*

Dieses Ergebnis erklärt die Schreibweise des bestimmten Integrals:

Die Zahl $\int_a^b f(x)\,dx$

ist durch zwei Rechenprozesse entstanden, nämlich durch eine *Summation* und einen anschließenden *Grenzprozess*. Nach dem Vorschlag von Leibniz wird dies dadurch zum Ausdruck gebracht, dass an Stelle des $\sum$-Zeichens das stilisierte, lang gezogene S ($\int$), statt des Differenzzeichens Δx das Zeichen dx geschrieben wird. $f(x)$ heißt *Integrand*, $[a; b]$ *Integrationsbereich* oder *-intervall*. f ist die *Integrandenfunktion*.

Ganz entsprechend lässt sich die Summengrenzwertformel (S) für die Integration stetiger, nichtnegativer, monoton abnehmender Funktionen bestätigen.

Bemerkung:
Bei diesen verallgemeinerten Überlegungen wird hinsichtlich der Grenzen a und b des Integrationsintervalls nur $a < b$ vorausgesetzt – unabhängig von der Lage des Koordinatenursprungs O auf der x-Achse.

Aufgaben

1. Berechne $\int_r^0 x^2 dx$ und $\int_r^s x^2 dx$ für $r < s \leqq 0$ durch Grenzübergang mit der Unter- oder der Obersumme bei fortgesetzter Intervallhalbierung!

2. Berechne $\int_a^b x^2 dx$ für $a < 0 < b$ aus den bisherigen Ergebnissen! Verwende die Achsensymmetrie des entsprechenden Graphen!

B. Stetige, nichtpositive, monotone Funktionen

Aus der Definition des bestimmten Integrals ergibt sich als Wert des Integrals über einer im Intervall [a; b] stetigen, nichtpositiven Funktion f der negative Wert des entsprechenden Flächeninhalts (Fig. 7.19):

(1) $$\int_a^b f(x)\,dx = -[J]_a^b$$

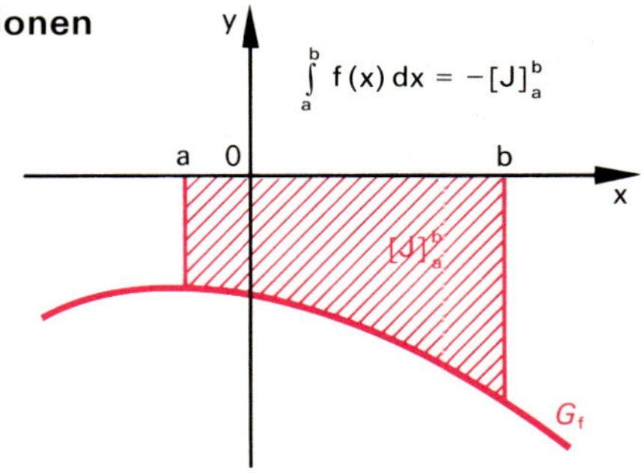

Fig. 7.19

Zur Berechnung können wir nach Spiegelung des Graphen an der x-Achse auf die Streifenmethode mit fortgesetzter Intervallhalbierung zurückgreifen. Spiegelung an der x-Achse bedeutet Multiplikation des Funktionsterms mit -1. Entsprechend erhalten wir das Ergebnis

$$[J]_a^b = \lim_{n\to\infty} \sum_{\nu=0}^{n-1} (-f(a+\nu\Delta x))\,\Delta x = \lim_{n\to\infty} \sum_{\nu=1}^{n} (-f(a+\nu\Delta x))\,\Delta x.$$

Das Minuszeichen vor f (...) kann man vor das Summenzeichen (Ausklammern) und schließlich auch vor das lim-Zeichen ziehen (Rechenregeln für Grenzwerte).

Mit (1) ergibt sich nun auch für den Fall einer in [a; b] stetigen, nichtpositiven, monotonen Funktion die *Summengrenzwertformel*:

$$\int_a^b f(x)\,dx = \lim_{n\to\infty} \sum_{\nu=0}^{n-1} f(a+\nu\Delta x)\,\Delta x = \lim_{n\to\infty} \sum_{\nu=1}^{n} f(a+\nu\Delta x)\,\Delta x$$

$$\Delta x = \frac{b-a}{n}, \quad n = 2^k,\ k \in \mathbb{N}.$$

Aufgaben

1. Berechne $\int_a^b x\,dx$ für $a < b \leqq 0$ durch direkte Anwendung der Summengrenzwertformel!
2. Berechne das bestimmte Integral $\int_a^b x^3 dx$ für $a < b \leqq 0$.
   a) unter Ausnützung der Punktsymmetrie des Graphen und der Ergebnisse von 7.3.3.C.;
   b) durch direkte Anwendung der Summengrenzwertformel!

C. Abschnittsweise Integration

In 7.2.2. haben wir das bestimmte Integral als Summe gerichteter Flächeninhalte definiert. Zur Berechnung haben wir nun die Gültigkeit der Summengrenzwertformel für stetige, monotone Funktionen ohne Vorzeichenwechsel im Integrationsintervall festgestellt.

Die Berechnung bestimmter Integrale gelingt jedoch auch mit weniger strengen Forderungen an die Funktionen. Beziehen wir uns wieder auf die Definition des bestimmten Integrals, so gilt offensichtlich:

$$\int_a^c f(x)\,dx = \int_a^b f(x)\,dx + \int_b^c f(x)\,dx \quad \text{für} \quad b \in]a; c[$$

Das Integrationsintervall kann somit in Teilintervalle zerlegt werden, innerhalb derer die Funktionen monoton und ohne Vorzeichenwechsel sind. Auf einen Beweis dieser anschaulich einleuchtenden Aussage muss hier verzichtet werden.

Beispiel:

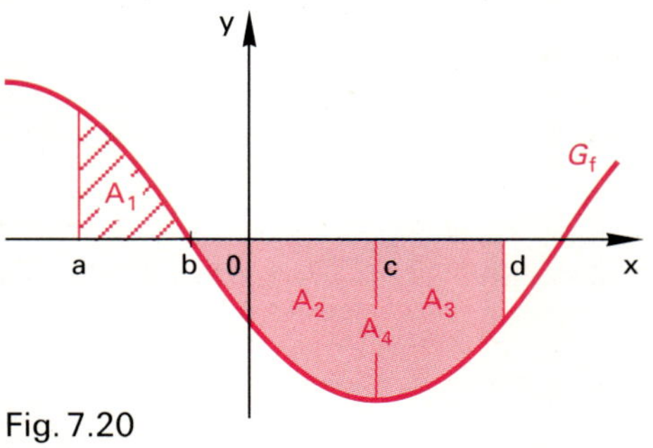

Fig. 7.20

Für f mit dem in Fig. 7.20 dargestellten Graphen ist

$$\int_a^d f(x)\,dx = A_1 - A_4 \quad \text{(nach Definition 7.1)}$$

$$\left.\begin{aligned} \int_a^b f(x)\,dx &= A_1 \\ \int_b^c f(x)\,dx &= -A_2 \\ \int_c^d f(x)\,dx &= -A_3 \end{aligned}\right\} \text{für jedes dieser Integrale gilt die Summengrenzwertformel}$$

$$\begin{aligned} \int_a^b f(x)\,dx + \int_b^c f(x)\,dx + \int_c^d f(x)\,dx &= A_1 - A_2 - A_3 = A_1 - (A_2 + A_3) \\ &= A_1 - A_4 = \int_a^d f(x)\,dx. \end{aligned}$$

Zwischenergebnis der bisherigen Überlegungen

Lässt sich das Integrationsintervall der stetigen Funktion f in endlich viele Teilintervalle zerlegen, in denen f streng monoton ist und das Vorzeichen nicht wechselt, so kann man das bestimmte Integral über f als Summe der bestimmten Integrale auf diesen Teilintervallen (z. B. mit Hilfe der Summengrenzwertformel) berechnen.

Beispiel: $\int_{-1}^{2} x^2dx = \int_{-1}^{0} x^2dx + \int_{0}^{2} x^2dx = \left(\frac{0^3}{3} - \frac{(-1)^3}{3}\right) + \left(\frac{2^3}{3} - \frac{0^3}{3}\right) = \frac{1}{3} + \frac{8}{3} = 3$

Kontrolle: $\int_{-1}^{2} x^2dx = \frac{2^3}{3} - \frac{(-1)^3}{3} = \frac{9}{3} = 3$ nach Aufgabe 2 in A.

Aufgaben

1. Berechne $\int_{a}^{b} x\,dx$ für $a, b \in \mathbb{R}$, $a < b$ aus den bisherigen Ergebnissen!

2. Berechne $\int_{a}^{b} x^3dx$ für $a, b \in \mathbb{R}$, $a < b$ aus den bisherigen Ergebnissen!

3. Stelle die bisher gefundenen Integrationsregeln für die Funktionen f mit $f(x) = 1$, $f(x) = x$, $f(x) = x^2$ und $f(x) = x^3$ zusammen! Welche Regel ist für Exponenten größer als 3 zu vermuten? Beachte, dass die Zahl 1 durch die Potenz x^0 ersetzt werden kann!

4. Für welchen Wert von b gilt:

   a) $\int_{-3}^{b} x^2dx = 8\frac{2}{3}$ b) $\int_{-4}^{b} x^3dx = -60$ c) $\int_{b}^{5} x\,dx = 8$ d) $\int_{b}^{3} dx = 8$

   e) $\int_{-2}^{b} x^3dx = 0$ f) $\int_{2}^{b} x^2dx = \int_{-1}^{2} x^2dx$

   (Teilweise zwei Lösungen – geometrische Deutung?)

5. Integration einer abschnittsweise definierten Funktion. Gegeben ist die Funktion

$$f\colon x \mapsto \begin{cases} x^2 & \text{für} \quad -2 \leqq x < 0 \\ \frac{1}{4}x^3 & \text{für} \quad 0 \leqq x \leqq 2 \end{cases}$$

   Berechne mit Hilfe der Formeln in 7.3.3. $\int_{-2}^{2} f(x)\,dx$!

   Veranschauliche das Ergebnis am Graphen G_f!

D. Der allgemeine Fall

In den vorausgegangenen Kapiteln haben wir das bestimmte Integral über stetigen, monotonen Funktionen ohne Vorzeichenwechsel als Summengrenzwert erhalten. Dabei ergab sich in allen Fällen die gleiche Summengrenzwertformel. Trafen die Eigenschaften *Monotonie* und *kein Vorzeichenwechsel* nur auf endlich viele Teilintervalle zu, deren Vereinigung das Integrationsintervall ergab, mussten wir das bestimmte Integral als Summe entsprechender Teilintegrale berechnen. Mit diesen Einschränkungen konnten wir die Existenz des Integrals mit Hilfe der *fortgesetzten Intervallhalbierung* beweisen.

Es lässt sich zeigen, dass die Summengrenzwertformel, über das ganze Integrationsintervall genommen, das gleiche Ergebnis liefert, wie die Summe der Integrale über den Teilintervallen. Außerdem erhält man auch dann das gleiche Ergebnis, wenn man n die Folge aller natürlichen Zahlen durchlaufen lässt. Die Beweise würden jedoch den Rahmen dieses Kurses übersteigen.

Satz 7.1:

Für eine auf dem Intervall [a; b] stetige Funktion f existieren die Grenzwerte

$$\lim_{n \to \infty} \sum_{\nu=0}^{n-1} f(a + \nu \cdot \Delta x)\,\Delta x \quad \text{und} \quad \lim_{n \to \infty} \sum_{\nu=1}^{n} f(a + \nu \cdot \Delta x)\,\Delta x$$

$$\text{mit} \quad \Delta x = \frac{b-a}{n}, \; n \in \mathbb{N}.$$

und sie haben den gleichen Wert.

Für das bestimmte Integral gilt daher allgemein:

Ist f eine auf dem Intervall [a; b] stetige Funktion, dann ist:

$$\int_a^b f(x)\,dx = \lim_{n \to \infty} \sum_{\nu=0}^{n-1} f(a + \nu \cdot \Delta x)\,\Delta x = \lim_{n \to \infty} \sum_{\nu=1}^{n} f(a + \nu \cdot \Delta x)\,\Delta x$$

$$\text{mit} \quad \Delta x = \frac{b-a}{n}, \; n \in \mathbb{N}.$$

(Summengrenzwertformel für das bestimmte Integral)

Bemerkungen:

Wir stellen also nur noch die Forderung nach der Stetigkeit der Integrandenfunktion; Nullstellen und Stellen mit Wechsel des Monotonieverhaltens werden bei der Anwendung der Summenformel nicht mehr beachtet.

n darf die Folge aller natürlichen Zahlen, nicht nur der Zweierpotenzen durchlaufen. (Fig. 7.21 a)

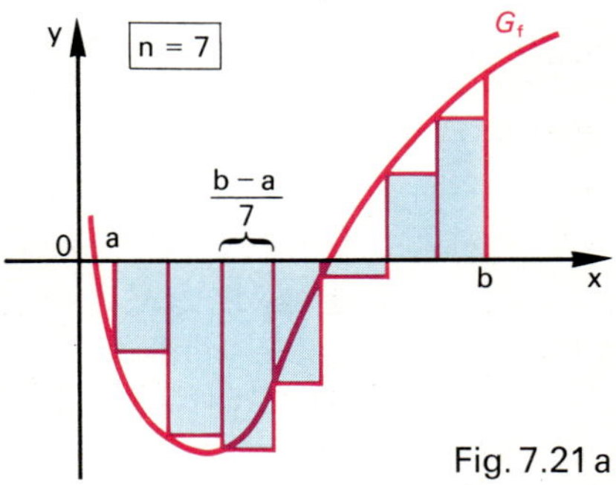

Fig. 7.21 a

Es lässt sich weiter zeigen, dass die Erstellung entsprechender Summengrenzwertformeln auch bei Teilungen des Integrationsintervalls in n ungleich breite Abschnitte gelingt – es muss lediglich gefordert werden, dass die Breite des breitesten Teilintervalls für $n \to \infty$ gegen null geht.

Auch muss man nicht den Funktionswert am linken oder rechten Rand eines jeden Streifens der „Treppenfigur" als Höhe dieses Streifens wählen; die Höhe muss nur irgendeinem Funktionswert entsprechen, der im zugehörigen Teilintervall angenommen wird. (Fig. 7.21 b)

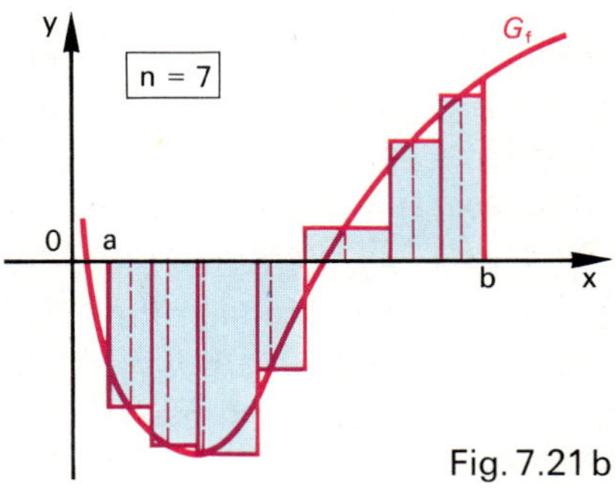

Fig. 7.21 b

Die diesen Verallgemeinerungen entsprechenden Summengrenzwertformeln liefern die gleichen Ergebnisse, wie die Formel in Satz 7.1.

Aufgaben

1. Berechne und erläutere geometrisch am Funktionsgraphen:

a) $\int_{-1}^{2} x\,dx$ b) $\int_{-2}^{2} x^3 dx$ c) $\int_{-2}^{0} x^2 dx$ d) $\int_{-2}^{3} x^2 dx$

e) $\int_{-3}^{-1} x\,dx$ f) $\int_{-2}^{0} x^3 dx$ g) $\int_{-2}^{2} |x|\,dx$ h) $\int_{-2}^{2} |x^3|\,dx$

2. Veranschauliche am Graphen der Funktion f: $x \mapsto 2x+4$, dass sich $\int_{-2}^{4} f(x)\,dx$ bei *jeder* n-Teilung des Integrationsintervalls $[-2; 4]$ als arithmetisches Mittel der Ober- und Untersumme ergibt!

3. Zeige unter Verwendung einer Summengrenzwertformel:

a) $\int_a^b 3x^2 dx = 3\int_a^b x^2 dx$ b) $\int_a^b (x^2+x)\,dx = \int_a^b x^2 dx + \int_a^b x\,dx$

4. Berechne aufgrund geometrischer Überlegungen das bestimmte Integral

$$\int_{-2}^{4} (|2-x| - |x|)\,dx!$$

Ergänzungen und Ausblicke

Integration der Sinusfunktion mit dem Computer

Das nebenstehende BASIC-Programm ist eine direkte Anwendung der Summengrenzwertformel zur Berechnung des bestimmten Integrals

$$\int_0^{\pi/2} \sin x\,dx.$$

In der Praxis benutzt man erheblich verfeinerte numerische Verfahren, bei denen der Fehler zur exakten Lösung sehr viel schneller gegen null strebt (z. B. die später behandelte Simpson-Regel).

```
100 REM Numerische Integration
110 REM monoton zunehmender Funktionen
120 REM Unter- und Obersumme
130 DEF FNF(X)=SIN(X)
140 LET A=0: B=1.5707963267949#
150 INPUT"Zahl der Teilintervalle";M
160 PRINT"n     Obersumme     Untersumme"
170 PRINT
200 REM Berechnung, Ausdruck
210 FOR K=1 TO M
220   LET DX=(B-A)/K
230   LET SO=0: SU=0
240   FOR L=0 TO K-1
250     SU=SU+FNF(A+L*DX)*DX
260     SO=SO+FNF(A+(L+1)*DX)*DX
270   NEXT L
280   PRINT K;TAB(5)SO;TAB(22)SU
290 NEXT K
300 PRINT"Obersumme minus Untersumme:"
310 PRINT SO-SU
500 END

 n    Obersumme          Untersumme

 1    1.5707963267949    0
 2    1.3407585306673    .5553603672698
 3    1.238848004456     .7152492288577
 4    1.1834653418222    .7907662601234
 5    1.1488414014342    .834682136075
Obersumme minus Untersumme:
 .31415926535895
```

Aufgabe

Das folgende Programmstück berechnet einen Näherungswert des Integrals $\int\limits_a^b f(x)\,dx$ nach einem besseren Verfahren. Rechne das Programmstück für $f(x) = x^2$, $a = 0$, $b = 4$, $n = 4$ „von Hand" durch!

Warum spricht man von der Sehnen-Trapez-Methode? (Beachte Zeile 540!)

```
10  REM Programmstück Trapezintegration
500 REM Berechnung und Ausgabe
510 LET D=(B-A)/N
520 LET X=A: LET S=0
530 FOR I=1 TO N
540 LET S=S+D*(FNF(X)+FNF(X+D))/2
550 LET X=X+D
560 NEXT I
600 PRINT N"Teilintervalle: s="S
```

7.4. Eigenschaften des bestimmten Integrals

7.4.1. Umkehrung der Integrationsrichtung

Vertauschen wir in der Summengrenzwertformel von Satz 7.1 die Grenzen b und a, dann erhalten wir z. B.

$$\lim_{n \to \infty} \sum_{\nu=0}^{n-1} f\left(b + \nu \cdot \frac{a-b}{n}\right) \cdot \frac{a-b}{n}.$$

Dies bedeutet, dass bei der Summation die Streifen nun von rechts nach links, statt wie bisher umgekehrt durchlaufen werden, und dass der zweite Faktor jedes einzelnen Produkts wegen $a < b$ negativ wird. Die Summen und damit ihr Grenzwert wechseln also das Vorzeichen, die Beträge bleiben jedoch gleich. Folgende Definition für $a < b$ ist somit mathematisch sinnvoll:

$$\int\limits_b^a f(x)\,dx = -\int\limits_a^b f(x)\,dx$$

Damit darf die untere Integrationsgrenze größer sein als die obere.

Anschaulich beschreibt ein Integral mit größerer unterer Grenze, z. B. Bezug nehmend auf das Einführungsbeispiel in 7.1.2., wie der Standort zu einem früheren Zeitpunkt ermittelt, also der Bewegungsvorgang *zurück*verfolgt werden kann.

Satz 7.1 lässt sich auf den Fall $b = a$ ausdehnen. Es ergibt sich:

$$\int\limits_a^a f(x)\,dx = 0$$

Warum ist dies auch geometrisch sinnvoll?

7.4.2. Linearitätseigenschaften

A. Konstanter Faktor im Integranden

Wenden wir die Summengrenzwertformel auf die Funktion $x \mapsto c \cdot f(x)$ an, wobei f eine in [a; b] stetige Funktion und $c \in \mathbb{R}$ ist, können wir zunächst den konstanten Faktor c durch Ausklammern vor das Summenzeichen und unter Anwendung der Grenzwertregeln auch vor das Limeszeichen ziehen:

$$\int_a^b c \cdot f(x)\,dx = \lim_{n\to\infty} \sum_{\nu=0}^{n-1} c \cdot f(a + \nu \cdot \Delta x)\,\Delta x$$

$$= \lim_{n\to\infty} c \cdot \sum_{\nu=0}^{n-1} f(a + \nu \cdot \Delta x)\,\Delta x$$

$$= c \cdot \lim_{n\to\infty} \sum_{\nu=0}^{n-1} f(a + \nu \cdot \Delta x)\,\Delta x = c \cdot \int_a^b f(x)\,dx$$

$$\boxed{\int_a^b c \cdot f(x)\,dx = c \cdot \int_a^b f(x)\,dx}$$

Beispiel: $\int_3^0 5x^2 dx = 5 \cdot \int_3^0 x^2 dx = 5 \cdot \left(\frac{0^3}{3} - \frac{3^3}{3}\right) = 5 \cdot \left(-\frac{3^3}{3}\right) = -45$

B. Summe im Integranden

Wenden wir die Summengrenzwertformel auf die Funktion $x \mapsto f(x) + g(x)$ an, wobei f und g in [a; b] stetige Funktionen sind, können wir zunächst die Produkte hinter dem Summenzeichen ausmultiplizieren, die Summanden mit den Faktoren f(...) und g(...) unter zwei getrennten Summenzeichen zusammenfassen und schließlich nach den Grenzwertregeln aus dem Grenzwert der Summe eine Summe zweier Grenzwerte machen. Wir erhalten:

$$\boxed{\int_a^b (f(x) + g(x))\,dx = \int_a^b f(x)\,dx + \int_a^b g(x)\,dx}$$

Diese Formel kann auch von rechts nach links gelesen werden:

Beispiel: $\int_{-1}^{-2} \sin^2 x\,dx + \int_{-1}^{-2} \cos^2 x\,dx = \int_{-1}^{-2} (\sin^2 x + \cos^2 x)\,dx =$

$$= \int_{-1}^{-2} 1 \cdot dx = (-2) - (-1) = -1$$

C. Zusammenfassung

Die Formeln in A. und B. sind die Linearitätseigenschaften[1] des bestimmten Integrals.

Durch Anwendung der Ergebnisse von A. und B. erhält man für auf [a; b] stetige Funktionen f und g sowie c, d $\in \mathbb{R}$:

$$\int_a^b (c \cdot f(x) + d \cdot g(x))\,dx = c \cdot \int_a^b f(x)\,dx + d \cdot \int_a^b g(x)\,dx$$

Diese Aussage lässt sich sofort auf mehrgliedrige Summen übertragen, sodass wir allgemein sagen können:

Eine algebraische Summe stetiger Funktionen darf gliedweise integriert werden.

Beispiele:

a) $$\int_0^2 (3x^2 - 5x + 8)\,dx = 3 \cdot \int_0^2 x^2 dx - 5 \cdot \int_0^2 x\,dx + 8 \cdot \int_0^2 dx =$$
$$= 3\left(\frac{2^3}{3} - \frac{0^3}{3}\right) - 5\left(\frac{2^2}{2} - \frac{0^2}{2}\right) + 8(2-0) =$$
$$= 8 - 10 + 16 = 14$$

b) $$\int_2^4 \left(2x - \frac{1}{2}\right)^2 dx = \int_2^4 \left(4x^2 - 2x + \frac{1}{4}\right) dx =$$
$$= 4\int_2^4 x^2 dx - 2\int_2^4 x\,dx + \frac{1}{4}\int_2^4 dx =$$
$$= 4\left(\frac{4^3}{3} - \frac{2^3}{3}\right) - 2\left(\frac{4^2}{2} - \frac{2^2}{2}\right) + \frac{1}{4}(4-2) = 63\tfrac{1}{6}$$

7.4.3. Monotonieeigenschaft

Unmittelbar aus der Definition des bestimmten Integrals folgt

Satz 7.2:

Für auf [a; b] stetige Funktionen f und g mit $f(x) < g(x)$ für $x \in [a; b]$ gilt:

$$\int_a^b f(x)\,dx < \int_a^b g(x)\,dx$$

Dies ist die sogenannte Monotonieeigenschaft des bestimmten Integrals.

---

[1] Der Name erinnert an die entsprechenden Eigenschaften der linearen Funktion $f: x \mapsto mx;\ x \in \mathbb{R},\ m \neq 0$. Hier gilt $f(c \cdot u) = c \cdot f(u)$ sowie $f(u+v) = f(u) + f(v)$.

Nach dem Extremwertsatz (S.16) hat eine in [a; b] stetige Funktion dort ein Minimum m und ein Maximum M mit $m \leqq M$, sodass gilt:

$$m \leqq f(x) \leqq M$$

Durch Integration zwischen den Grenzen a und b folgt hieraus nach Satz 7.2:

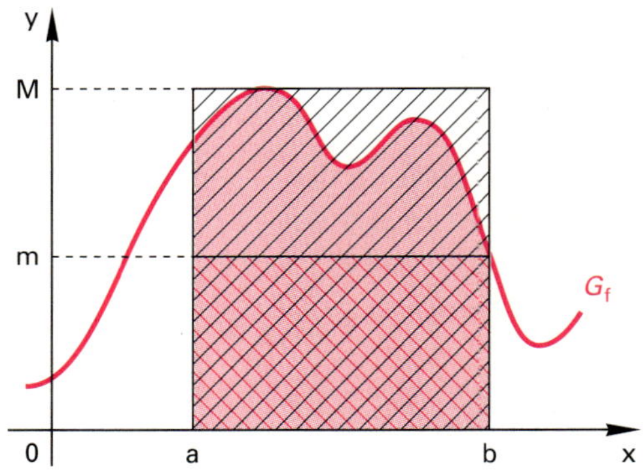

Fig. 7.22

$$m(b-a) \leqq \int_a^b f(x)\,dx \leqq M(b-a)$$

Diese Beziehung ist eine vereinfachte Form des sogenannten Mittelwertsatzes der Integralrechnung.

7.4.4. Additivitätseigenschaft

Diese Eigenschaft des bestimmten Integrals ist bereits in der Definition 7.1 enthalten und wurde auch in 7.3.4.C. für die abschnittsweise Integration verwendet. Ihrer Bedeutung wegen, formulieren wir sie darüber hinaus als Satz.

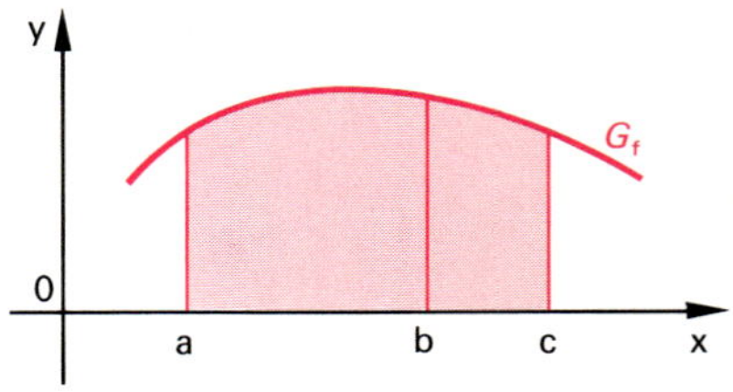

Fig. 7.23

Satz 7.3:

Ist die Funktion f im Intervall J stetig und sind a, b, $c \in J$, so gilt:

$$\int_a^b f(x)\,dx + \int_b^c f(x)\,dx = \int_a^c f(x)\,dx$$

7.5. Flächenberechnungen an Graphen

7.5.1. Die Fläche zwischen dem Graphen einer Funktion und der x-Achse

Wie wir wissen, ist das bestimmte Integral über eine stetige Funktion f von a bis b für $a < b$ gleich der Summe der Inhalte der Flächenstücke zwischen G_f und x-Achse, die über der x-Achse liegen, abzüglich solcher unter der x-Achse.

Zur Berechnung des Inhalts A der gesamten Fläche, die G_f und die x-Achse zwischen $x = a$ und $x = b$ einschließen, müssten aber auch die Inhalte der unten liegenden Flächenstücke addiert werden. Dies erreichen wir, wenn wir die unteren Flächenstücke an der x-Achse spiegeln, d. h. in den entsprechenden Teilintervallen $f(x) \leqq 0$ durch $-f(x) \geqq 0$ ersetzen und über die so entstandene neue Funktion integrieren. Diese neue Funktion ist $|f|$, also gilt (Fig. 7.24):

$$\boxed{A = \int_a^b |f(x)|\,dx} \qquad (a < b)$$

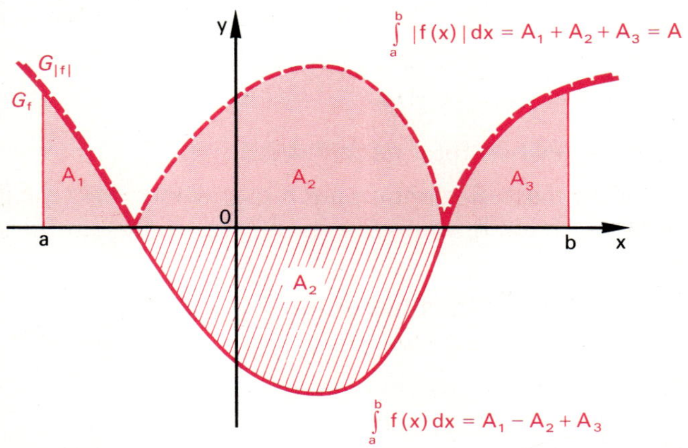

Fig. 7.24

Beispiel: Welchen Inhalt hat das vom Graphen von f: $x \mapsto x^3$, der x-Achse und den Geraden zu $x = -1$ und $x = 1{,}5$ begrenzte Flächenstück? (Fig. 7.25)

Lösung:

$$A = \int_{-1}^{1,5} |x^3|\,dx = \int_{-1}^{0} (-x^3)\,dx + \int_{0}^{1,5} x^3 dx$$

$$= -\left(\frac{0^4}{4} - \frac{(-1)^4}{4}\right) + \left(\frac{1{,}5^4}{4} - \frac{0^4}{4}\right)$$

$$\approx 1{,}52 \quad (\text{cm}^2 \text{ in Fig. 7.25})$$

Dagegen liefert

$$\int_{-1}^{1,5} x^3 dx = \frac{1{,}5^4}{4} - \frac{(-1)^4}{4} \approx 1{,}02$$

nicht den gesuchten Flächeninhalt.

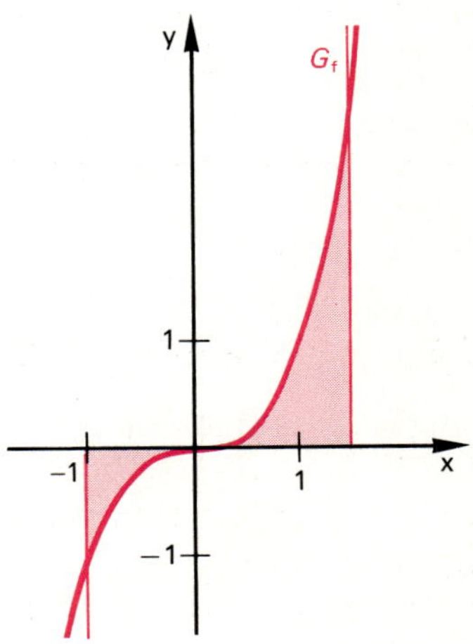

Fig. 7.25

7.5.2. Die Fläche zwischen den Graphen zweier Funktionen

Die Fläche zwischen den Graphen von f und g im Bereich von [a; b] ergibt sich offensichtlich im Falle $0 \leqq g(x) \leqq f(x)$ aus der Differenz der Flächeninhalte zwischen der x-Achse und den Graphen (Fig. 7.26):

$$A = \int_a^b f(x)\,dx - \int_a^b g(x)\,dx =$$

$$= \int_a^b [f(x) - g(x)]\,dx$$

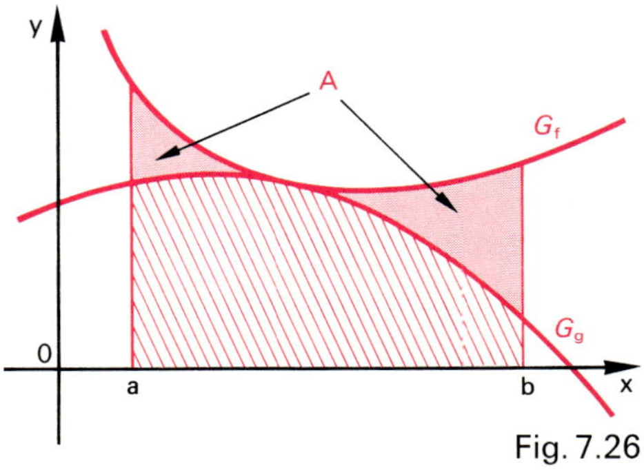

Fig. 7.26

Das zweite Gleichheitszeichen folgt nach 7.4.2.C.

Man kann zeigen, dass diese Beziehung auch gilt, wenn $g(x) \leqq f(x) \leqq 0$ für $x \in [a; b]$, und schließlich auch, wenn nur noch $g(x) \leqq f(x)$ in [a; b] gefordert wird (vgl. Aufgabe 5).

Macht man keine Voraussetzungen dieser Art, dann ist

$$\boxed{A = \int_a^b |f(x) - g(x)|\,dx} \quad (a < b)$$

Auf den Beweis wird hier verzichtet.

Beispiel: Berechne den Inhalt A des Flächenstücks, das begrenzt wird vom Graphen der Funktion $f: x \mapsto x^2 + 2x + 2$, vom Graphen der Funktion $g: x \mapsto -x^2 - 2x$ und der Geraden mit der Gleichung $x - 0{,}5 = 0$! (Fig. 7.27)

Lösung: (1) $f(x) = g(x)$ liefert $(x+1)^2 = 0$. Daraus folgt: G_f und G_g berühren sich an der Stelle $x = -1$.

(2) $|f(x) - g(x)| = |x^2 + 2x + 2 + x^2 + 2x|$
$= 2|x^2 + 2x + 1|$
$= 2(x+1)^2$.

(3) $A = \int_{-1}^{0,5} |f(x) - g(x)|\,dx =$

$= \int_{-1}^{0,5} 2(x^2 + 2x + 1)\,dx \Rightarrow$

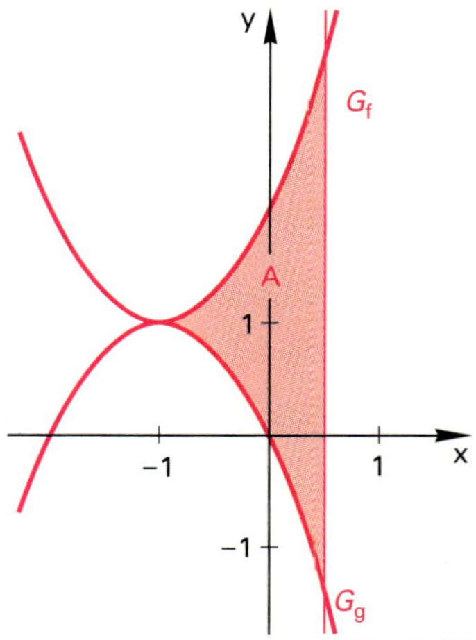

Fig. 7.27

$$\frac{1}{2}A = \left(\frac{0{,}5^3}{3} - \frac{(-1)^3}{3}\right) + 2\left(\frac{0{,}5^2}{2} - \frac{(-1)^2}{2}\right) + (0{,}5 - (-1)) = 1{,}125$$

Ergebnis: $A = 2{,}25$

Aufgaben

1. Berechne folgende Integrale und erläutere ihre geometrische Bedeutung:

a) $\int\limits_4^2 x\,dx$ b) $\int\limits_{3a}^{2a} x\,dx \quad (a > 0)$ c) $\int\limits_2^0 x^2 dx$ d) $\int\limits_a^{-2a} x^3 dx \quad (a > 0)$

2. Gegeben ist die Funktion $f: x \mapsto x^2;\ x \in \mathbb{R}$. Berechne den Inhalt der zwischen dem Graphen, der x-Achse und den Geraden zu $x = -2$ und $x = 1$ liegenden Fläche auf zwei Arten:

(1) Durch Zerlegung des Bereichs in zwei geeignete Teilbereiche,

(2) mittels „durchgehender" Integration von $x = -2$ bis $x = 1$.

Zeichnung mit 1 LE = 1 cm auf beiden Achsen.[1]

3. Berechne folgende Integrale:

a) $\int\limits_1^4 3x\,dx$ b) $\int\limits_0^3 4x^2 dx$ c) $\int\limits_0^{\sqrt{a}} ax^3 dx \quad (a > 0)$

d) $\int\limits_0^{\sqrt{c}} \frac{x^2}{c} dx \quad (c > 0)$ e) $\int\limits_0^2 (1 + x + x^2)\,dx$ f) $\int\limits_{-1}^2 (3 - 2x + 3x^2)\,dx$

g) $\int\limits_0^{-1} (2 + x)(2 - x)\,dx$ h) $\int\limits_{-1}^2 (3x - 2)^2 dx$ i) $\int\limits_{-2}^2 (\frac{1}{8}x^3 - \frac{1}{6}x^2 - \frac{1}{4}x + 2)\,dx$

k) $\int\limits_{-a}^a (Ax + Bx^3)\,dx$ l) $\int\limits_{-1}^1 (t+1)(t^2 - t + 1)\,dt$ m) $\int\limits_0^4 (2 - u)(4 + 2u + u^2)\,du$

4. Vereinfache zunächst den Term, und berechne sodann seinen Wert:

a) $\int\limits_0^2 x^2 dx + \int\limits_2^3 x^2 dx$ b) $\int\limits_2^4 (2x + 1)\,dx - \int\limits_5^4 (2x + 1)\,dx + \int\limits_5^6 (2x + 1)\,dx$

5. Zeige zu Fig. 7.28: Für den Inhalt A des von den Graphen der Funktionen g und f eingeschlossenen Flächenstücks gilt:

$$A = \int\limits_a^d [f(x) - g(x)]\,dx$$

Gib dazu die Teilinhalte A_1 bis A_4 mit Hilfe von Integralen an und fasse diese nach den Regeln von 7.5. zusammen!

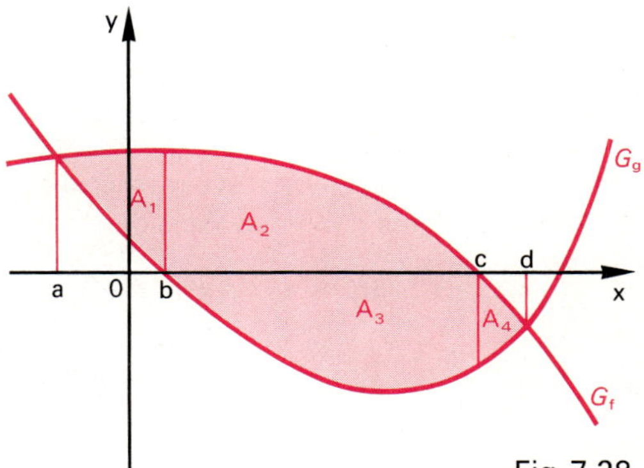

Fig. 7.28

6. Berechne den Inhalt des Flächenstücks, das von der Geraden mit der Gleichung $y - 4 = 0$ und dem Graphen der Funktion $f: x \mapsto \frac{1}{4}x^2;\ x \in \mathbb{R}$ begrenzt wird!

[1] Dieser Maßstab ist von jetzt ab, falls nichts anderes vermerkt, bei allen Aufgaben zu Grunde zu legen.

7. Welchen Inhalt hat das von der Geraden mit der Gleichung $3x - 2y = 0$ und dem Graphen der Funktion $f: x \mapsto \frac{1}{2}x^2;\ x \in \mathbb{R}$ begrenzte Flächenstück?

8. Die Parabeln mit den Gleichungen

   a) $x^2 = 6y$ bzw. $y^2 = 6x$ b) $x^2 = ay$ bzw. $y^2 = ax$

   umschließen ein Flächenstück, dessen Inhalt berechnet werden soll.
   Hinweis: Aus Symmetriegründen wird das Flächenstück von der Winkelhalbierenden des I. Quadranten halbiert.

9. Die Punkte $P_1(4; ?)$ und $P_2(-2; ?)$ liegen auf dem Graphen von $f: x \mapsto \frac{1}{4}x^2 + 1;\ x \in \mathbb{R}$. Berechne den Inhalt des vom Graphen und der Geraden $P_1 P_2$ begrenzten Flächenstücks!

10. Wie groß ist die Fläche, die vom Graphen G_φ der Funktion $\varphi: x \mapsto -\frac{1}{3}x^2 + 2x + 1;\ x \in \mathbb{R}$, dem Lot vom Parabelscheitel auf die x-Achse, der x-Achse und der y-Achse eingeschlossen wird?

11. Für welche Werte von a gilt:

    a) $\int_0^a (x+1)\,dx = 12$ b) $\int_0^{\sqrt{a}} (x^3 - x)\,dx = 6$

12. Die Gleichung $y = -kx^2 + 3$ mit $k > 0$ als Parameter beschreibt eine Kurvenschar. Welche Kurve der Schar begrenzt mit der x-Achse ein Flächenstück vom Inhalt 4?

13. Die Graphen von $f: x \mapsto f(x)$ und $g: x \mapsto g(x)$ schließen im angegebenen Intervall ein Flächenstück ein. Welchen Inhalt hat es?

    a) $f(x) = 2 + \sin x;\quad g(x) = -2 + \sin x;\quad [0; 2\pi]$
    b) $f(x) = x + \sin x;\quad g(x) = -x + \sin x;\quad [0; 2\pi]$
    c) $f(x) = x + \sqrt{x};\quad g(x) = -x + \sqrt{x};\quad [0; 4]$

14. Begründe geometrisch für $a > 0$:

    a) $\int_{-a}^{a} f(x)\,dx = 0$, wenn G_f punktsymmetrisch ist zum Ursprung.
    b) $\int_{-a}^{+a} f(x)\,dx = 2\int_0^{+a} f(x)\,dx$, wenn G_f achensymmetrisch ist zur y-Achse.

15. Untersuche jeweils, welche Symmetrieeigenschaften der Graph der Integrandenfunktion hat, und bestimme dann den Wert des Integrals:

    a) $\int_{-\pi/2}^{\pi/2} \sin x\,dx$ b) $\int_{-\pi}^{\pi} x^2 \sin x\,dx$ c) $\int_{-1}^{1} \frac{x^3}{x^2+1}\,dx$ d) $\int_{-2}^{2} (4 - x^2)\,dx$
    e) $\int_{-0,5}^{0,5} \frac{x}{\cos x}\,dx$ f) $\int_{-\sqrt{2}}^{\sqrt{2}} x(x^2 - 2)\,dx$ g) $\int_{-1}^{1} (x^2 - 1)\,dx$ h) $\int_{-1}^{1} x\sqrt{1 - x^2}\,dx$

16. Berechne den Wert des Integrals $\int_{-2}^{2} (3x^2 - 4)\,dx$ unter Ausnutzung der Symmetrie des Integranden und erkläre das Ergebnis anhand einer Skizze des Graphen der Funktion $f: x \mapsto 3x^2 - 4;\ x \in \mathbb{R}$. Bestimme dazu für die Nullstellen und das Extremum der Funktion f.

17. Begründe, dass $\int_{-\pi}^{\pi} \sin x\,dx = 0$ ist und überlege dir anhand einer Skizze, für welche Werte $c \in \mathbb{R}$ das Integral $\int_{-\pi}^{c} \sin x\,dx$ noch den Wert 0 hat. Beachte, dass $c < 0$ möglich ist!

18. Betrachtet wird die Gleichung $\int_1^c f(x)\,dx = 0$; $c \in \mathbb{R}$, wobei die Integrandenfunktion $f: x \mapsto f(x) = x(x-1)(x-2)$; $x \in \mathbb{R}$ ist.

a) Skizziere den Graphen der Integrandenfunktion f ohne weitere Rechnung.

b) Zeige, dass G_f punktsymmetrisch zu seinem Wendepunkt ist.
Hinweis: Welche Beziehung besteht zwischen G_f und dem Graphen der Funktion $h: x \mapsto h(x) = (x+1)x(x-1)$; $x \in \mathbb{R}$?

c) Schätze die Lösungen der gegebenen Gleichung durch geometrische Überlegungen ab.

d) Löse die Gleichung mit algebraischen Methoden.

e) Welche Beziehung besteht zwischen dem Graphen G_f und dem Graphen der Funktion $v: x \mapsto v(x) = x(x-1)(x-2) + 2$; $x \in \mathbb{R}$.

f) Ermittle den Wert des Integrals $\int_0^2 v(x)\,dx$ möglichst durch geometrische Überlegung.

19. Gegeben ist die Funktion $f: x \mapsto f(x) = \frac{1}{8}(x-2)(x^2+2x+4)$; $x \in \mathbb{R}$.

a) Zeige, dass der Graph G_f einen Terrassenpunkt besitzt und skizziere G_f in einem Koordinatensystem mit der Einheit 1 cm auf beiden Achsen.

b) Ermittle die Gleichung der Tangente T_1 an G_f im Punkt $P(-2; -2)$.
[Ergebnis $t_1(x) = \frac{3}{2}x + 1$]

c) Die Tangente T_1 schließt mit G_f ein Flächenstück ein. Berechne den Inhalt dieses Flächenstücks.

20. Für den Term f(x) einer in $\mathbb{R}$ definierten und in [0; 0,5] stetigen Funktion $f: x \mapsto f(x)$ gelte die Ungleichung:

$$x - x^2 \leqq f(x) \leqq x + x^2$$

Es soll für das Integral $\int_0^{0,5} f(x)\,dx$ eine möglichst kleine obere Schranke S und eine möglichst große untere Schranke s bestimmt werden, sodass die Abschätzung gilt:

$$s \leqq \int_0^{0,5} f(x)\,dx \leqq S$$

21. Durch $f_k: x \mapsto kx^2$; $x \in \mathbb{R}$ mit $k \in \mathbb{R}^+$ ist eine Funktionenschar festgelegt. Der zu f_k gehörige Graph werde mit G_{f_k} bezeichnet.

a) Bestimme die Schnittpunkte von G_{f_k} mit der Geraden $g: 2x - y = 0$ in Abhängigkeit vom Parameter k!

b) Zeichne g und $G_{f_{0,5}}$ im Bereich [−2; 5]!

c) Berechne den Inhalt A_k des Flächenstücks, das von G_{f_k} und g begrenzt wird! Wie groß ist speziell $A_{0,5}$?

22. Gegeben ist die abschnittsweise definierte Funktion $f: x \mapsto f(x)$ mit

$$f(x) = \begin{cases} 1{,}5x & \text{für } -2 \leqq x \leqq 4 \\ 0{,}5x^2 - x + 2 & \text{für } 4 < x \leqq 6. \end{cases}$$

Untersuche f auf Stetigkeit an der Stelle x = 4 und berechne $\int_{-2}^{6} f(x)\,dx$.

Ergänzungen und Ausblicke

Die Simpson-Regel[1]

Bei der Sehnen-Trapez-Methode wird der Graph der Funktion f durch einen Streckenzug, also stückweise durch lineare Funktionen angenähert (Aufgabe in „Ergänzung und Ausblicke", 7.3.4.).

Bei gleicher Unterteilung des Integrationsintervalls erhält man im Allgemeinen einen besseren Wert, wenn man quadratische Näherungsfunktionen verwendet. Dazu teilen wir das Intervall [a; b] in n gleiche Teilintervalle mit der Breite $h = \frac{b-a}{n}$, wobei diesmal n eine gerade Zahl sein soll (Fig. 7.29). Durch jeweils drei aufeinander folgende Punkte, also durch P_0, P_1, P_2, dann durch P_2, P_3, P_4 usw. bis P_{n-2}, P_{n-1}, P_n mit den Abszissen $a = x_0, x_1, x_2$ bzw. x_2, x_3, x_4 usw. bis $x_{n-2}, x_{n-1}, x_n = b$ ist jeweils ein Parabelstück bestimmt.

Wir zerlegen jetzt das Integral gemäß 7.4.4. in eine Summe von Teilintegralen:

$$\int_a^b f(x)\,dx = \int_a^{x_2} f(x)\,dx + \int_{x_2}^{x_4} f(x)\,dx + \cdots + \int_{x_{n-2}}^{b} f(x)\,dx$$

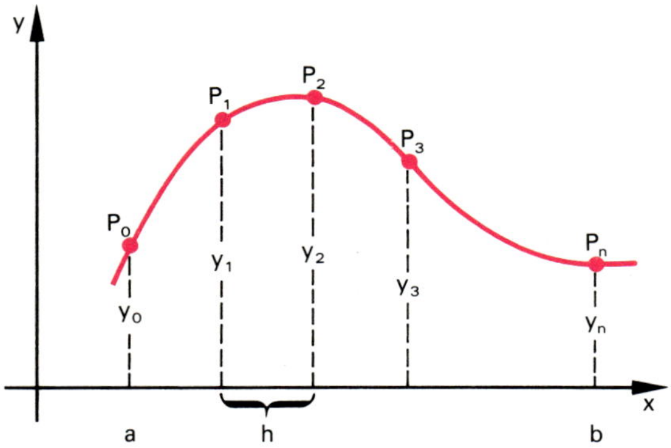

Fig. 7.29

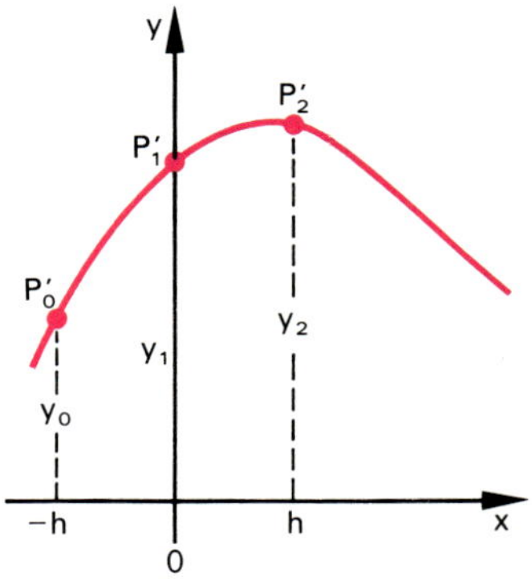

Fig. 7.30

Die Teilintegrale über f ersetzen wir durch Integrale über die für das jeweilige Teilintervall gültige quadratische Näherungsfunktion.

Wir bestimmen nun die quadratische Näherungsfunktion für das Teilintervall $[x_0; x_2]$ und berechnen das entsprechende bestimmte Integral:

Zur Vereinfachung der Rechnung legen wir durch eine Verschiebung parallel zur x-Achse den mittleren der drei Teilpunkte auf die y-Achse. Die Fläche zwischen Graph und x-Achse bleibt bei dieser Translation unverändert. (Fig. 7.30)

Der Graph der ersten gesuchten quadratischen Funktion soll also durch die Punkte $P_0'(-h; y_0)$, $P_1'(0; y_1)$ und $P_2'(h; y_2)$ verlaufen.

[1] Thomas Simpson (1710–1761), englischer Mathematiker.

Dann gelten bei Zugrundelegung der Funktionsgleichung

$$y = qx^2 + rx + s$$

die folgenden Gleichungen:

$$(1)\quad y_0 = q(-h)^2 + r(-h) + s$$
$$(2)\quad y_1 = s$$
$$(3)\quad y_2 = qh^2 + rh + s$$

(2) in (1) und (3) ergibt:

$$(4)\quad y_0 = qh^2 - rh + y_1$$
$$(5)\quad y_2 = qh^2 + rh + y_1$$

Durch Addition bzw. Subtraktion von (5) und (4) erhält man:

$$y_0 + y_2 = 2qh^2 + 2y_1 \quad \text{bzw.} \quad y_2 - y_0 = 2rh$$

und daraus:

$$q = \frac{y_0 - 2y_1 + y_2}{2h^2} \quad \text{bzw.} \quad r = \frac{y_2 - y_0}{2h}$$

Die Gleichung der quadratischen Näherungsfunktion für den ersten Streifen lautet daher:

$$y = \frac{y_0 - 2y_1 + y_2}{2h^2} \cdot x^2 + \frac{y_2 - y_0}{2h} \cdot x + y_1 = g(x)$$

Integriert man g (x) von $-h$ bis $+h$, so folgt für den Inhalt des ersten Streifens:

$$A_1 \approx \int_{-h}^{h} g(x)\,dx = \int_{-h}^{h} \left(\frac{y_0 - 2y_1 + y_2}{2h^2} \cdot x^2 + \frac{y_2 - y_0}{2h} \cdot x + y_1 \right) dx =$$

$$= \frac{y_0 - 2y_1 + y_2}{2h^2} \cdot \int_{-h}^{h} x^2 dx + \frac{y_2 - y_0}{2h} \cdot \int_{-h}^{h} x\,dx + y_1 \cdot \int_{-h}^{h} 1\,dx =$$

$$= \frac{y_0 - 2y_1 + y_2}{2h^2} \cdot \frac{2h^3}{3} + 0 + y_1 \cdot 2h = \frac{y_0 + 4y_1 + y_2}{3} \cdot h$$

Entsprechend lauten die Ergebnisse für die anderen Streifen.

Als Näherungswert S für das gesuchte Integral erhalten wir schließlich die Summe der Integrale über die jeweiligen quadratischen Näherungsfunktionen:

$$S = \frac{h}{3}(y_0 + 4y_1 + y_2) + \frac{h}{3}(y_2 + 4y_3 + y_4) + \cdots + \frac{h}{3}(y_{n-2} + 4y_{n-1} + y_n) =$$

$$= \frac{h}{3}(y_0 + 4y_1 + 2y_2 + 4y_3 + 2y_4 + 4y_5 + \cdots + 2y_{n-2} + 4y_{n-1} + y_n)$$

Setzen wir noch $h = \frac{b-a}{n}$, so folgt die

Simpson-Regel:

$$\int_a^b f(x)\,dx \approx \frac{b-a}{3n}(y_0 + 4y_1 + 2y_2 + 4y_3 + 2y_4 + \cdots + 2y_{n-2} + 4y_{n-1} + y_n)$$

Das folgende BASIC-Programm zeigt die Anwendung der Simpson-Regel.

```
10   REM Simpson-Integration
20   DEF FNF(X)=X*X  :   F$="x*x"
30   REM A,B Intervallgrenzen
40   REM N    gerade Zahl der Teilintervalle
50   REM D    Länge der Teilintervalle
60   PRINT"Integral der Funktion f(x)=";F$
70   PRINT"Für eine andere Funktion die"
80   PRINT"Zeile 20 an 2 Stellen ändern"
90   PRINT
100  INPUT"Soll die Funktion so bleiben j/n ";W$
110  IF W$="n"
       THEN PRINT"Zeile 20 ändern":GOTO 1000
190  :
200  REM Eingaben
210  INPUT"linke Intervallgrenze";A
220  INPUT"rechte Intervallgrenze";B
230  INPUT"gerade Zahl der Teilintervalle";N
240  IF INT(N/2)<>N/2 THEN N=N+1
290  :
300  REM Berechnung und Ausgabe
310  D=(B-A)/N
320  X=A+D: S1=0: S2=0
330  FOR K=1 TO N/2-1
340  :   S1=S1+FNF(X): S2=S2+FNF(X+D)
350  :   X=X+2*D
360  NEXT K
370  S1=S1+FNF(X)
380  S=(FNF(A)+4*S1+2*S2+FNF(B))*D/3
400  PRINT"Simpson-Summe =";S
1000 END
```

Aufgabe

Vergleiche die Simpson'sche Regel mit dem Programm. In Zeile 380 wird der Wert S berechnet. Welche Bedeutung müssen s_1 und s_2 haben?

Rechne das Programm von Zeile 310 bis 380 mit n = 8, a = 0, b = 8 und der in Zeile 20 definierten Funktion $f(x) = x^2$ durch.

Was bedeuten die Zeilen 230 und 240?

Bemerkung:
Man muss sich im Klaren sein, dass im Computer nicht jede reelle Zahl dargestellt wird. Die verwendeten Zahlen sind stets rationale Zahlen mit einer bestimmten Stellenzahl, die in der Regel noch in Dualzahlen umgewandelt werden. Es muss ständig auf solche „Maschinenzahlen" gerundet werden. Die Rundungsfehler pflanzen sich fort. Man kann also im Allgemeinen nicht erwarten, eine beliebige Genauigkeit erreichen zu können. Wird n zu groß gewählt, kann das Ergebnis sogar schlechter werden.

8. Ausbau der Integralrechnung

8.1. Integralfunktion und Stammfunktion

8.1.1. Das Integral als Funktion der oberen Grenze

Der Zahlenwert des bestimmten Integrals einer im Intervall J stetigen Funktion f hängt von der Wahl der Integrationsgrenzen ab. Diese müssen zu J gehören. Wir betrachten nun Integrale mit der festen unteren Grenze a.

Beispiele: $\int_1^2 6x^2dx = 16 - 2 = 14$, $\int_1^5 6x^2dx = 248$, $\int_1^{-2} 6x^2dx = -18$, $\int_1^0 6x^2dx = -2$, $\int_1^1 6x^2dx = 0$.

Lässt man die Funktion f und die untere Grenze unverändert, so hängt der Wert nur von der oberen Grenze des Integrals ab. Da zu jeder oberen Grenze ein eindeutiger Integralwert gehört, können wir die Integrale als Funktionswerte einer Funktion F auffassen.

In unseren Beispielen erhalten wir die Funktionswerte

$$F(2) = 14, \quad F(5) = 248, \quad F(-2) = -18, \quad F(0) = -2, \quad F(1) = 0$$

Wir wählen nun für die obere Grenze die Variable x.

Um Verwechslungen mit der meist üblichen Variablenbezeichnung x im Integranden f(x) auszuschließen – man nennt diese Variable die *Integrationsvariable* –, wählen wir hierfür einen anderen Buchstaben, z. B. t. Denn der Wert des Integrals ist natürlich von der Bezeichnung der Integrationsvariablen völlig unabhängig. Wir erhalten damit die Schreibweise

$$\int_a^x f(t)\,dt,$$

die den Term F(x) einer im Integrationsintervall J definierten Funktion F bezeichnet. Man nennt sie eine *Integralfunktion* von f oder zu f.

Im obigen Fall: $F(x) = \int_1^x 6t^2dt = 2x^3 - 2$.

Definition 8.1:

> f sei im Intervall J stetig. Jede in J definierte Funktion der Form
>
> $$F\colon\ x \mapsto F(x) = \int_a^x f(t)\,dt \quad \text{mit} \quad a \in J$$
>
> heißt eine Integralfunktion von f in J.

Beispiel: Für die Funktion $f\colon x \mapsto \frac{x}{2}$; $D = \mathbb{R}$ führt

$$F_2(x) = \int_2^x \frac{t}{2}\,dt \text{ auf die Integralfunktion } F_2\colon x \mapsto \frac{x^2}{4} - 1,$$

während

$$F_0(x) = \int_0^x \frac{t}{2}\,dt \text{ die Integralfunktion } F_0\colon x \mapsto \frac{x^2}{4} \text{ ergibt.}$$

Nach 7.4.1. gilt stets:

$$F(a) = \int_a^a f(t)\,dt = 0$$

Das heißt:

Für jede Integralfunktion F von f ist die untere Integrationsgrenze eine Nullstelle.

8.1.2. Begriff der Stammfunktion

Wir haben bei unseren bisherigen Betrachtungen zur Integralrechnung die Differentialrechnung völlig außer Acht gelassen. Verschiedenen Stellen in Kapitel 7 konnte man jedoch schon Andeutungen entnehmen, die auf einen tiefgreifenden Zusammenhang zwischen den beiden Disziplinen hinweisen.

Betrachten wir die beiden Integralfunktionen F_2 und F_0 zu $f\colon x \mapsto \frac{x}{2}$ im letzten Beispiel, so erkennen wir sofort, dass beide Funktionen die gleiche Ableitungsfunktion haben und dass diese Ableitungsfunktion mit der Integrandenfunktion übereinstimmt. Ist dies nur zufällig so oder steht dahinter eine fundamentale mathematische Gesetzmäßigkeit? Ist die Integration so etwas wie die Umkehrung der Differentiation?

Bevor wir diese Frage klären, wollen wir zur Kennzeichnung von Funktionen, die in der ersten Ableitung übereinstimmen, einen neuen Begriff einführen.

Definition 8.2:

> Eine differenzierbare Funktion F heißt *Stammfunktion* zu einer Funktion f im gemeinsamen Definitionsbereich *D*, wenn dort $F' = f$ gilt.

1. Beispiel: F_2 und F_0 im letzten Beispiel sind Stammfunktionen zu $f\colon x \mapsto \frac{x}{2}$.

Offensichtlich sind sämtliche Integralfunktionen zu f, wenn die untere Integrationsgrenze alle reellen Zahlen durchläuft, auch Stammfunktionen zu f, weil sie sich nur durch eine additive Konstante voneinander unterscheiden:

$$F_a(x) = \int_a^x \frac{t}{2}\,dt = \frac{x^2}{4} - \frac{a^2}{4} \Rightarrow F_a'(x) = \frac{x}{2} = f(x); \quad (a \in \mathbb{R})$$

2. Beispiel: Die in $\mathbb{R}$ definierte Funktion $\sin: x \mapsto \sin x$ ist eine Stammfunktion zu $\cos: x \mapsto \cos x$. Natürlich ist auch die Funktion $F: x \mapsto \sin x + 3$ eine Stammfunktion zu $\cos: x \mapsto \cos x$, denn es ist $F' = \cos$.

Die Begründung, dass F eine Stammfunktion zu f ist, ergibt sich aus den Differenziationsregeln. Da die Ableitung einer Konstanten null ist, ist der Stammfunktionsterm nur bis auf eine additive Konstante $C \in \mathbb{R}$ festgelegt. Man erhält zu einer Funktion f also immer eine ganze Schar von Stammfunktionen.

Die folgende Tabelle führt Stammfunktionen zu einigen besonders wichtigen Funktionen auf:

Funktion $f: x \mapsto f(x)$	Stammfunktion $F: x \mapsto F(x)$ zu f	Begründung
$f(x) = x^n;\ n \in \mathbb{Z} \setminus \{-1\}$	$F(x) = \frac{x^{n+1}}{n+1} + C$	$F'(x) = x^n = f(x)$
$f(x) = \sin x$	$F(x) = -\cos x + C$	$F'(x) = \sin x = f(x)$
$f(x) = \cos x$	$F(x) = \sin x + C$	$F'(x) = \cos x = f(x)$

In diesem Zusammenhang stellt sich die Frage, ob die Tabelle jeweils *alle* Stammfunktionen zu einer Funktion f liefert, wenn die Konstante C als Parameter einer Funktionenschar alle reellen Zahlen durchläuft, oder ob es z.B. zu $f: x \mapsto \sin x$ vielleicht eine Stammfunktion F gibt, die *nicht* auf die Form: $x \mapsto -\cos x + C$ gebracht werden kann. Hierüber gibt der folgende Satz Auskunft.

Satz 8.1:

Die Differenz $F_1 - F_2$ zweier Stammfunktionen zur Funktion f ist eine in jedem Intervall $J \subset D$ konstante Funktion.

Beweis:

Sind F_1 und F_2 zwei verschiedene Stammfunktionen von f, so gilt:

$$F_1' = f,\ F_2' = f \quad \Rightarrow \quad F_1' - F_2' = 0 \quad \Rightarrow \quad (F_1 - F_2)' = 0.$$

Das heißt: Die Differenz zweier Stammfunktionen ist eine Funktion F, deren Ableitung überall den Wert 0 hat. Die Tangenten des Graphen dieser Funktion F sind also alle waagrecht. Wir entnehmen der Anschauung, dass F eine konstante Funktion sein muss:

$$F'(x) = 0 \quad \text{für alle} \quad x \in]a; b[,\ ]a; b[\subset D \quad \Rightarrow \quad F(x) = C \quad \text{für alle} \quad x \in [a; b]$$

Daraus folgt: $F_1(x) - F_2(x) = C$ für alle $x \in [a; b]$.

3. Beispiel: Die Funktionen der Schar

$F_c: x \mapsto \frac{1}{4} \sin 2x + C;\quad x \in \mathbb{R}$ mit $C \in \mathbb{R}$ als Scharparameter

bilden die Menge *aller* Stammfunktionen von

$f: x \mapsto \frac{1}{2} \cos 2x;\quad x \in \mathbb{R}$ (vgl. Fig. 8.1).

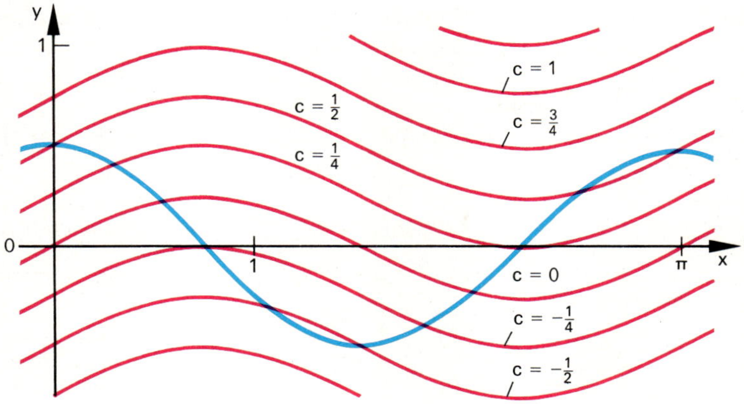

Fig. 8.1

Aufgaben

1. a) Schreibe die folgenden in ℝ definierten Funktionen ohne Integralzeichen:

$F_1\colon x \mapsto \int\limits_{-1}^{x} t^2 dt \qquad F_2\colon x \mapsto \int\limits_{0}^{x} t^2 dt \qquad F_3\colon x \mapsto \int\limits_{1}^{x} t^2 dt \qquad F_4\colon x \mapsto \int\limits_{2}^{x} t^2 dt$

Erläutere an einer Skizze, wie die Graphen der vier Integralfunktionen auseinander hervorgehen!

b) Bilde die Ableitungen von F_1 bis F_4 unter Verwendung der gefundenen Darstellung ohne Integralzeichen!

2. Bei den folgenden Integralfunktionen ist die untere Integrationsgrenze a so zu bestimmen, dass der Graph G_F den jeweils angegebenen Punkt enthält:

a) $F\colon x \mapsto \int\limits_{a}^{x} dt$, P(−3; 0)

b) $F\colon x \mapsto \int\limits_{a}^{x} t\,dt$, Q(0; −2)

c) $F\colon x \mapsto \int\limits_{a}^{x} t^2 dt$, R(3; $6\frac{1}{3}$)

d) $F\colon x \mapsto \int\limits_{a}^{x} \sin t\,dt$, S(0; 1)

Differenziere jeweils!

3. Gegeben ist eine Funktionenschar f_p mit dem Scharparameter p:

$$f_p\colon x \mapsto 3x^2 - px + 1; \quad D = \mathbb{R}, \quad p \in \mathbb{R}$$

a) Bestimme p so, dass die zugehörige Integralfunktion mit der unteren Grenze 2 bei $x = 3$ eine Nullstelle hat! Wie lauten die weiteren Nullstellen dieser Integralfunktion?

b) Warum gibt es in der Schar der Integralfunktionen mit der unteren Grenze 2, wenn der Scharparameter p alle reellen Zahlen durchläuft, keine Funktion, deren Graph den Punkt R(−2; 0) enthält?

c) Zeige, dass die Graphen aus der Schar der Integralfunktionen mit der unteren Grenze 2 stets zwei Punkte gemeinsam haben!

4. Berechne jeweils für die Integralfunktion F (a, b, t, x, $y \in \mathbb{R}$) die Ableitungsfunktion F′ und vergleiche sie mit der Integrandenfunktion:

a) $F\colon x \mapsto \int_a^x (t^2 - 2t - 3)\,dt$ b) $F\colon \mapsto \int_a^x (2 - 3t)(2 + 3t)\,dt$

c) $F\colon x \mapsto \int_b^x (\sqrt{2}y + 5)^2\,dy$

5. Warum ist $F\colon x \mapsto \frac{1}{4}x^2 + 5;\ x \in \mathbb{R}$ zwar eine Stammfunktion, aber keine Integralfunktion zu $f\colon x \mapsto \frac{1}{2}x;\ x \in \mathbb{R}$?

6. Bestimme *eine* Nullstelle von

a) $F(x) = \int_2^x (2t - 5)\,dt;\ D_F = \mathbb{R}$ b) $F(x) = \int_3^x (t^5 - 2t^2 + 7)\,dt;\ D_F = \mathbb{R}$

7. Die Integralfunktion $F\colon x \mapsto F(x) = \int_1^x (2t - t^2)\,dt;\ x \in \mathbb{R}$ hat drei Nullstellen. Ermittle sie!

8.2 Der Hauptsatz der Differenzial- und Integralrechnung

8.2.1. Hinführung und Beweis

In 8.1. haben wir für einzelne Beispiele zeigen können, dass die Ableitung der Integralfunktion zu einer Funktion f mit f übereinstimmt. In derartigen Fällen ist also die Integralfunktion zugleich eine Stammfunktion von f. Wir wollen nun untersuchen, ob dies immer, d. h. für jede Integralfunktion zu einer stetigen Funktion f gilt. Es sei

$$F\colon x \mapsto \int_c^x f(t)\,dt; \quad x \in [a; b]$$

eine Integralfunktion zu einer im Intervall [a; b] stetigen Funktion f mit $c \in [a; b]$. Wir bilden zunächst den Zähler des Differenzenquotienten

$$F(x_0 + h) - F(x_0) = \int_c^{x_0 + h} f(t)\,dt - \int_c^{x_0} f(t)\,dt$$

mit $x_0, x_0 + h \in [a; b]$. Durch abschnittsweise Integration (vgl. 7.3.4.C.) erhalten wir:

$$F(x_0 + h) - F(x_0) = \int_c^{x_0} f(t)\,dt + \int_{x_0}^{x_0 + h} f(t)\,dt - \int_c^{x_0} f(t)\,dt = \int_{x_0}^{x_0 + h} f(t)\,dt \quad (1)$$

Dabei wird zunächst $c < x_0 < x_0 + h$ vorausgesetzt, doch gilt die Umformung ganz allgemein für $c, x_0, x_0 + h \in [a; b]$.

Setzen wir einschränkend voraus, dass f monoton zunehmend ist (Fig. 8.2), dann gilt, wie wir es schon von Ober- und Untersumme kennen:

$$h \cdot f(x_0) \leqq \int_{x_0}^{x_0 + h} f(t)\,dt \leqq h \cdot f(x_0 + h)$$

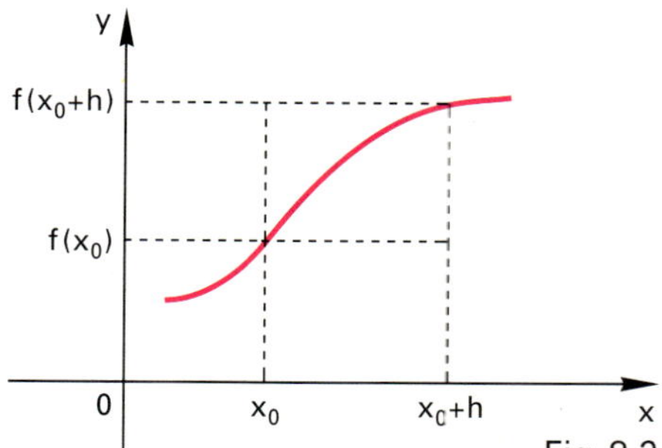

Fig. 8.2

und wegen (1)

$h \cdot f(x_0) \leqq F(x_0 + h) - F(x_0) \leqq h \cdot f(x_0 + h)$ (2)

Dividieren wir die Ungleichungskette (2) durch $h > 0$, so erhalten wir

$$f(x_0) \leqq \frac{F(x_0 + h) - F(x_0)}{h} \leqq f(x_0 + h).$$

Wegen der Stetigkeit von f ist $\lim\limits_{h \to 0} f(x_0 + h) = f(x_0)$, also

$$\lim_{h \to 0} \frac{F(x_0 + h) - F(x_0)}{h} = f(x_0),$$

das heißt nach Definition der Ableitung $F'(x_0) = f(x_0)$.

Ist die Funktion nicht monoton zunehmend, so ist eine ähnliche Schlussweise möglich:

Das Integral in (1) können wir nach 7.4.3. abschätzen. Denn f nimmt wegen der vorausgesetzten Stetigkeit in $[x_0; x_0 + h]$ einen kleinsten Wert $f(x_m)$ und einen größten Wert $f(x_M)$ an (Extremwertsatz, S. 16).

Es gilt demnach (Fig. 8.3):

$$h \cdot f(x_m) \leqq \int_{x_0}^{x_0 + h} f(t)\,dt \leqq h \cdot f(x_M) \qquad (2)$$

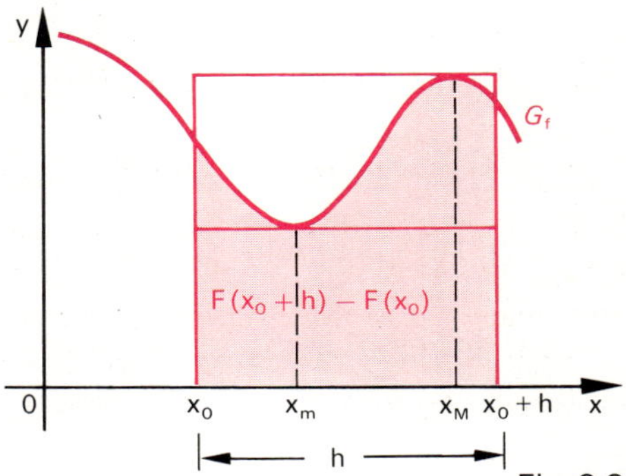

Fig. 8.3

Dividieren wir die Ungleichungskette (2) durch $h > 0$, so erhalten wir wegen (1):

$$f(x_m) \leqq \frac{1}{h} \int_{x_0}^{x_0 + h} f(t)\,dt = \frac{F(x_0 + h) - F(x_0)}{h} \leqq f(x_M) \qquad (3)$$

Mit $h \to 0$ gilt $x_m \to x_0$ und $x_M \to x_0$.

Für $h < 0$ folgt aus (2) wegen $h = -|h|$:

$$-|h| \cdot f(x_m) \geqq -\int_{x_0}^{x_0 + |h|} f(t)\,dt \geqq -|h| \cdot f(x_M).$$

Daraus folgt nach Division mit $-|h|$:

$$f(x_m) \leqq \frac{1}{|h|} \int_{x_0}^{x_0 + |h|} f(t)\,dt \leqq f(x_M)$$

Aus der Stetigkeit von f ergibt sich:

$$\lim_{x_m \to x_0} f(x_m) = \lim_{x_M \to x_0} f(x_M) = f(x_0)$$

Damit ergibt sich aus (3):

$$F'(x_0) = \lim_{h \to 0} \frac{F(x_0 + h) - F(x_0)}{h} = f(x_0) \qquad (4)$$

Da diese Überlegung von der Wahl der Stelle x_0 in [a; b] unabhängig ist, erhalten wir allgemein:

$$F'(x) = f(x)$$

Daraus folgt die wichtige Erkenntnis:

Jede Integralfunktion F einer stetigen Funktion f ist eine Stammfunktion zu f.

Umgekehrt braucht aber nicht jede Stammfunktion zu einer stetigen Funktion f eine Integralfunktion von f zu sein. Denn wir wissen ja aus 8.1.1., dass jede Integralfunktion F von f die untere Integrationsgrenze als Nullstelle hat, während es auch Stammfunktionen zu f geben kann, die nirgends den Wert null annehmen.

Beispiel: $F: x \mapsto x^2 + 1$ ist eine Stammfunktion zu $f: x \mapsto 2x$, aber sicher keine Integralfunktion von f, weil F keine Nullstelle hat.

Man beachte in diesem Zusammenhang auch Fig. 8.1.

Unsere soeben gewonnene Erkenntnis, dass die Integralfunktion F einer stetigen Funktion f eine Stammfunktion zu f ist und $F'(x) = f(x)$ gilt, zeigt einen einfachen Zusammenhang zwischen Integration und Differenziation:

Satz 8.2, Hauptsatz der Differenzial- und Integralrechnung (HDI):

> Jede Integralfunktion einer stetigen Funktion ist differenzierbar.
> Ihre Ableitung ist die Integrandenfunktion.
>
> Kurzschreibweise: $F(x) = \int_a^x f(t)\,dt \quad \Rightarrow \quad F'(x) = f(x)$
>
> oder $\left(\int_a^x f(t)\,dt\right)' = f(x)$

Dieser Sachverhalt ist gemeint, wenn man vereinfacht sagt:

Die Differenziation ist die Umkehrung der Integration.

1. Beispiel: Ist $F(x) = \int_2^x (t^3 - 2t^2 + t)\,dt$, so folgt ohne weitere Rechnung:

$$F'(x) = x^3 - 2x^2 + x$$

2. Beispiel: Es soll die Steigung m_p und der Neigungswinkel α der Tangente des Graphen der Funktion

$F: x \mapsto \int_0^x \frac{\sin t}{1 - t}\,dt; \quad x \in [0; 1[$ im Punkt $P\left(\frac{\pi}{6}; ?\right)$ berechnet werden.

Lösung: $F': x \mapsto F'(x) = \frac{\sin x}{1 - x} \quad \Rightarrow \quad \tan\alpha = F'\left(\frac{\pi}{6}\right) = \frac{0{,}5}{1 - \frac{\pi}{6}} = \frac{3}{6 - \pi} \approx 1{,}0495$

Der Neigungswinkel α der Tangente in P an G_F beträgt daher 46,38°.

8.2.2. Berechnung bestimmter Integrale mit Hilfe einer Stammfunktion

Der HDI eröffnet für die Berechnung bestimmter Integrale einen neuen Weg. Dieser ist wesentlich bequemer und liefert vor allem bei sehr viel mehr Funktionen explizit den Term der Integralfunktion als die Auswertung der Summengrenzwertformel.

1. Beispiel: Es soll das bestimmte Integral $\int_0^\pi \sin x\,dx$ berechnet werden.

Lösung: Nach dem HDI hat die Integralfunktion

$$F_0: x \mapsto F_0(x) = \int_0^x \sin t\,dt$$

die Ableitung $F_0'(x) = \sin x$; F_0 ist Stammfunktion zu $\sin x$. Aus der Tabelle in 8.1.2. entnehmen wir die Gesamtheit aller Stammfunktionen zu $f(x) = \sin x$:

$$F(x) = -\cos x + C.$$

Also gilt:

$$\int_0^x \sin t\,dt = -\cos x + C \quad \text{für ein geeignetes } C.$$

Die Konstante C bestimmen wir durch Einsetzen eines speziellen x-Wertes: Wählen wir $x = 0$ und beachten 7.4.1., so folgt:

$$0 = -\cos 0 + C \quad \Rightarrow \quad C = 1.$$

Somit können wir den Term $F_0(x)$ integralfrei schreiben. Wir erhalten:

$$\int_0^x \sin t\,dt = -\cos x + 1.$$

Durch Einsetzen von $x = \pi$ folgt nun:

$$\int_0^\pi \sin t\,dt = -\cos \pi + 1 = 2.$$

Das im 1. Beispiel gezeigte Integrationsverfahren lässt sich in folgender Weise verallgemeinern:

Ist f eine in [a; b] stetige Funktion und F *irgendeine* Stammfunktion zu f, so gilt für eine geeignet gewählte reelle Zahl C die folgende Gleichung;

$$\int_a^x f(t)\,dt = F(x) + C \quad \text{für alle } x \in [a; b]$$

Daraus folgt für $x = b$: $\int_a^b f(t)\,dt = F(b) + C,$

für $x = a$: $\quad 0 = F(a) + C$

und damit $\int_a^b f(t)\,dt = F(b) - F(a).$

Bezeichnen wir die Integrationsvariable wieder mit x, so erhalten wir

Satz 8.3:

Man findet das bestimmte Integral einer stetigen Funktion f zwischen der unteren Grenze a und der oberen Grenze b, indem man sich irgendeinen Stammfunktionsterm F (x) von f (x) verschafft und die Differenz F (b) − F (a) bildet:

$$\int_a^b f(x)\,dx = F(b) - F(a)$$

Abkürzend schreiben wir

$$F(b) - F(a) = [F(x)]_a^b,$$

also

$$\int_a^b f(x)\,dx = [F(x)]_a^b.$$

2. Beispiel: Man berechne

$$\int_a^b x^2 dx.$$

Lösung: Mit der Tabelle 8.1.2. finden wir als eine Stammfunktion $F\colon x \mapsto \frac{x^3}{3}$ und erhalten damit:

$$\int_a^b x^2 dx = \left[\frac{x^3}{3}\right]_a^b = \frac{b^3}{3} - \frac{a^3}{3}$$

in Übereinstimmung mit den Ergebnissen in Abschnitt 7.3.3.B.

8.2.3. Integrationsregeln für einige wichtige Funktionen – Das unbestimmte Integral

A. Mit Hilfe des HDI können wir aus der Tabelle in 8.1.2. folgende Integrationsregeln ablesen:

$$\int_a^b x^n dx = \left[\frac{x^{n+1}}{n+1}\right]_a^b = \frac{b^{n+1}}{n+1} - \frac{a^{n+1}}{n+1} \quad \text{mit} \quad n \in \mathbb{Z} \setminus \{-1\}$$

Damit erscheinen die Formeln von Kapitel 7, die wir durch einen Summations- und Grenzprozess fanden, als Spezialfälle eines allgemeineren Gesetzes.

$$\int_a^b \sin x\,dx = [-\cos x]_a^b = -\cos b + \cos a$$

Analog findet man:

$$\int_a^b \cos x\,dx = [\sin x]_a^b = \sin b - \sin a$$

B. Ist F_s eine spezielle Stammfunktion von f auf einem Intervall *J*, erhält man jede weitere Stammfunktion durch Addition einer geeigneten Konstanten C. Führt man das sogenannte *unbestimmte Integral*

$$\int f(x)\,dx$$

als Symbol für den Term einer beliebigen Stammfunktion ein, dann gilt:

$$\int f(x)\,dx = F_s(x) + C \qquad (1)$$

Mit dieser Schreibweise[1] wird zum Ausdruck gebracht, dass

$$(F_s(x) + C)' = f(x)$$

ist. Damit erhalten wir z. B. folgende Integralformeln (s. o.):

$$\int x^n dx = \frac{x^{n+1}}{n+1} + C \quad (n \in \mathbb{Z} \setminus \{-1\})$$
$$\int \sin x\,dx = -\cos x + C$$
$$\int \cos x\,dx = \sin x + C$$

1. Beispiel: $\int x^4 dx = \frac{x^5}{5} + C$, denn $\left(\frac{x^5}{5} + C\right)' = x^4$. Also gilt z. B.:

$$\int_1^2 x^4 dx = \left[\frac{x^5}{5} + C\right]_1^2 = \left(\frac{2^5}{5} + C\right) - \left(\frac{1^5}{5} + C\right) = 6\frac{1}{5}$$

Die Größe der Integrationskonstanten C spielt, wie man sieht, keine Rolle. Man kann daher C = 0 setzen.

2. Beispiel: $\int \frac{dx}{x^2} = \int x^{-2} dx = \frac{x^{-2+1}}{-2+1} + C = \frac{x^{-1}}{-1} + C = -\frac{1}{x} + C,$

denn $\left(-\frac{1}{x} + C\right)' = \frac{1}{x^2}$.

Also ist z. B. (C = 0 gesetzt):

$$\int_2^3 \frac{dx}{x^2} = \left[-\frac{1}{x}\right]_2^3 = \left(-\frac{1}{3}\right) - \left(-\frac{1}{2}\right) = \frac{1}{6}$$

Formel (1) ist auf jedes Intervall anwendbar, in dem f stetig ist.

[1] gelesen: „Integral f(x) dx ist gleich …"

3. Beispiel: Man beweise die Integralformel

$$\int \frac{1}{\sqrt{x}}\,dx = 2\sqrt{x} + C,$$

gebe ihren Geltungsbereich an und berechne den Wert des dazugehörigen bestimmten Integrals zwischen den Grenzen 4 und 9!

Lösung: $(2\sqrt{x} + C)' = 2 \cdot \frac{1}{2\sqrt{x}} + 0 = \frac{1}{\sqrt{x}}$ für $x \in \mathbb{R}^+$.

f mit $f(x) = \frac{1}{\sqrt{x}}$ ist in $\mathbb{R}^+$ stetig, die Formel gilt also in $\mathbb{R}^+$.

Mit $C = 0$ gilt somit:

$$\int_4^9 \frac{1}{\sqrt{x}}\,dx = [2\sqrt{x}]_4^9 = 2\sqrt{9} - 2\sqrt{4} = 2$$

4. Beispiel: $\int_0^{2\pi} (2\sin x - 3\cos x)\,dx = [-2\cos x - 3\sin x]_0^{2\pi} =$

$= (-2\cos 2\pi - 3\sin 2\pi) - (-2\cos 0 - 3\sin 0)$

$= -2 - (-2) = 0$

Aufgaben

1. Gib $F'(x)$ bzw. F' an:

   a) $F(x) = \int_{-1}^{x} (3t^2 - 5t + 8)\,dt;\quad x \in \mathbb{R}$
   b) $F(x) = \int_{0}^{x} (2\sin 2u + \cos^2 u - u)\,du;\quad x \in \mathbb{R}$
   c) $F\colon x \mapsto \int_{a}^{x} (|t-3| - t^4)\,dt;\quad a, x \in \mathbb{R}$
   d) $F\colon x \mapsto \int_{1}^{x} \frac{dt}{t};\quad x \in \mathbb{R}^+$

2. Gegeben ist die Funktion $F\colon x \mapsto \int_1^x \frac{t^3}{3}\,dt;\quad x \in \mathbb{R}$

   a) Berechne den Winkel, den die Tangente des Graphen G_F im Punkt $P\,(\sqrt{3};\, F(\sqrt{3}))$ mit der x-Achse einschließt!
   b) An welcher Stelle hat der Graph die Steigung $\frac{4}{3}$?

3. Schreibe als Integralfunktionen mit geeigneter unterer Integrationsgrenze a:

   a) $\varphi\colon x \mapsto (2x-3)^2;\quad x \in \mathbb{R}$
   b) $\psi\colon x \mapsto \frac{3}{2}\pi + x \cdot \sin x;\quad x \in \mathbb{R}$

4. Berechne:

   a) $\int_0^{\sqrt{3}} x^3\,dx$
   b) $\int_{-a}^{a} 6x^5\,dx$
   c) $\int_2^4 \frac{4}{x^2}\,dx$
   d) $\int_1^3 x^{-3}\,dx$
   e) $\int_{-1}^{-2} \frac{dx}{x^5}$
   f) $\int_a^{-a} x^{2n-1}\,dx,\quad n \in \mathbb{N}$
   g) $\int_1^2 \frac{1 - x^3}{x^6}\,dx$
   h) $\int_1^2 \frac{x^3 + x^2 + 2}{x^2}\,dx$
   i) $\int_{-\pi/2}^{\pi/2} \sin x\,dx$
   k) $\int_{-\pi/4}^{\pi/4} \cos x\,dx$
   l) $\int_0^{\pi/2} (\sin x + \cos x)\,dx$

5. Berechne auf 4 Dezimalen genau:

a) $\int_0^{-1} \sin x\,dx$ b) $\int_0^{-2,5} \cos x\,dx$ c) $\int_0^{1} (1 + 2\cos x)\,dx$ d) $\int_{0,5}^{1,5} (2x + \sin x - \cos x)\,dx$

6. Gib auf 4 Dezimalen genau an:

a) $\int_0^{1} \frac{1}{\cos^2 x}\,dx$ b) $\int_1^{0,5} \frac{1}{\sin^2 x}\,dx$

7. Welchen Wert haben die folgenden Summen:

a) $\int_0^{\pi/2} (1 + x - \sin^2 x)\,dx + \int_0^{\pi/2} (\sin x - \cos^2 x)\,dx$ b) $\int_0^{\pi} \cos^2 \frac{x}{2}\,dx + \int_{\pi}^{0} \sin^2 \frac{x}{2}\,dx$

8. Für welche x hat die Funktion

$$F\colon x \mapsto \int_0^{x} (\sin t - \cos t)\,dt; \quad x \in \mathbb{R}$$

in $[0; 2\pi[$ Extremwerte? Wie lautet der Funktionsterm F(x) ohne Integralzeichen?

9. Bestimme jeweils zur Funktion f mit $x \in \mathbb{R}$ diejenige Stammfunktion F, deren Graph durch den angegebenen Punkt P geht, für

a) $f(x) = 1 - \sin x$; $P(0; 2)$ b) $f(x) = \sin x + \cos x$; $P(\pi; -3)$

c) $f(x) = x + \sin x$; $P(0; -1)$ d) $f(x) = 2x - \cos x$; $P(\pi; \pi^2)$

10. Aus einer Formelsammlung:

a) $\int \sin^2 x\,dx = \frac{1}{2}(x - \sin x \cdot \cos x) + C$

b) $\int \cos^2 x\,dx = \frac{1}{2}(x + \sin x \cdot \cos x) + C$

c) $\int \frac{x}{\sqrt{a^2 - x^2}}\,dx = -\sqrt{a^2 - x^2} + C$

Bestätige diese Integrationsformeln!

11. Weise die Richtigkeit des Rechengangs nach und bestätige das Ergebnis:

$$\int_1^2 \left[4x^3 - \frac{1}{x^2} - \frac{x}{\sqrt{x^2+1}} + \frac{\pi}{2}\sin\left(\frac{\pi}{2}x\right)\right]dx = \left[x^4 + \frac{1}{x} - \sqrt{x^2+1} - \cos\left(\frac{\pi}{2}x\right)\right]_1^2 = 14{,}678$$

12. Differenziere mit der Kettenregel $f(x) = \sin(ax + b)$ und $g(x) = \cos(ax + b)$, und ermittle damit die Integralformeln für

a) $\int \cos(x + 2)\,dx$, b) $\int \cos(x + b)\,dx$, c) $\int \cos(ax + b)\,dx$, d) $\int \sin(ax + b)\,dx$

13. Berechne die Ableitung von $f(x) = x \cdot \sin x$ und mit Benutzung des Ergebnisses:

a) $\int_0^{\pi/2} (1 - \sin x - x\cos x)\,dx$ b) $\int_0^{\pi/2} x\cos x\,dx$

14. Ermittle folgende Grenzwerte:

a) $\lim\limits_{a \to \infty} \int_1^{a} \frac{2}{x^2}\,dx$ b) $\lim\limits_{b \to -\infty} \int_b^{-1} \frac{5}{x^2}\,dx$

Zeichne jeweils den Graphen der Integrandenfunktion und deute das Ergebnis geometrisch!

15. Zwei weitere trigonometrische Integralformeln

a) f und φ seien differenzierbar, f' und φ' stetig. Zeige zuerst:

(1) $\int f'(x) \cdot \sin f(x)\,dx = -\cos f(x) + C$

(2) $\int \varphi'(x) \cdot \cos \varphi(x)\,dx = \sin \varphi(x) + C$

b) Berechne die folgenden Integrale, bei denen vor dem Sinus bzw. Kosinus unmittelbar die Ableitung des Arguments als Faktor steht, gegebenenfalls auf 4 Dezimalen genau:

(1) $\int\limits_0^{0,5} 3 \cdot \sin 3x\,dx$ (2) $\int\limits_1^{\sqrt{\pi}} 2t \cdot \cos(t^2)\,dt$ (3) $\int\limits_0^1 (2z+3)\cos(z^2+3z+1)\,dz$

c) Die folgenden Integrale lassen sich durch eine kleine Umformung so schreiben, dass die Formeln a) anwendbar sind.

(1) $\int\limits_0^{\pi/\omega} \sin \omega t\,dt$ (2) $\int\limits_0^{2/\pi} x \cdot \cos(\pi x)^2 dx$ (3) $\int\limits_0^1 \sin x \cdot \sin(\cos x)\,dx$

Muster: $\int \cos \pi x\,dx = \frac{1}{\pi} \cdot \int \pi \cos \pi x\,dx = \frac{1}{\pi} \cdot \sin \pi x + C$

16. Gegeben ist die Funktion $f\colon x \mapsto f(x) = \frac{2x - x^2}{(x-1)^2}$; $D_f = D_{f(x)}$.

a) Gib den Definitionsbereich von f an!

b) Zeige, dass die Funktion F mit $F(x) = \frac{x^2}{1-x}$ eine Stammfunktion zu f ist!

c) Vom Graphen G_f und den drei Geraden mit den Gleichungen $y + 1 = 0$, $x - 2 = 0$ und $x - k = 0$, $(k > 2)$, wird ein Flächenstück mit dem Inhalt $J(k)$ eingeschlossen. Berechne $J(k)$!

d) Ermittle $\lim\limits_{k \to \infty} J(k)$!

8.3. Rückblick und Vorschau

Wir haben in den vorausgehenden Abschnitten die Bedeutung der Stammfunktion für die Berechnung eines Integrals kennen gelernt. Damit sind wir an einer Stelle angelangt, an der ein Rückblick auf das bisher Erreichte angebracht ist.

Wir gingen in 7.1.2. von einem physikalischen Beispiel aus, das uns zur Einführung des bestimmten Integrals als Summe und Differenz der Maßzahlen von Flächenstücken veranlasste (7.2.2.).

Wir mussten also zunächst das Problem der Inhaltsberechnung bei einem krummlinig begrenzten Flächenstück lösen (7.3.1.). Dazu zerlegten wir das Flächenstück in Streifen, summierten die Inhalte dieser Streifen, ließen die Streifenbreite gegen null gehen und führten so einen Grenzprozess durch. Die dabei gewonnene Summengrenzwertformel konnten wir dann zur Berechnung von Integralen über stetigen, monotonen und nullstellenfreien Funktionsstücken verallgemeinern (7.3.1. bis 7.3.4.).

Schließlich wurde die Gültigkeit der Summengrenzwertformel auch über lokale Extremstellen und Nullstellen hinweg erwähnt.

Wir haben die Summengrenzwertformel zur Berechnung bestimmter Integrale auf einige Grundfunktionen angewendet (7.3.3.). Dabei sahen wir, dass schon bei den einfachsten Funktionen der Summationsprozess mit zum Teil erheblichen Schwierigkeiten verbunden war und meist nur durch Anwendung eines „Kunstgriffs" bewältigt werden konnte.
Allgemein lässt sich sagen, dass man bei der Mehrzahl der Funktionen mit dem geschilderten Verfahren auf unüberwindliche Hindernisse stößt.
Hier kommt uns nun der HDI als „deus ex machina" zu Hilfe. Mit ihm erscheint das Problem der Flächenberechnung in einem völlig neuen Licht. Die Ermittlung der Stammfunktion und damit die Umkehrung der Differenziation ersetzt gleichzeitig die Summation und den anschließenden Grenzübergang. Ein überraschendes Ergebnis von größter Tragweite für die gesamte Infinitesimalrechnung!
Mit dieser Erkenntnis ist auch schon der weitere Weg, den wir zu beschreiten haben, angedeutet: Wir werden uns in erster Linie mit den Stammfunktionen befassen und systematisch Regeln und Methoden zu ihrer Auffindung entwickeln. Allerdings werden wir uns auch da auf bestimmte Arten von Funktionen beschränken müssen. So können wir beispielsweise den Wert eines so einfach erscheinenden Integrals wie

$$\int_1^2 \frac{\sin x}{x}\,dx,$$

obwohl es existiert, nicht angeben, weil sich kein Funktionsterm finden lässt, dessen Ableitung $\frac{\sin x}{x}$ ist.

In solchen, in der Praxis gar nicht seltenen Fällen muss man die Berechnung des bestimmten Integrals z. B. mit Hilfe der Summengrenzwertformel durchführen. Der damit verbundene Rechenaufwand lässt sich heute durch den Einsatz von Computern bequem bewältigen.

Bemerkung:
Die Integralrechnung und die Differenzialrechnung werden unter dem Begriff *Infinitesimalrechnung* zusammengefasst. Dieser Name kommt vom lateinischen *infinitus*, unbegrenzt (klein) und deutet den Umgang mit unbegrenzt kleiner werdenden Teilen an. Statt Infinitesimalrechnung ist auch die Bezeichnung *Analysis* gebräuchlich.

Ergänzungen und Ausblicke

Integration von $\frac{\sin x}{x}$ mit der Simpson-Regel

Das folgende PASCAL-Programm berechnet Werte für den sogenannten Integralsinus

$$f(x) = \int_0^x \frac{\sin t}{t}\,dt, \quad x > 0$$

Vergleiche das Programm mit dem zur Simpson-Regel in Kapitel 7!

```
PROGRAM Integralsinus;
VAR k: Integer;
    x, y, b, s1, s2, h: Real;
CONST n=20; L=7; { L: letzter Tabellenwert }
FUNCTION f(x:Real): Real; BEGIN f:=sin(x)/x; END;
BEGIN
  b:=0.1; { obere Integralgrenze }
  Writeln('  x        sin x / x ');
  REPEAT { Wertetabelle }
    h:=b/n; x:=h; s1:=0; s2:=0;
    FOR k:=1 TO trunc(n/2)-1 DO
      BEGIN
        s1:=s1+f(x); s2:=s2+f(x+h);
        x:=x+2*h;
      END;
    s1:=s1+f(x);
    y:=(1+4*s1+2*s2+f(b))*h/3;
    Writeln(b:6:2,y:15:5);
    b:=b+0.1;
  UNTIL b>L;  Readln;
END.
```

Aufgaben

1. Wo hat der Integralsinus Maxima und Minima?

2. Welche Terme ergeben sich für s1 und s2 bei $k = 1, 2, 3, \ldots, 9$? Was ergibt sich in den Zeilen 16 und 17? Führe dazu die Zeilen 10 bis 17 ohne Computer aus.

8.4. Das Integral in Anwendungen

8.4.1. Lineare Bewegungsabläufe

Schon in 3.1.4. haben wir die zu einem geradlinigen Bewegungsablauf gehörende Zeit-Weg-Funktion $s\colon t \mapsto s(t)$ betrachtet. Deren Ableitung haben wir als Zeit-Geschwindigkeits-Funktion $v\colon t \mapsto v(t)$ erkannt:

$$\dot{s}(t) = v(t)$$

Wir können daher kurz sagen:

Die Geschwindigkeit ist die Ableitung des Weges nach der Zeit, also:
Der Weg ist eine Stammfunktion der Geschwindigkeit.

Die Zeit-Beschleunigungs-Funktion $a\colon t \mapsto a(t)$ ist die Ableitung der Zeit-Geschwindigkeits-Funktion (vgl. 4.3.1.):

$$\dot{v}(t) = a(t)$$

Man sagt entsprechend:

Die Beschleunigung ist die Ableitung der Geschwindigkeit nach der Zeit, also:
Die Geschwindigkeit ist eine Stammfunktion der Beschleunigung.

Für Geschwindigkeit $v(t)$ und Weg $s(t)$ können wir schreiben:

$v(t) = \int a(t)\,dt$
$s(t) = \int v(t)\,dt$

Dabei ergeben sich die Integrationskonstanten im Allgemeinen aus den Anfangsbedingungen des betrachteten Vorgangs.

Beispiel: Ein Stein wird aus der Höhe h_0 über dem Erdboden mit der Anfangsgeschwindigkeit v_0 senkrecht nach oben geworfen. Die Bewegung beginnt im Zeitpunkt $t = 0$.

(1) Bestimme Geschwindigkeit und Höhe h zu jedem Zeitpunkt $t > 0$!

(2) Zu welchem Zeitpunkt T kehrt der Stein um, welche Höhe H erreicht er, nach welcher Zeit τ schlägt er auf dem Erdboden auf, und mit welcher Geschwindigkeit geschieht dies?

Lösung: (1) Die Beschleunigung ist bei diesem Bewegungsvorgang konstant und zwar entgegengesetzt gleich der Fallbeschleunigung g. Dann gilt:

$a(t) = -g$ und folglich $v(t) = \int(-g)\,dt$ also $v(t) = -gt + C_1$

Zum Zeitpunkt $t = 0$ ist $v(0) = v_0$ und wir erhalten durch Einsetzen in obige Gleichung:

$v_0 = 0 + C_1 \Rightarrow C_1 = v_0$

Für den Term v(t) der Geschwindigkeit gilt daher

$$\boxed{v(t) = -gt + v_0} \qquad \text{(I)}$$

Die Höhe gewinnen wir durch nochmalige Integration:

$h(t) = \int(-gt + v_0)\,dt$, also
$h(t) = -\frac{1}{2}gt^2 + v_0t + C_2$

Zu Beginn der Bewegung ist $t = 0$ und $h(0) = h_0$, somit $C_2 = h_0$ und wir erhalten:

$$\boxed{h(t) = -\frac{1}{2}gt^2 + v_0t + h_0} \qquad \text{(II)}$$

(2) Im Umkehrpunkt zur Zeit T ist die Geschwindigkeit null.
Durch Einsetzen in (I) folgt: $0 = -gT + v_0$ und hieraus

$$\boxed{T = \frac{v_0}{g}}$$

Die Wurfhöhe H erhalten wir durch Einsetzen von T in (II):

$H = h(T) = -\frac{1}{2}\frac{v_0^2}{g} + \frac{v_0^2}{g} + h_0$, also

$$\boxed{H = \frac{1}{2}\frac{v_0^2}{g} + h_0}$$

τ ergibt sich, indem wir h(t) gleich null setzen:

$$0 = -\tfrac{1}{2}g\tau^2 + v_0\tau + h_0$$

Von den beiden Lösungen dieser quadratischen Gleichung ist nur die positive brauchbar. Es ergibt sich

$$\boxed{\tau = \frac{v_0 + \sqrt{v_0^2 + 2gh_0}}{g}}$$

Die Geschwindigkeit im Zeitpunkt τ ist

$$\boxed{v(\tau) = -\sqrt{v_0^2 + 2gh_0}}$$

Sie ist negativ, da der Stein im Fallen ist.

Speziell: Wählt man $h_0 = 10$ m und $v_0 = 5\,\mathrm{m\,s^{-1}}$, so ergeben sich mit $g \approx 10\,\mathrm{m\,s^{-2}}$ die in Fig. 8.4. dargestellten Graphen der Funktionen v und h. Man erhält: $T = 0{,}5$ s, $H = 11{,}25$ m, $\tau = 2$ s, $|v(2s)| = 15\,\mathrm{m\,s^{-1}}$.

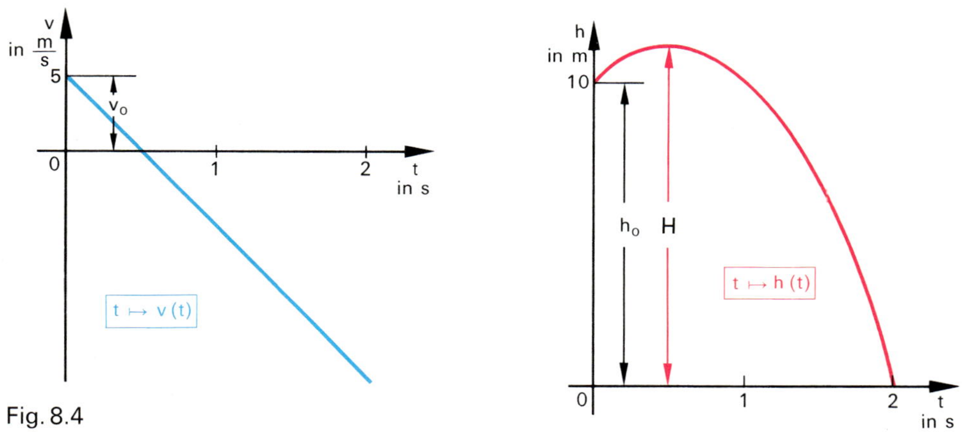

Fig. 8.4

Bemerkung:
Moderne Verkehrsflugzeuge benutzen zur Navigation das sogenannte Trägheits-Navigations-System (INS, Inertial Navigation System). Es enthält als wesentlichen Bestandteil Sensoren, die die Beschleunigung in allen Richtungen des Raumes messen. Welcher Rechenvorgang muss im Rechner des Systems zur Positionsbestimmung ablaufen?

8.4.2. Das Arbeitsintegral

A. Allgemeine Überlegungen

Wirkt eine konstante Kraft $F = c$ in Richtung eines Wegstücks der Länge Δx, so errechnet sich die verrichtete Arbeit zu $W = c \cdot \Delta x$.

Bei den meisten Arbeitsvorgängen in der Physik wirkt aber nicht an jeder Stelle des zurückgelegten Weges die gleiche Kraft, d. h. die Weg-Kraft-Funktion

$$F: x \mapsto F(x); \quad x \in [a; b]$$

ist nicht konstant (Fig. 8.5). In diesem Fall unterteilen wir den Weg [a; b] in n gleiche Stücke der Länge $\Delta x = \frac{b-a}{n}$ und nehmen an, dass F in diesen Teilintervallen den jeweiligen Anfangswert beibehält. Dann lässt sich die gesamte in [a; b] verrichtete Arbeit durch die Summe der nun leicht berechenbaren Teilbeträge in den Teilintervallen annähern. Für W ergibt sich der Näherungswert

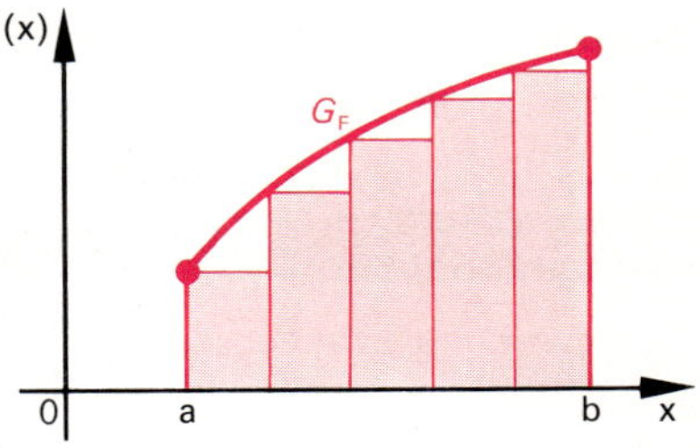

Fig. 8.5

$$W_n = F(a) \cdot \Delta x + F(a + \Delta x) \cdot \Delta x + F(a + 2\Delta x) \cdot \Delta x + \\ + \cdots + F(a + (n-1)\Delta x) \cdot \Delta x = \\ = \sum_{v=0}^{n-1} F(a + v\Delta x) \cdot \Delta x.$$

Ist F eine in [a; b] stetige Funktion, so ergibt sich als Definition der Arbeit bei veränderlicher Kraft $F: x \mapsto F(x)$ längs des Wegintervalls [a; b]:

$$\boxed{W = \int_a^b F(x)\,dx}$$ (Arbeitsintegral der Physik)

B. Energie einer gespannten Feder

Für eine Schraubenfeder gilt innerhalb der Elastizitätsgrenze das Hooke'sche Gesetz: Die zur Dehnung nötige Kraft F ist der Dehnung x proportional.

$$F(x) = D \cdot x, \quad D \text{ konstant}$$

D heißt die Federkonstante. Sie hängt von der Form und vom Material der Feder ab. Soll die Feder von der Marke $x = a$ bis zur Marke $x = b$ gedehnt werden, ist dazu die Arbeit

$$W = \int_a^b F(x)\,dx = \int_a^b D \cdot x\,dx = D \cdot \int_a^b x\,dx = \frac{D}{2}(b^2 - a^2)$$

nötig. Die aufgewendete Arbeit steckt als Energie in der Feder.

Wird die Feder insbesondere aus der Ruhelage $x = 0$ um s gedehnt, ist $a = 0$ und $b = s$, und wir erhalten als Energie der gespannten Feder

$$\boxed{W = \frac{D}{2} s^2}$$

Beispiel: Um eine entspannte Feder mit der Federkonstanten $D = 800\ \mathrm{N\,m^{-1}}$ um 10 cm zu spannen, ist die Arbeit $W = 400\ \mathrm{N\,m^{-1}} \cdot (0{,}1\ \mathrm{m})^2 = 4\ \mathrm{N\,m} = 4\ \mathrm{J}$ nötig.

Aufgaben

1. Die Bewegung auf einer schiefen Ebene erfolgt in der Fall-Linie mit konstanter Beschleunigung $b = g \sin\alpha$, wobei α der Neigungswinkel der Ebene gegen die Horizontale und g die Fallbeschleunigung ist. Die Bewegung beginne zum Zeitpunkt $t = 0$ aus der Ruhelage heraus. Die Reibung sei zunächst vernachlässigbar.
   a) Bestimme die Terme für Geschwindigkeit und Weg für $t \geqq 0$!
   b) Wie lange braucht ein Körper, bis er über eine 2 m lange, in der Fall-Linie liegende Strecke geglitten ist, wenn $\alpha = 30°$ und $g = 10\ \mathrm{m\,s^{-2}}$ angenommen werden?
   c) Mit welcher Geschwindigkeit kommt der Körper am Ende der Strecke an?
   d) Untersuche den Vorgang unter Berücksichtigung der Reibung! (Gleitreibungszahl μ_G; Neigung der Ebene beachten!)

2. Beim Anfahren eines Autos kann man kurzzeitig die Beschleunigung a als proportional zur Zeit t annehmen. Bestimme den Term $v(t)$ der Geschwindigkeit! Der Proportionalitätsfaktor sei k, die Bewegung beginne mit $t = 0$ aus der Ruhelage heraus.

3. Bei der Bewegung eines Massenpunktes längs einer Geraden gelte für die Geschwindigkeiten: $v(t) = 2\frac{\mathrm{m}}{\mathrm{s}^2} \cdot t + 1\frac{\mathrm{m}}{\mathrm{s}}$ für $t \in [0; 10\ \mathrm{s}]$, für $t \in [10\ \mathrm{s}; 15\ \mathrm{s}]$ sei v konstant, für $t > 15\ \mathrm{s}$ gelte $v(t) = 21\frac{\mathrm{m}}{\mathrm{s}} - 0{,}5\frac{\mathrm{m}}{\mathrm{s}^2} \cdot (t - 15\ \mathrm{s})$.
   a) Die Bewegung sei zum Zeitpunkt t_0 mit $v(t_0) = 0$ beendet. Schreibe die Funktion $t \mapsto v(t);\ t \in [0; t_0]$ übersichtlich auf!
   b) Zum Zeitpunkt $t = 0$ befindet sich der Massenpunkt an der Stelle $s = 0$. Bestimme den Weg $s(t)$ für den ganzen Bewegungsablauf!
   c) Stelle Geschwindigkeit und Weg für jedes der drei Zeitintervalle nach geeigneter Wahl der Einheiten auf den Koordinatenachsen grafisch dar!

4. Bei einer längs einer Geraden verlaufenden Bewegung im Zeitintervall $[0; T]$ ergibt sich für die Momentanbeschleunigung a:

$$a(t) = k \sin\left(\frac{2\pi}{T} \cdot t\right) \qquad (k < 0)$$

   a) Bestimme die Geschwindigkeit für $t \in [0; T]$! In welchem Zeitpunkt ist, im Falle $v(0) = 0$, der Betrag der Geschwindigkeit am größten?
   b) Wie lautet der Term für den Weg $s(t)$, wenn $s(T) = 0$ gelten soll?

5. Auf eine Feder lässt man die Kraft 5 N wirken. Sie dehnt sich um 2 cm. Dann dehnt man die Feder um weitere 8 cm. Welche Energie hat sie jetzt? Fertige ein Weg-Kraft-Diagramm an mit $1\ \mathrm{N} \mathrel{\hat=} 0{,}5\ \mathrm{cm}$, und erläutere die geometrische Deutung der berechneten Energie!

6. Interpretiere die Anzeigen des Tachometers, des Kilometerzählers und des Tageskilometerzählers im Auto als Funktionswerte! Welcher Zusammenhang besteht zwischen den so dargestellten Funktionen?

8.4.3. Der Schuss ins Weltall

In 8.4.2. lernten wir das Arbeitsintegral

$$W = \int_a^b F(x)\,dx$$

für die Arbeit W bei veränderlicher Kraft längs des Weges [a; b] kennen. Wird ein Körper vertikal abgeschossen, so muss die Gravitationskraft

$$F(x) = -G\,\frac{mM}{x^2}$$

überwunden werden. Dabei ist G die Gravitationskonstante, m die Masse des Körpers, M die Masse der Erde und x die Entfernung des abgeschossenen Körpers vom Erdmittelpunkt (Fig. 8.6.). Da die Kraft entgegen der x-Richtung zur Erde hin gerichtet ist, hat sie negatives Vorzeichen.

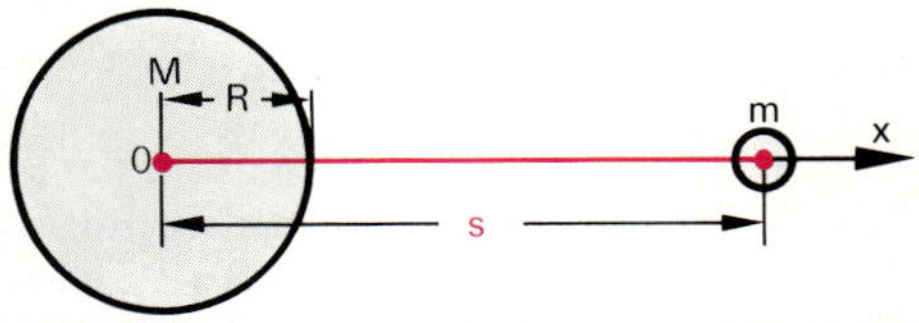

Fig. 8.6

Soll ein Punkt in der Entfernung x = s erreicht werden und ist der Erdradius R, so ist mit einer der Gravitationskraft entgegengerichteten Kraft folgende Arbeit aufzuwenden:

$$W_s = \int_R^s \left(+\frac{GmM}{x^2}\right) dx = GmM \int_R^s \frac{dx}{x^2} = GmM \left[-\frac{1}{x}\right]_R^s =$$

$$= GmM \left(\frac{1}{R} - \frac{1}{s}\right)$$

Soll der Körper nicht mehr zur Erde zurückkehren, so liegt ein Grenzprozess mit $s \to \infty$ vor. Die dazu erforderliche Arbeit ist

$$W_\infty = \lim_{s\to\infty} W_s = GmM \cdot \lim_{s\to\infty} \left(\frac{1}{R} - \frac{1}{s}\right) = \frac{GmM}{R}.$$

Für die Abschussgeschwindigkeit v muss also gelten:

$$\frac{1}{2} mv^2 = \frac{GmM}{R}, \quad \text{d.h.} \quad v = \sqrt{\frac{2GM}{R}}$$

Beachten wir, dass die auf den Körper an der Erdoberfläche ausgeübte Kraft gleich seinem Gewicht mg ist, so gilt außerdem:

$$mg = \frac{GmM}{R^2}, \quad \text{und damit} \quad \frac{GM}{R} = gR.$$

Setzt man dies in den Ausdruck für v ein, so ergibt sich

$$\boxed{v = \sqrt{2gR}}$$

Für $g = 9{,}81\,\text{m}\,\text{s}^{-2}$ und $R = 6370\,\text{km}$ erhält man $v = 11{,}2\,\text{km}\,\text{s}^{-1}$. Dies ist die sogenannte *Fluchtgeschwindigkeit*, bei der unabhängig von der Abschussrichtung die Energie des abgeschossenen Körpers ausreichen würde, das Schwerefeld der Erde zu verlassen (ohne Berücksichtigung der Lufthülle).

Raketen erreichen ihre Höchstgeschwindigkeit nach dem beschleunigenden Abbrand des Treibsatzes erst in einer gewissen Höhe über der Erde. Daher ist wegen des geringeren Wertes der Fallbeschleunigung in dieser Höhe auch die Fluchtgeschwindigkeit geringer. Für $h = 800\,\text{km}$ würde sie etwa $10{,}5\,\text{km}\,\text{s}^{-1}$ betragen.

8.4.4. Beispiele aus verschiedenen Anwendungsgebieten

Aufgabe

Ein ohmscher Widerstand R wird von einem sinusförmigen Wechselstrom der Stärke $J(t) = J_0 \cdot \sin \omega t$ durchflossen. Nach dem Ohm'schen Gesetz beträgt der Spannungsabfall an diesem Widerstand $U(t) = R \cdot J(t)$. Die Leistung P errechnet sich als Produkt von Spannung und Stromstärke: $P(t) = U(t) \cdot J(t)$

a) Gib $P(t)$ in Abhängigkeit von R und $J(t)$ an!

b) Die in einem Zeitintervall der Länge t abgegebene Stromarbeit W errechnet sich bei zeitlich konstanter Leistung aus der Formel $W = P \cdot t$.
Begründe: Bei zeitabhängiger Leistung $P(t)$ wird im Zeitintervall $[0; t]$ die Stromarbeit $W = \int\limits_0^t P(u)\,du$ abgegeben

c) Berechne die während einer Schwingungsperiode $\left(\text{z. B. im Intervall } [0; T] \text{ mit } T = \frac{2\pi}{\omega}\right)$ abgegebene Stromarbeit!
Beachte die Formel $\sin^2 \alpha = \frac{1}{2}(1 - \cos 2\alpha)$ und Aufgabe 15c) in 8.2.3.!

d) Welche durchschnittliche Leistung $\overline{P}$ wurde während des Intervalls $[0; T]$ abgegeben? Warum entspricht diese Durchschnittsleistung auch der mittleren Leistung in gegenüber T sehr langen Zeitintervallen

e) Der Effektivwert der Wechselstromstärke entspricht in unserem Beispiel der Stärke eines konstanten Gleichstroms, der eine der Durchschnittsleistung gleiche Leistung erbringt. Gib diese Größe J_{eff} an!

f) Der effektiven Stromstärke J_{eff} entspricht die effektive Spannung U_{eff}, der Scheitelstromstärke J_0 die Scheitelspannung U_0. Wie groß ist U_0 bei $U_{eff} = 220\,\text{V}$?

Das in dieser Aufgabe behandelte Beispiel zeigt, wie das bestimmte Integral zur *Definition und Berechnung von Durchschnitts- bzw. Mittelwerten* verwendet werden kann: Wir wählen als Durchschnittswert für die Leistung im Zeitintervall $[t_1; t_2]$ den Wert

$$\overline{P} = \frac{1}{t_2 - t_1} \cdot \int\limits_{t_1}^{t_2} P(t)\,dt$$

Schreiben wir allgemeiner

$$\bar{y} = \frac{1}{b-a} \cdot \int_a^b f(x)\,dx,$$

so kann z. B. $\bar{y}$ als mittlere Geschwindigkeit gedeutet werden, wenn f(x) der Term der Zeit-Geschwindigkeits-Funktion ist, oder $\bar{y}$ ergibt die Breite eines Rechtecks, das die gleiche Länge und den gleichen Flächeninhalt wie in Fig. 8.7 das von G_f und der x-Achse über [a; b] begrenzte Flächenstück hat.

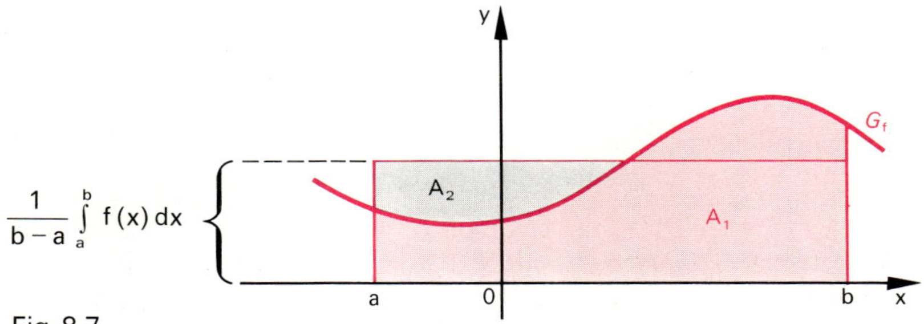

Fig. 8.7

Eine solche Definition des Mittelwertes ist jedoch nicht immer der Fragestellung angemessen. Im Falle des sinusförmigen Wechselstromes würde man z. B. mit der entsprechenden Integralformel als mittlere Stromstärke 0 erhalten, ein Ergebnis, das z. B. für Energiebetrachtungen keinen Wert hat. Hier ist die in der Aufgabe errechnete Größe der effektiven Stromstärke aussagekräftiger.

Aufgabe

Ein Filter, das Schadstoffe zurückhalten soll, verliert nach und nach seine Wirksamkeit; er lässt z. B. pro Tag $2\sqrt{t}$ kg des Schadstoffs durch und wird nach 90 Tagen jeweils ausgewechselt.

Um die durchgelassene Menge zu berechnen, kann man nicht einfach die 90 Tagesmengen addieren, da die Menge sich *stetig* ändert. Statt der Summe, die einer Treppenfunktion entspricht, brauchen wir ähnlich wie beim Arbeitsintegral in 8.4.2. das Integral $\int_0^{90} 2\sqrt{t}\,dt$

a) Wie groß ist die durchgelassene Menge nach 90 Tagen?

b) Welche Reduzierung brächte es, wenn man in 360 Tagen sechsmal auswechseln würde, also alle 60 Tage?

Hilfe: Differenziere $f(x) = \sqrt{x^3} = x^{\frac{3}{2}}$ und bestimme dadurch die benötigte Stammfunktion.

Ein Beispiel aus der Meteorologie

In meteorologischen Stationen werden Werte oft automatisch gemessen. Die Temperaturwerte T z. B. werden von einem Stift als Kurve aufgetragen, mit der

Zeit t auf der waagrechten Achse. Die mittlere Temperatur eines Tages ist gegeben durch das Integral $\frac{1}{z}\int\limits_0^z T\,dt$, mit $z = 24$ h.

Da man die Temperaturfunktion hier nur als Kurve erhält, muss man mit grafischen Integrationsmethoden die Fläche und damit das Integral bestimmen. Es gibt dafür geeignete Geräte (z. B. Planimeter).

8.5. Vermischte Aufgaben zur Infinitesimalrechnung

A. Ganzrationale Funktionen (Term gegeben)

Die Definitionsmenge ist für die folgenden Funktionen jeweils die Menge $\mathbb{R}$. Für die Zeichnungen soll, falls nichts anderes angegeben wird, die Längeneinheit 1 cm sein.

1. Für die Funktion $f\colon x \mapsto \frac{1}{4}x(x-6)^2$ soll der Graph G_f im Bereich $[-1; 8]$ gezeichnet und der Inhalt des Flächenstücks berechnet werden, das von G_f und der x-Achse begrenzt wird.

2. Gegeben ist die ganzrationale Funktion 3. Grades $f\colon x \mapsto \frac{1}{27}x^3 - \frac{2}{3}x^2 + 3x$. Zeige, dass der Graph G_f die x-Achse berührt, und berechne den Inhalt des von ihm und der x-Achse eingeschlossenen Flächenstücks! Zeichnung im Bereich $[-1; 10]$.

3. Im Schnittpunkt des Graphen G_f von $f\colon x \mapsto -\frac{1}{2}x^2 + \frac{3}{2}x + 5$ mit der y-Achse wird die Tangente gezeichnet. In welchem Verhältnis wird das von ihr und den Achsen gebildete Dreieck durch G_f geteilt?

4. Berechne den Inhalt des von der x-Achse und dem Graphen der Funktion $f\colon x \mapsto 3x^2 - \frac{1}{4}x^4$ begrenzten Flächenstücks. Zeichnung mit 1 LE = 5 mm (im Bereich $[-4; 4]$)!

5. Gegeben ist die Funktion $f\colon x \mapsto \frac{1}{20}x^3(x-5)^2 + 2$.
   a) Berechne die Koordinaten der Extrempunkte und der Wendepunkte!
   b) Welchen Inhalt hat das Flächenstück zwischen G_f, den beiden Koordinatenachsen und der Geraden mit der Gleichung $x = 3$?

6. Der Graph der Funktion $f\colon x \mapsto x^3 - 6x^2 + 9x - 2$ hat den Tiefpunkt T und den Wendepunkt W. Berechne den Inhalt der Fläche zwischen der Sehne [TW] und G_f!

7. Der Graph G_f von $f\colon x \mapsto x^2 + 2x - 3$ schneidet aus der Geraden $g\colon x - y + 3 = 0$ die Sehne [AB] aus. Gib den Inhalt des Flächenstücks an, das von der Sehne und G_f begrenzt wird!

8. Gegeben ist die Funktion $f\colon x \mapsto -\frac{1}{6}x^3 + 2x + 1$.
   Die Gerade $g\colon y - 1 = 0$ schneidet G_f in den Punkten A, B und C (es ist $x_C < x_A < x_B$). In A wird die Kurvennormale n gezeichnet. Der Schnittpunkt von n mit der x-Achse sei D. E ist die senkrechte Projektion von B auf die x-Achse. Welchen Inhalt hat die Fläche, die von den Strecken [AD], [DE], [EB] und dem zwischen A und B liegenden Kurvenbogen begrenzt ist?

9. Betrachtet wird die Funktion $f\colon x \mapsto \frac{1}{8}(x^3 - 6x^2 + 32)$.
   a) Zeige: Die Gerade $g\colon x - 2y + 2 = 0$ geht durch den Wendepunkt von G_f.

b) Welches sind die Koordinaten der anderen beiden Schnittpunkte von g und G_f?

c) Beweise: Die beiden endlichen Flächenstücke, die g und G_f begrenzen, sind flächengleich.

10. Gegeben sind die beiden Funktionen $f: x \mapsto \frac{1}{8}x^3$ und $\varphi: x \mapsto \frac{1}{4}x^2 + x$. Berechne die Inhalte der im I. und III. Quadranten liegenden, von G_f und G_φ eingeschlossenen Flächenstücke!

11. Die Graphen G_f und G_φ der Funktionen $f: x \mapsto -\frac{1}{4}x^2 + \frac{3}{2}$ und $\varphi: x \mapsto (-\frac{1}{4}x^2 + \frac{3}{2})^2$ schließen drei Flächenstücke ein. Wie groß in cm^2 ist das größte dieser Flächenstücke in der Zeichnung mit 1 LE = 2 cm (im Bereich $[-4; 4]$)?

B. Ganzrationale Funktionen (Term gesucht)

Die Definitionsmenge ist für die folgenden Funktionen jeweils die Menge $\mathbb{R}$. Für die Zeichnungen soll, falls nichts anderes angegeben wird, die Längeneinheit 1 cm sein.

12. Für den Term $f(x) = ax^2 + bx$ der Funktion f sind die Koeffizienten a und b so zu bestimmen, dass $A(2; 3) \in G_f$ und die Tangente in diesem Punkt die Steigung 2 hat. Wie groß ist der Inhalt des Flächenstücks, das von G_f und der negativen x-Achse begrenzt wird?

13. Gegeben ist die Funktion $f: x \mapsto \frac{1}{20}x^4 - \frac{6}{5}x^2 + 4$.

a) Bestimme die Koordinaten der Extrempunkte und Wendepunkte!

b) Zeichne G_f im Bereich $[-5; 5]$!

c) Eine ganzrationale Funktion φ zweiten Grades hat die Eigenschaft, dass ihr Graph G_φ den Graphen G_f in dessen Wendepunkten berührt. Wie lautet φ?

d) Berechne den Inhalt des von G_f und G_φ über $[-2; 2]$ begrenzten Flächenstücks!

14. $f: x \mapsto f(x)$ ist eine ganzrationale Funktion dritten Grades. Ihr Graph G_f hat in $A(3; 6)$ die Gerade $t: 11x - y - 27 = 0$ als Tangente und in $W(1; 0)$ einen Wendepunkt.

a) Bestimme den Term $f(x)$!

b) Berechne den Inhalt des Flächenstücks, das zwischen G_f und der x-Achse liegt!

15. Für den Funktionsterm $f(x) = x^3 + ax^2 - 4x + b$ sollen a und b so bestimmt werden, dass der Graph G_f der Funktion $f: x \mapsto f(x)$ die x-Achse im Punkt $A(-3; 0)$ schneidet und an der Stelle $x = -2$ ein lokales Maximum hat.

a) Berechne die übrigen Schnittpunkte von G_f mit der x-Achse sowie die Extremstellen und die Wendestelle!

b) Welchen Inhalt hat die Fläche, die von G_f und den Geraden zu $g_1: x - y + 3 = 0$, $g_2: x + 3 = 0$ und $g_3: x + 1 = 0$ eingeschlossen ist?

C. Sinus- und Kosinusfunktion

16. Die Sinuslinie: $y = \sin x$ und die Kosinuslinie: $y = \cos x$ begrenzen mit der x-Achse $(0 \leqq x \leqq \frac{1}{2}\pi)$ ein Spitzbogendreieck. Wie groß sind die Winkel dieses Dreiecks und welchen Inhalt hat es? Wähle für die Zeichnung als Längeneinheit 2 cm.
Wie groß ist die Fläche des Dreiecks in dieser Zeichnung? Rechnung auf 0,01° bzw. auf mm^2 genau.

17. In welchen Punkten schneidet die Gerade: $2y - 1 = 0$ die Sinuslinie: $y = \sin x$? Wie viel cm^2 Inhalt hat die von ihr abgeschnittene Kuppe in der Zeichnung im Bereich $[0; \pi]$, wenn als Längeneinheit 2 cm gewählt wird? (2 Dez.)

18. Gegeben ist die Funktion $f: x \mapsto 1 - \cos x;\ x \in \mathbb{R}$.
   a) Bestimme Nullstellen, Extremwerte und Wendestellen des Graphen im Bereich $[0; 2\pi]$!
   b) Zeichne den Graphen im angegebenen Bereich! 1 LE = 2 cm
   c) Welchen Inhalt hat das Flächenstück das von G_f und der x-Achse begrenzt wird?

19. Es wird die Funktion $f: x \mapsto x + \sin x,\ D_f = [-\frac{1}{2}\pi; \frac{3}{2}\pi]$ betrachtet.
   a) Untersuche den Graphen G_f in D_f auf eventuelle Extrema und Wendepunkte, und zeichne ihn mit 1 LE = 2 cm!
   b) In welchen Kurvenpunkten bildet die Tangente mit der x-Achse den Winkel 56,31°?
   c) Welchen Inhalt hat die Fläche, die von der Sinuslinie, dem Graphen G_f und der Geraden zu $x - \pi = 0$ eingeschlossen ist?

20. Vorgelegt sind die beiden Funktionen $g: x \mapsto -\frac{1}{2}x$ und $f: x \mapsto \cos x;\ x \in \mathbb{R}$.
   a) Zeichne den Graphen G_φ der Funktion $\varphi = g + f$ mit 1 LE = 2 cm im Bereich $[-\frac{1}{2}\pi; \frac{3}{2}\pi]$.
   b) Welchen Inhalt hat jedes der beiden Flächenstücke, die zwischen G_φ und G_g liegen?

21. Bestimme den Inhalt der Flächen, deren Punkte P (x, y) folgende Bedingungen erfüllen:
   a) $\{P(x; y) \mid x \leqq y \leqq x + \sin x \text{ und } 0 \leqq x \leqq \pi\}$
   b) $\{P(x; y) \mid y \geqq \sin x\} \cap \{P(x; y) \mid y \leqq x + \pi\} \cap \{P(x; y) \mid y \leqq -x + \pi\}$

22. a) Zeige, dass die transzendente Gleichung $\cos x = -\frac{4}{3\pi^2}x^2 + \frac{1}{3}$ in der Grundmenge $\mathbb{R}$ die Lösungen $-\pi;\ -\frac{1}{2}\pi;\ \frac{1}{2}\pi$ und π hat!
   b) Die angegebenen Lösungen sind alle Lösungen der Gleichung. Berechne unter dieser Voraussetzung den Inhalt der folgenden *nicht zusammenhängenden* Fläche.

$$M = \{P(x; y) \mid \cos x \leqq y \leqq -\frac{4}{3\pi^2}x^2 + \tfrac{1}{3}\}?$$

23. a) Bestätige mit dem HDI folgende, für $n \in \mathbb{N}$ gültige Integrationsregel:

$$\int \sin^n dx = -\frac{1}{n}\sin^{n-1}x\cos x + \frac{n-1}{n}\int \sin^{n-2}x\,dx$$

   Bemerkung: Das Integral wird hier auf eines vom gleichen Typ zurückgeführt, wobei sich der Exponent um 2 reduziert. In der Integralrechnung gibt es viele derartige *Reduktionsformeln*.

   b) Zeige: $\int_0^{\pi/2} \sin^5 x\,dx = \frac{8}{15}$

D. Vorgegebene Flächeninhalte

24. Welche Funktion der Schar $f_p;\ x \in \mathbb{R}$ (Scharparameter $p \in \mathbb{R}$) hat die Eigenschaft, dass ihr Graph mit den positiven Koordinatenachsen ein Flächenstück vom Inhalt A begrenzt?
   a) $f_p: x \mapsto px^2 + 2;\quad A = 2\frac{2}{3}$ b) $f_p: x \mapsto -\frac{1}{4}x^2 + p;\quad A = 10\frac{2}{3}$

25. Das zwischen der Parabel: $y = \frac{1}{10}x^2$, der x-Achse und der Geraden $g\colon x - 6 = 0$ liegende Flächenstück soll durch eine Parallele zur y-Achse

a) halbiert, b) im Verhältnis 8 : 19 (kleineres Teilstück am Ursprung) geteilt werden.

26. Gegeben ist die Funktion $f\colon x \mapsto f(x);\ x \in \mathbb{R}^+$. Es soll jeweils ein $x_0 > 0$ so bestimmt werden, dass das von der positiven x-Achse, der positiven y-Achse, dem Graphen G_f und der Geraden: $x - x_0 = 0$ umgrenzte Flächenstück den Inhalt A besitzt.

a) $f(x) = \frac{1}{2}x + 1;\quad A = 3$

b) $f(x) = \frac{1}{2}x^2;\quad A = 1\frac{1}{3}$

c) $f(x) = \frac{1}{10}x^3;\quad A = 6{,}5$

d) $f(x) = \frac{1}{10}x^4;\quad A = \frac{1}{2}\sqrt{5}$

e) $f(x) = 3x^2 - 12x + 12;\quad A = 8$

f) $f(x) = 3x^2 + 1;\quad A = 10$

27. Im Funktionsterm $f(x) = ax^2 - bx^4$ seien die Koeffizienten a und b positiv. Sie sollen so bestimmt werden, dass der Graph der Funktion $f\colon x \mapsto f(x);\ x \in \mathbb{R}$ die x-Achse im Punkt P (4; 0) schneidet und die im I. Quadranten liegende, von G_f und der x-Achse begrenzte Fläche den Inhalt $8\frac{8}{15}$ erhält. Wo hat G_f seine Extrempunkte und Wendepunkte, welche Symmetrieeigenschaften besitzt er? Zeichnung im Bereich $[-4{,}5; 4{,}5]$.

28. $\varphi_k\colon x \mapsto 1 - kx^2;\ x \in \mathbb{R}$ mit $k > 0$ als Parameter stellt eine Funktionenschar dar. Aus der Schar der Graphen soll jene Kurve ausgewählt werden, die mit der Parabel zu $y = x^2$ ein Flächenstück vom Inhalt $\frac{2}{3}$ begrenzt.

29. Ein Funktionsterm hat die Form $f(x) = kx^3 + ax^2 + bx$. Der Graph G_f der Funktion $f\colon x \mapsto f(x);\ x \in \mathbb{R}$ soll an der Stelle $x = 1$ seinen Hochpunkt und an der Stelle $x = 2$ den Wendepunkt haben. $(k \neq 0)$

(1) Drücke a und b durch k aus!

(2) Wähle nun k so, dass G_f mit der x-Achse ein Flächenstück vom Inhalt 9 einschließt. Gib die entsprechende Funktion f an!

E. Flächenextrema

30. Gegeben sind die beiden in $\mathbb{R}$ definierten Scharen von Funktionen $g_k\colon x \mapsto k - \dfrac{x^2}{k}$ und $h_k\colon x \mapsto k^3 - kx^2$ mit dem Parameter $k \in \mathbb{R}^+ \setminus \{1\}$. Die dazugehörige Schar der Graphen werde mit G_k und H_k bezeichnet.

a) Zeichne G_2 und H_2!

b) Welchen Inhalt A_k hat das oberhalb der x-Achse gelegene, von G_k und H_k begrenzte Flächenstück?

c) Für welchen Wert von k hat dieser Flächeninhalt ein lokales Maximum, und wie groß ist der maximale Inhalt?

31. Gegeben ist die Schar der Funktionen $f_p\colon x \mapsto 3 - \frac{1}{2}p^3x - \frac{1}{4}x^2 + \frac{1}{3}px^3;\ x \in \mathbb{R}$ mit $p > 0$ als Scharparameter. Jeder Graph begrenzt mit den beiden Koordinatenachsen und der Geraden $g\colon x - 3 = 0$ ein Flächenstück. Für welchen Wert von p hat dieses Flächenstück den größtmöglichen Inhalt, und wie groß ist dieser? Zeichne für diesen Fall den Graphen im Bereich $[-2; 3]$!

F. Integralfunktionen

32. Bestimme die Wendestelle für den Graphen der Funktion $F\colon x \mapsto \int_1^x (t^4 - 8t - 7)\,dt;\ x \in \mathbb{R}$!

33. Die Funktion $F\colon x \mapsto F(x) = \int_0^x f(t)\,dt;\ x \in \mathbb{R}$ soll an der Stelle $x = 5$ ein Extremum und an der Stelle $x = 3$ eine Nullstelle haben. $f(t)$ ist ein ganzrationaler Term von der Form $f(t) = at^2 + bt + c$, der für $t = 1$ den Wert $\frac{4}{7}$ annimmt. Bestimme a, b und c und damit $f(t)$ und $F(x)$!

34. Welche ganzrationalen Funktionen 3. Grades der Form $f\colon x \mapsto f(x) = x^3 + ax^2 + bx + c$ haben die folgenden Eigenschaften:

    (1) $\int_{-1}^{+1} f(x)\,dx = 0$

    (2) $F(1) = 1$ mit $F(x) = \int_0^x f(t)\,dt$

    (3) Die Graphen aller Stammfunktionen zu f haben bei $x = 1$ einen Wendepunkt.

35. a) Berechne $\int_{-4}^{2} (x^2 + 2x - 3)\,dx$ und $\int_{-4}^{2} |x^2 + 2x - 3|\,dx$!

    b) Für welche $a \in \mathbb{R}$ hat $F\colon z \mapsto F(z) = \int_a^z (x^2 + 2x - 3)\,dx;\ z \in \mathbb{R}$ an der Stelle $z = 0$ eine Nullstelle? (3 Lösungen!)

    c) Man beschreibe die in $\mathbb{R}$ definierte Funktion $F\colon z \mapsto \int_0^z (|x^2 + 2x - 3)|)\,dx$ durch eine Zuordnungsvorschrift ohne Verwendung des Integralzeichens.

36. Die Funktion $f\colon x \mapsto f(x)$ ist im Intervall $J = [-\frac{1}{2}\pi;\ \frac{1}{2}\pi]$ durch folgende Bedingungen definiert:

    (1) $-1 \leqq f(x) \leqq 0$;

    (2) f ist in J differenzierbar mit $f'(x) \geqq 0$;

    (3) $f'(x) = \sin x$ für $x > 0$.

    a) Bestimme die Funktion und zeichne ihren Graphen! (1 LE = 2 cm)

    b) Untersuche, ob für $x = 0$ die 2. Ableitung existiert!

    c) Bestimme den Inhalt der Fläche zwischen dem Graphen und der x-Achse in J!

    d) Gib die Schar der linearen Funktionen $g_a\colon x \mapsto g_a(x)$ an, für die gilt:

    $$\int_{-\pi/2}^{\pi/2} [f(x) - g_a(x)]\,dx = 0$$

    e) Gib eine quadratische Funktion $q\colon x \mapsto q(x)$ an, die die Bedingung

    $$\int_{-\pi/2}^{\pi/2} [f(x) - q(x)]\,dx = 0$$

    erfüllt und deren Funktionswerte an den Rändern von J mit denen von f übereinstimmen!

G. Abschnittsweise definierte Funktionen

37. Die Funktion $f: x \mapsto f(x)$ ist folgendermaßen definiert:

$$f(x) = \begin{cases} x+5 & \text{für } x \in [-5; -2] \\ ax^2+bx+c & \text{für } x \in]-2; 2[\\ -x+5 & \text{für } x \in [2; 5] \end{cases}$$

Bestimme die Koeffizienten a, b, c so, dass f in $[-5; 5]$ differenzierbar ist und berechne die vom Graphen und der x-Achse eingeschlossene Fläche!

38. Die Funktion $f: x \mapsto f(x)$ ist folgendermaßen definiert:

$$f(x) = \begin{cases} -0{,}5x^2-4x-8 & \text{für } x \in [-4; -2] \\ ax^2+bx+c & \text{für } x \in]-2; 2] \\ -0{,}5x^2+4x-8 & \text{für } x \in]2; 4] \end{cases}$$

Bestimme die Koeffizienten a, b, c so, dass f in $[-4; 4]$ differenzierbar ist und berechne die Seitenlänge eines Quadrats, das den gleichen Flächeninhalt hat, wie die zwischen der x-Achse und dem Graphen liegende Fläche.

39. Man bestimme a und b so, dass die Funktion

$$f: x \mapsto f(x) = \begin{cases} \frac{1}{8}x^3-2 & \text{für } x \in [-4; 2] \\ ax - \frac{1}{x^2} & \text{für } x \in]2; 4[\\ -(x-b)^2 & \text{für } x \in [4; 6] \end{cases}$$

überall in $[-4; 6]$ stetig ist. Berechne für diesen Fall $S = \int\limits_{-4}^{6} f(x)\,dx$.

40. a) $\int\limits_{1}^{2} |x|\,dx$ b) $\int\limits_{-1}^{2} |x|\,dx$ c) $\int\limits_{-2}^{-1} \sqrt{x^2}\,dx$

d) $\int\limits_{-2}^{+2} (1+|x|)\,dx$ e) $\int\limits_{-1}^{+1} (1-|x|)\,dx$ f) $\int\limits_{-3}^{2} (2+0{,}5|x|)\,dx$

g) $\int\limits_{-3}^{2} (x+|x|)\,dx$ h) $\int\limits_{-2}^{3} (x-|x|)\,dx$ i) $\int\limits_{-1}^{2} (2+x+|x|)\,dx$

k) $\int\limits_{-1}^{+1} (2-x+|x|)\,dx$ l) $\int\limits_{-0{,}2}^{1} (2x-3|x|+1)\,dx$ m) $\int\limits_{-2}^{2} (x^2-|x|+2)\,dx$

n) $\int\limits_{-2}^{0} |x+1|\,dx$ o) $\int\limits_{0}^{3} \sqrt{(x-1)^2}\,dx$ p) $\int\limits_{0}^{2} |2x-3|\,dx$

q) $\int\limits_{-2}^{5} |0{,}5(x^2-3x-4)|\,dx$ r) $\int\limits_{-2}^{+2} ||x|-1|\,dx$ s) $\int\limits_{-4}^{+4} |x^2-2|x|-3|\,dx$

41. Berechne den Inhalt des Flächenstücks zwischen dem Graphen der Funktion $f: x \mapsto \frac{1}{10}|x^3-9x|;\ x \in \mathbb{R}$ und der Geraden $g: y-8=0$!

42. Gegeben sind die beiden Funktionen
$f: x \mapsto |x-3|+|x-1|;\ x \in \mathbb{R}$ und $\varphi: x \mapsto 8-(x-2)^2;\ x \in \mathbb{R}$.
Welchen Inhalt hat das von G_f und G_φ begrenzte Flächenstück?

43. Betrachtet wird die Funktion $f: x \mapsto x \cdot |x|$ mit $D_f = \mathbb{R}$.

a) Schreibe die Funktion f ohne Verwendung von Absolutstrichen und untersuche sie auf Stetigkeit und Differenzierbarkeit in D_f!

b) Berechne $\int\limits_{-1}^{2} x|x|\,dx$!

c) Beweise: Für alle $a, b \in \mathbb{R}$ gilt:

$$\int\limits_{a}^{b} x|x|\,dx = \tfrac{1}{3}|b|^3 - \tfrac{1}{3}|a|^3$$

44. Gegeben ist die Funktion $f: x \mapsto f(x) = 2 - |x - 1|;\ x \in \mathbb{R}$

a) Zeichne den Graphen G_f im Bereich $[-4; 6]$!

b) Was lässt sich ohne Ausführung der Integration über die Funktion

$F: x \mapsto F(x) = \int\limits_{-2}^{x} f(t)\,dt;\ x \in \mathbb{R}$ und ihren Graphen G_F aussagen?

(Lage und Art von Extremstellen, Krümmungsverhalten, besondere Funktionswerte)

c) Skizziere G_F im bereits gezeichneten Koordinatensystem!

d) Ist F an der Stelle $x_0 = 1$ differenzierbar? Gegebenenfalls wie oft? (Begründung der Antworten!)

e) Ermittle durch Integration (abschnittsweise) eine Funktionsgleichung für F!

f) Bestimme die Nullstellen von F! (Begründung oder Rechnung!)

Ergänzungen und Ausblicke

Rauminhalt eines Rotationskörpers

Dreht man das zwischen dem Graphen der stetigen, positiven Funktion f, der x-Achse und den beiden Geraden zu $x = a$ und $x = b$ liegende Flächenstück um die x-Achse, entsteht ein von zwei parallelen Kreisflächen begrenzter Rotationskörper (Fig. 8.8).

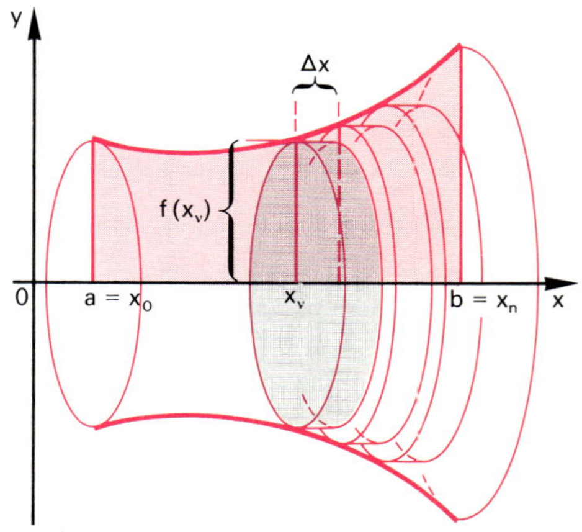

Fig. 8.8

Zur Berechnung seines Volumens V denken wir uns den Körper senkrecht zur x-Achse in Scheiben der Dicke $\Delta x = \dfrac{b-a}{n}$ zerschnitten. Das Körpervolumen ist gleich der Summe der Volumina aller Scheiben. Das Volumen ΔV_ν der ν-ten Scheibe kann angenähert mit der Volumenformel für den Zylinder berechnet werden; die Ungenauigkeit geht gegen null, wenn Δx gegen null bzw. n gegen ∞ geht. Die Höhe der ν-ten Scheibe ist Δx, die linke begrenzende Kreisfläche hat den Radius $r = f(x_\nu)$, also den Flächeninhalt $A(x_\nu) = \pi \cdot (f(x_\nu))^2$. Damit ist das Volumen der ν-ten Scheibe $\Delta V_\nu = A(x_\nu) \cdot \Delta x = \pi \cdot (f(x_\nu))^2 \cdot \Delta x$ mit $x_\nu = a + \nu\Delta x$.

Durch Summation über alle Scheiben erhalten wir die Näherung für das Gesamtvolumen:

$$V \approx \sum_{\nu=0}^{n-1} A(a+\nu\Delta x)\,\Delta x = \sum_{\nu=0}^{n-1} \pi \cdot (f(a+\nu\Delta x))^2 \cdot \Delta x$$

Beim Grenzübergang $n \to \infty$ geht der Näherungswert in das Volumen des Körpers über; nach Satz 7.1 ist also

$$V = \lim_{n\to\infty} \sum_{\nu=0}^{n-1} A(a+\nu\Delta x)\,\Delta x = \lim_{n\to\infty} \sum_{\nu=0}^{n-1} \pi \cdot (f(a+\nu\Delta x))^2 \cdot \Delta x = \int_a^b A(x)\,dx$$

mit $A(x) = \pi(f(x))^2$. Folglich gilt:

$$\boxed{V = \pi \cdot \int_a^b (f(x))^2\,dx}$$

Beispiel: Das im I. und II. Quadranten liegende Bogenstück des Kreises um den Ursprung mit dem Radius r rotiert um die x-Achse und erzeugt so eine Kugel mit dem Radius r. Welchen Rauminhalt hat sie?

Lösung: Wir fassen das Kreisbogenstück als Graph der Funktion

$f\colon x \mapsto \sqrt{r^2 - x^2}; \quad x \in [-r; r]$

auf (denn nach dem Satz von Pythagoras ist $y^2 + x^2 = r^2$ bzw. $y = \pm\sqrt{r^2 - x^2}$; vgl. Fig. 8.9).

f ist stetig, also gilt mit $f(x) = \sqrt{r^2 - x^2}$:

$$V_{\text{Kugel}} = \pi \cdot \int_{-r}^{r} \sqrt{r^2 - x^2}^{\,2}\,dx =$$
$$= \pi \cdot \int_{-r}^{r} (r^2 - x^2)\,dx = \pi \cdot [r^2x - \tfrac{1}{3}x^3]_{-r}^{r} =$$
$$= \pi \cdot ((r^3 - \tfrac{1}{3}r^3) - (-r^3 + \tfrac{1}{3}r^3)) = \tfrac{4}{3}r^3\pi$$

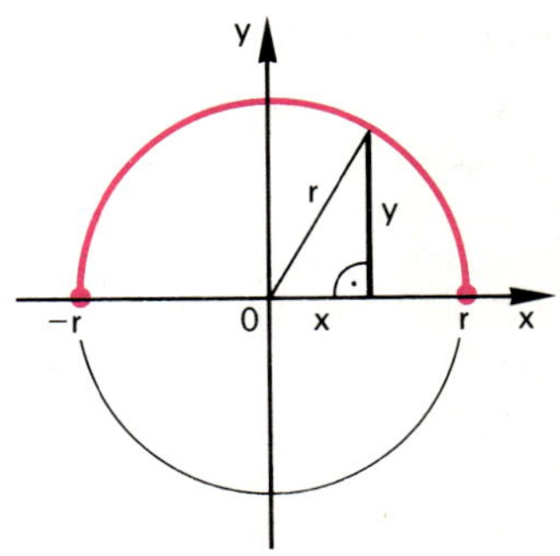

Fig. 8.9

in Übereinstimmung mit der entsprechenden Formel aus der Raumgeometrie.

Aufgaben

1. Bekannte Rotationskörper
Das zwischen dem Graphen der Funktion f und der x-Achse über [a; b] liegende Flächenstück rotiere um die x-Achse. Berechne das Volumen des entstehenden Rotationskörpers und vergleiche das Ergebnis mit eventuell bekannten Volumenformeln der Raumgeometrie!

a) $f(x) = r; \quad a = 0; \quad b = h$
b) $f(x) = x; \quad a = 0; \quad b = 3$
c) $f(x) = x; \quad a = 1; \quad b = 6$
d) $f(x) = \frac{R - r}{h} \cdot x + r; \quad a = 0; \quad b = h$

2. Weitere Rotationskörper

a) Durch Drehung des Parabelbogens mit der Gleichung $y = \sqrt{x}$ um die x-Achse entsteht ein *Rotationsparaboloid*.
Zeige: Das Volumen eines durch einen Kreis vom Radius r abgeschlossenen Rotationsparaboloids ist halb so groß wie das Volumen des ihm umbeschriebenen Zylinders.

b) Durch Rotation der Halbellipse mit der Gleichung $y = \frac{1}{2}\sqrt{16 - x^2}$ um die x-Achse entsteht ein *Rotationsellipsoid*. Berechne sein Volumen!

c) Die Kurve mit der Gleichung $y = \sqrt{x^2 - 1}$ rotiert zwischen $x = 1$ und $x = 4$ um die x-Achse. Es entsteht eine *kelchförmige Schale*. Welchen Inhalt hat sie?

d) Der Graph der Funktion $f\colon x \mapsto \frac{1}{5}x\sqrt{x - 4}$ rotiert zwischen $x = 4$ und $x = 8$ um die x-Achse. Es entsteht ein *glockenförmiger Hohlkörper*. Welchen Inhalt hat er?

3. Ein Extremalproblem
Die vom Graphen der Funktion f mit

$$f(x) = \frac{a}{(a+2)^2} \cdot x(2 - x) \quad \text{mit} \quad a \in \mathbb{R}^+ \quad \text{als Parameter}$$

und der x-Achse begrenzte Fläche rotiert um die x-Achse. Für welchen Wert von a nimmt das Volumen dieses Körpers einen größten Wert an? Wie groß ist V_{max}? Welche Gleichung hat in diesem Fall die Funktion? Skizziere ihren Graphen mit 1 LE = 2 cm!

4. Das Volumen eines Fahrradschlauchs (eines Torus)[1]
Betrachtet man den (kreisförmigen) Querschnitt eines Fahrradschlauchs und lässt man ihn einmal um die Radachse umlaufen, so erfasst er das gesamte Volumen des Schlauchs. Fig. 8.10.

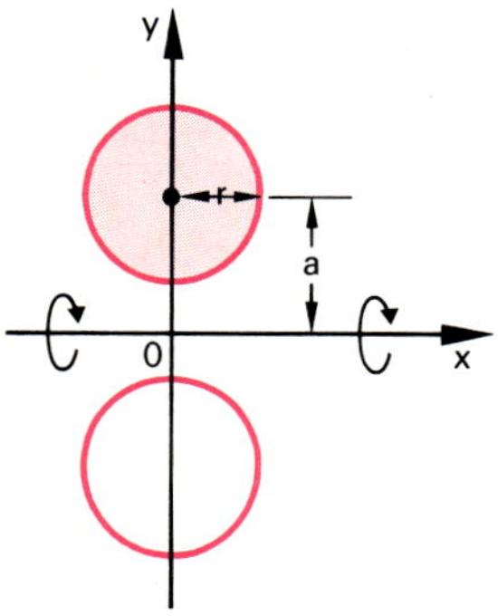

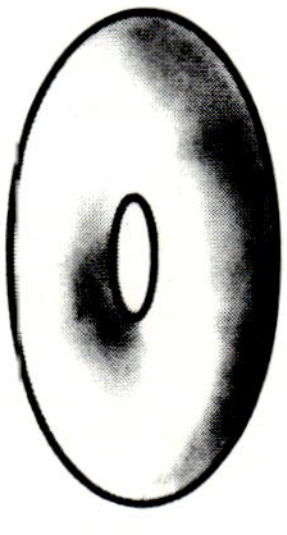

Fig. 8.10

a) Der Radius des Kreises sei r, der Abstand des Kreismittelpunktes von der Drehachse sei a mit $a > r$. Bestätige folgende Berechnungsformel für das Volumen des Torus:

$$V = 2\pi^2 r^2 a$$

Hinweise:

1. Die Punkte P (x; y) auf dem oberen Kreis genügen der Gleichung $x^2 + (y - a)^2 = r^2$. Leite daraus die Gleichungen der Funktionen ab, deren Graph der obere bzw. untere Halbkreis ist!
2. Stelle die vollständige Integralformel für das Torusvolumen auf und vereinfache sie so weit wie möglich. Der Wert des verbleibenden Integrals kann durch geometrische Überlegungen bestimmt werden!

b) Zeige: Das Volumen des Torus ist gleich dem Produkt aus dem Inhalt der Kreisfläche und dem Weg des Mittelpunktes.

[1] torus (lat.), der Wulst.

9. Logarithmus- und Exponentialfunktion

9.1. Die Integralfunktion $L: x \mapsto \int_1^x \frac{dt}{t}; \quad x \in \mathbb{R}^+$

In Abschnitt 8.1.2. haben wir eine Integralfunktion F der Form

$$F: x \mapsto \int_a^x t^n dt \quad n \in \mathbb{Z}, \quad \text{aber} \quad n \neq -1, \quad a \in \mathbb{R}$$

als Stammfunktion F mit $F'(x) = x^n$ explizit angeben können. Es gilt:

$$F(x) = \frac{x^{n+1}}{n+1} + C \qquad (n \neq -1)$$

Für $n = -1$ und z. B. $a = 1$, also für die Funktion

$$L: x \mapsto L(x) = \int_1^x \frac{dt}{t}$$

ist dagegen jeder Versuch, unter dem bisher bekannten Funktionsvorrat eine Funktion

$$L: x \mapsto L(x) \quad \text{mit} \quad L'(x) = \frac{1}{x}$$

zu finden, zum Scheitern verurteilt. Zur Identifizierung dieser für die Anwendungen der Infinitesimalrechnung besonders wichtigen Funktion L müssen wir daher einen neuen Weg beschreiten.

9.1.1. Charakteristische Eigenschaften der Integralfunktion L

A. Definitionsmenge, Monotonie, Nullstellen

Wegen der Stetigkeit der Integrandenfunktion $f: x \mapsto \frac{1}{x}$ für $x > 0$ ist f in jedem Intervall aus $\mathbb{R}^+$ integrierbar. Daraus folgt als *Definitionsmenge* $D_L = \mathbb{R}^+$. Nach dem HDI ist L differenzierbar und

$$\boxed{L'(x) = \frac{1}{x}}$$

Wegen $x > 0$ ist $L'(x) > 0$. Mit Satz 4.5 (Infinitesimalrechnung 1) folgt: Die Funktion L ist in D_L *streng monoton zunehmend und überall stetig*, weil L sogar überall differenzierbar ist. Für $x = 1$ gilt:

$$\int_1^1 \frac{dt}{t} = 0, \quad \text{also} \quad \boxed{L(1) = 0}$$

Wegen der strengen Monotonie von L ist $x = 1$ *einzige Nullstelle*. Außerdem gilt:

$$L(x) < 0 \quad \text{für} \quad 0 < x < 1 \quad \text{sowie} \quad L(x) > 0 \quad \text{für} \quad x > 1$$

Da der Integrand in D_L überall positiv ist, kann $L(x_0)$ als Flächeninhalt zwischen dem Graphen der Integrandenfunktion $f: x \mapsto 1/x$ und der x-Achse im Intervall $[1; x_0]$ interpretiert werden (Fig. 9.1).

B. Graph

Mit Hilfe des Graphen G_f der Integrandenfunktion f kann bereits der Verlauf des Graphen G_L angenähert erschlossen werden. Denn $L'(x) = f(x) = 1/x$ besagt, dass G_L an der Stelle x_0 gerade die Steigung $f(x_0) = 1/x$ hat. Insbesondere folgt aus $f(1) = 1$ und $L(1) = 0$, dass G_L die x-Achse an der Stelle $x = 1$ unter 45° schneidet.

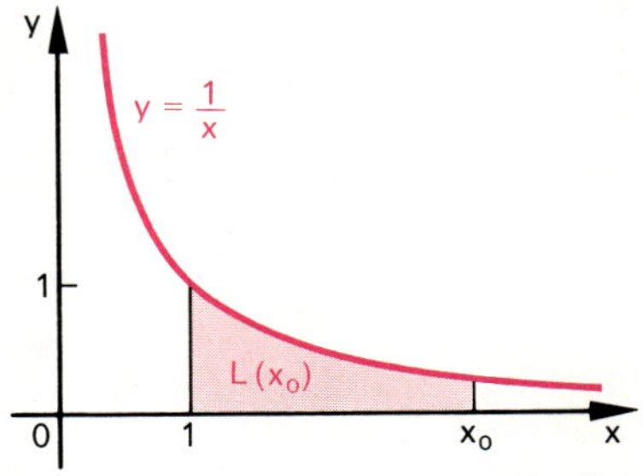

Fig. 9.1

Allgemein gilt: Alle Graphen G_{L_c} von Stammfunktionen L_c mit $L_c(x) = L(x) + c$ haben an der Stelle x_0 die Steigung $f(x_0) = 1/x_0$. Wir können also für jeden Punkt des I. und IV. Quadranten die Steigung angeben, die ein Graph G_{L_c} hat, der durch diesen Punkt läuft. Es ergibt sich so ein durch kurze Tangentenstücke darstellbares *Richtungsfeld*, in das G_L angenähert eingezeichnet werden kann. Zur Fahndung nach der Funktion L steht uns nun bereits ein „Phantombild" des Graphen von L zur Verfügung. (Fig. 9.2)

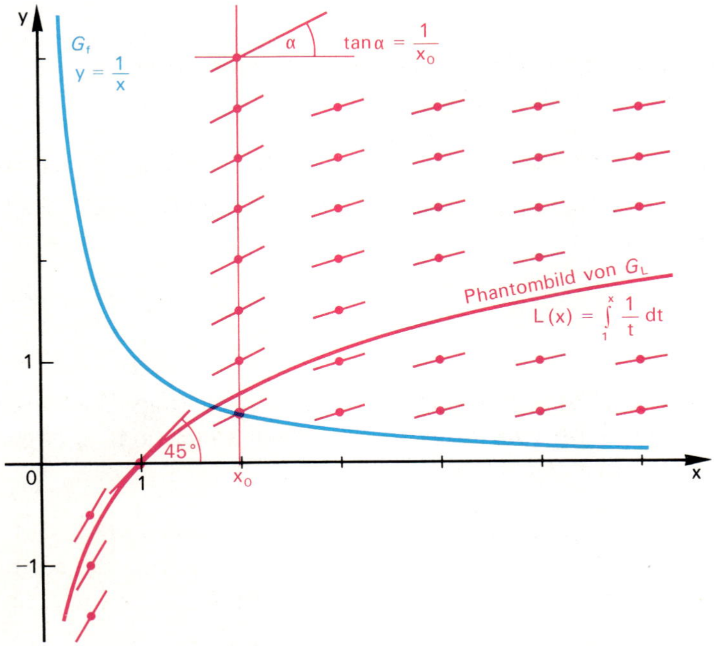

Fig. 9.2

C. Funktionalgleichungen

a) Wir betrachten nun den Term L(ax) mit $a \in \mathbb{R}^+$. Nach der Kettenregel ist

$$[L(ax)]' = \frac{1}{ax} \cdot a = \frac{1}{x}.$$

Wegen $L'(x) = \frac{1}{x}$ folgt hieraus:

$$[L(ax)]' = L'(x)$$

Aus der Gleichheit der Ableitungen folgt, dass die Terme L(ax) und L(x) sich nur um eine Konstante unterscheiden können, dass also gilt:

$$L(ax) = L(x) + C$$

C finden wir durch Einsetzen von $x = 1$ unter Beachtung von $L(1) = 0$:

$$L(a) = 0 + C$$

Hieraus folgt $C = L(a)$ und schließlich

$$L(ax) = L(a) + L(x).$$

Setzen wir $x = b$, so erhalten wir die bemerkenswerte Funktionalgleichung

$$\boxed{L(ab) = L(a) + L(b)} \quad \text{mit} \quad a > 0 \quad \text{und} \quad b > 0. \tag{1}$$

b) Ersetzt man in (1) a durch $\frac{c}{d}$ und b durch d, so erhält man

$$L(c) = L\left(\frac{c}{d}\right) + L(d).$$

Hieraus folgt als weitere Funktionalgleichung:

$$\boxed{L\left(\frac{c}{d}\right) = L(c) - L(d)} \quad \text{mit} \quad c > 0 \quad \text{und} \quad d > 0. \tag{2}$$

c) Aus (1) folgt weiter:

$$L(a_1 \cdot a_2 \cdot a_3 \cdot \cdots \cdot a_n) = L(a_1) + L(a_2) + L(a_3) + \cdots + L(a_n), \; (a_\nu > 0)$$

und $\quad L(a^n) = n \cdot L(a), \quad (n \in \mathbb{N}). \qquad (*)$

Diese wichtige Eigenschaft von L(x) gilt, wie wir gleich zeigen werden, auch für negative und rationale Exponenten. Ist nämlich $n = -m$ $(m > 0)$, dann ist nach (1)

$$L(a^m) + L(a^{-m}) = L(a^m a^{-m}) = L(1) = 0. \qquad \text{Also ist mit } (*)$$

$$L(a^{-m}) = -L(a^m) = -m \cdot L(a).$$

Für den Fall, dass der Exponent gleich $\frac{p}{q}$ ist, wobei $p, q \in \mathbb{Z}, q \neq 0$, folgt aus $(*)$:

$$q \cdot L(a^{\frac{p}{q}}) = L[(a^{\frac{p}{q}})^q] = L(a^p) = p \cdot L(a), \quad \text{also}$$
$$L(a^{\frac{p}{q}}) = \frac{p}{q} \cdot L(a)\,.$$

Weil jede irrationale Zahl durch eine Intervallschachtelung mit rationalen Intervallgrenzen dargestellt werden kann und L als monoton und stetig erkannt wurde, ergibt sich auch für irrationale Exponenten r:

$$\boxed{L(a^r) = r \cdot L(a)} \quad \text{für} \quad r \in \mathbb{R} \quad \text{und} \quad a \in \mathbb{R}^+ \qquad (3)$$

D. Wertemenge

Mit $a = 2$ lautet (3)

$$L(2^r) = r \cdot L(2)\,.$$

Dabei ist $L(2) > L(1) = 0$ wegen der unter A. gezeigten Monotonie. Für jede beliebige reelle Zahl s hat somit die Gleichung

$$L(2^r) = s$$

eine Lösung, nämlich $r = \frac{s}{L(2)}$. Damit ergibt sich die Wertemenge $W_L = \mathbb{R}$.

Aufgaben

1. Zeichne nach demselben Verfahren, wie es in Fig. 9.2 dargestellt, ein „Phantombild" der folgenden Integralfunktionen:

   a) $f\colon x \mapsto \int_0^x t\,dt;\quad D_f = [0; 3]$ b) $g\colon x \mapsto \int_{0,5}^x \sqrt{t}\,dt;\quad D_g = [0{,}5; 4]$

2. Aus dem „Phantombild" von L entnimmt man die angenäherten Funktionswerte $L(2) = 0{,}7$ und $L(3) = 1{,}1$. Überzeuge dich davon und *berechne* sodann mit Hilfe der Funktionalgleichungen in 9.1.1.C.:

   a) $L(6)$ b) $L(1{,}5)$ c) $L(4)$ d) $(\frac{4}{3})$ e) $L(2{,}25)$ f) $L(\sqrt{2})$

3. Nach welchem Satz über stetige Funktionen folgt, dass L sicher den Funktionswert 1 annimmt, wenn wir mit $L(2) = 0{,}7$ und $L(3) = 1{,}1$ in Aufgabe 2 rechnen?

4. Näherungsweise Berechnung von $L(x)$

   a) Für die x-Werte $x_1, x_2, x_3, \ldots$ gelte $x_{i+1} - x_i = h$, $x_i > 0$ für alle i. Als Näherungswerte für die Funktionswerte $L(x_1), L(x_2), L(x_3), \ldots$ können die Werte $y_1, y_2, y_3, \ldots$ betrachtet werden, die aus der folgenden Rekursionsformel entstehen.

   $$y_{i+1} = y_i + h \cdot \frac{1}{x_i}, \qquad i = 0, 1, 2, 3, \ldots;\ x_0 = 1;\ y_0 = 0.$$

   Begründe diese Formel!

   b) Berechne durch wiederholte Anwendung der Näherungsformel unter a) mit der Schrittweite $h = \pm 0{,}1$ Näherungswerte für $L(2)$ und $L(0{,}5)$! Gib die Rekursionsformel an!

9.1.2. Identifizierung der Funktion L über ihre Umkehrfunktion

Die im vorigen Abschnitt für die Funktion L gefundenen Funktionalgleichungen

$$L(ab) = L(a) + L(b) \quad \text{für } a, b \in \mathbb{R}^+ \tag{1}$$

$$L\left(\frac{a}{b}\right) = L(a) - L(b) \quad \text{für } a, b \in \mathbb{R}^+ \tag{2}$$

$$L(a^r) = r \cdot L(a) \quad \text{für } a \in \mathbb{R}^+ \text{ und } r \in \mathbb{R} \tag{3}$$

erinnern uns an die Rechengesetze für Logarithmen in der 10. Jahrgangsstufe.
Zur weiteren Untersuchung der Funktion L setzen wir in (3) $r = x$ und erhalten

$$L(a^x) = x\,L(a) \quad \text{für alle } x \in \mathbb{R} \tag{4}$$

Wir wählen nun für a speziell diejenige Zahl e, für die

$$L(e) = 1 \tag{5}$$

gilt. Diese Zahl muss existieren, weil $W_L = \mathbb{R}$ ist;[1] sie ist wegen der strengen Monotonie von L eindeutig bestimmt. Für diese Zahl e, auch *Euler'sche Zahl*[2] genannt, ergibt sich aus dem Phantombild in Fig. 9.2 als grober Näherungswert $e \approx 2{,}7$.

Gleichung (4) geht damit über in

$$\boxed{L(e^x) = x} \tag{6}$$

Die Funktion L hat nach G.2.2. als streng monotone Funktion eine Umkehrfunktion L^{-1} mit der Definitionsmenge

$D_{L^{-1}} = W_L = \mathbb{R}$

und der Wertemenge

$W_{L^{-1}} = D_L = \mathbb{R}^+$ (Fig. 9.3)

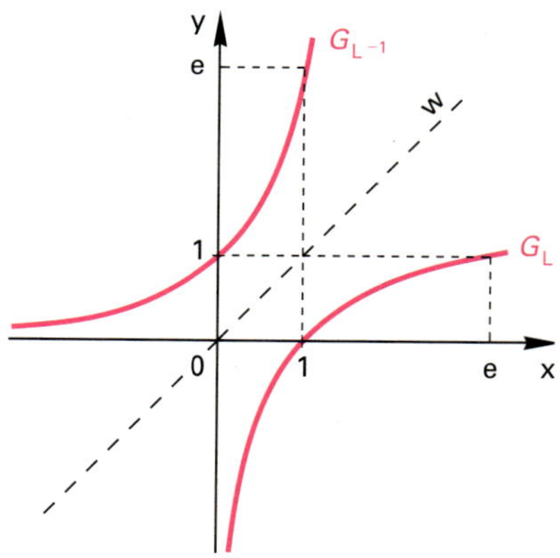

Fig. 9.3

Nach G.2.2. gilt nun aber für Funktion und Umkehrfunktion die Beziehung

$$L(L^{-1}(x)) = x \quad \text{für alle} \quad x \in D_{L^{-1}} = \mathbb{R}$$

also mit (6) zusammen

$$L(L^{-1}(x)) = L(e^x)\,.$$

---

[1] Vergleiche Aufgabe 3 in 9.1.1.!

[2] Leonhard Euler (1707–1783), Schweizer Mathematiker mit bedeutenden Leistungen, insbesondere auf den Gebieten der Analysis, der Zahlentheorie, der Topologie und der Mechanik.

Wegen der strengen Monotonie von L treten gleiche Funktionswerte nur bei gleichen Argumenten auf, d.h. es muss gelten

$$\boxed{L^{-1}(x) = e^x}$$

Bezeichnen wir die Exponentialfunktion zur Basis e mit E, so steht fest: Die Umkehrfunktion der Integralfunktion L ist die Exponentialfunktion E, d.h. $L^{-1} = E$.

Umgekehrt ist dann L selbst nach G.2.2. wegen

$$L = (L^{-1})^{-1} = E^{-1}$$

die Umkehrfunktion dieser Exponentialfunktion, d.h.

$$L = E^{-1}.$$

Wir haben also herausgefunden:

Satz 9.1:

Die Integralfunktion $L: x \mapsto \int_1^x \frac{dt}{t}$ ist die Umkehrfunktion der Exponentialfunktion $E: x \mapsto e^x$, wobei die Basis e durch die Gleichung $L(e) = 1$ definiert ist.

Im Algebraunterricht der 10. Jahrgangsstufe hatten wir allgemein die Umkehrfunktionen der Exponentialfunktionen, Logarithmusfunktionen[1] genannt. Die Funktion L ist also tatsächlich eine Logarithmusfunktion – und zwar speziell diejenige zur Basis e. Sie wird als *natürliche Logarithmusfunktion* bezeichnet, weil die Basis e, wie wir noch sehen werden, bei der mathematischen Beschreibung vieler Naturvorgänge eine wichtige Rolle spielt.

Man schreibt:

$$\boxed{L: x \mapsto \ln x = \int_1^x \frac{dt}{t}}$$

Das Symbol „ln" ist die Abkürzung von „logarithmus naturalis". Da die natürliche Logarithmusfunktion L die Umkehrfunktion der natürlichen Exponentialfunktion E ist und umgekehrt E die Umkehrfunktion zu L, gilt (vgl. G.2.2.):

$$y = e^x \xrightarrow{\text{Auflösen nach x}} x = \ln y \quad \Rightarrow \quad \boxed{x = \ln e^x} \quad x \in \mathbb{R}$$

$$y = \ln x \xrightarrow{\text{Auflösen nach x}} x = e^y \quad \Rightarrow \quad \boxed{x = e^{\ln x}} \quad x \in \mathbb{R}^+$$

[1] Von den griechischen Wörtern logos (hier: Verhältnis) und arithmos (Zahl).

Wir erhalten damit folgende integralfreie Definition des natürlichen Logarithmus:

Definition 9.1:

> Unter $\ln x$ versteht man diejenige reelle Zahl, mit der man e potenzieren muss, um x zu erhalten.

Beachte insbesondere:

$\boxed{\ln e = 1}$ und $\boxed{\ln 1 = 0}$ (Weil $e^1 = e$ und $e^0 = 1$)

Beipiele: Mit dem Näherungswert $e \approx 2{,}7$ gilt:

a) $\ln 7{,}3 \approx 2$, weil $2{,}7^2 \approx 7{,}3$

b) $\ln 0{,}37 \approx -1$, weil $2{,}7^{-1} \approx 0{,}37$

Aufgaben

1. Erläutere die aus $\ln e = 1$ sich ergebende Integralschreibweise $\int_1^e \frac{1}{x}\,dx = 1$ an Fig. 9.4! Zeichne sie auf Millimeterpapier und bestätige durch Abzählen der mm-Quadrate den Näherungswert $e \approx 2{,}7$!

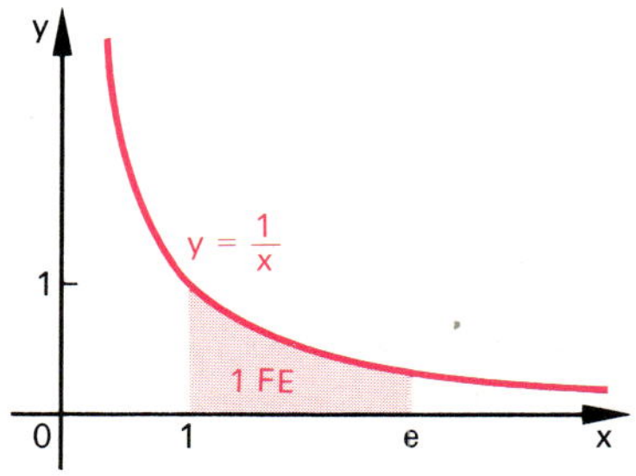

Fig. 9.4

2. Schreibe die Funktionalgleichung (3) in 9.1.1.C mit dem neuen Zeichen „ln"! Vereinfache, und berechne sodann die folgenden Termwerte! Beachte dabei, dass aus Aufgabe 2 in 9.1.1. bereits $\ln 2 \approx 0{,}7$, $\ln 3 \approx 1{,}1$ und $\ln 6 \approx 1{,}8$ bekannt sind!

a) $\ln e^2$ b) $\ln \frac{1}{e}$ c) $\ln \sqrt[3]{e}$ d) $\ln \frac{1}{\sqrt{e}}$

e) $\ln 2^3$ f) $\ln \sqrt{3}$ g) $\ln \sqrt[3]{6}$ h) $\ln (e^{\ln 2})$

9.1.3. Grenzwertdarstellung der Zahl e

A. Um eine genauere Information über die Zahl e zu erhalten, schätzen wir für $n \in \mathbb{N}$ das Integral

$$\int_1^{1+\frac{1}{n}} \frac{dt}{t} = \ln\left(1 + \frac{1}{n}\right)$$

durch das Minimum und das Maximum der Funktion

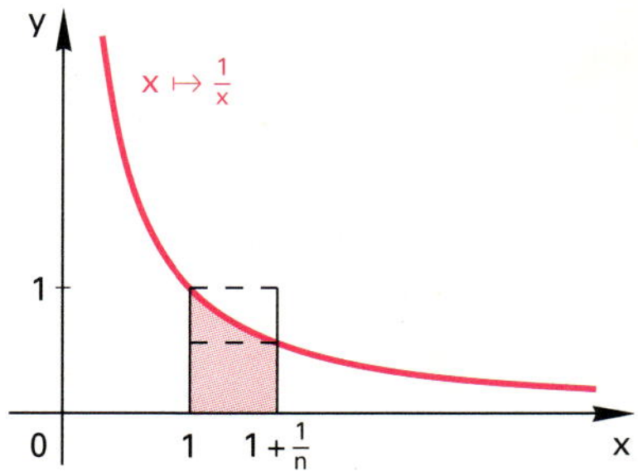

Fig. 9.5

$$x \mapsto \frac{1}{x} \quad \text{im Intervall} \quad \left[1; 1 + \frac{1}{n}\right]$$

ab. Wir erhalten gemäß Fig. 9.5 durch einfachen Flächenvergleich:

$$\frac{1}{n} \cdot \frac{1}{1 + \frac{1}{n}} < \ln\left(1 + \frac{1}{n}\right) < \frac{1}{n} \cdot 1, \quad \text{woraus folgt}$$

$$\frac{1}{n+1} < \ln\left(1 + \frac{1}{n}\right) < \frac{1}{n}$$

Multiplizieren wir diese Doppelungleichung mit n durch und beachten die Funktionalgleichung (3) in 9.1.1.C so ergibt sich:

$$\frac{n}{n+1} < \ln\left[\left(1 + \frac{1}{n}\right)^n\right] < 1$$

Lassen wir nun $n \in \mathbb{N}$ über alle Grenzen wachsen, so ist für die untere Schranke auf der linken Seite der Doppelungleichung $\lim\limits_{n \to \infty} \frac{n}{n+1} = 1$. Da die obere Schranke 1 unverändert bleibt, muss auch

$$\lim_{n \to \infty} \ln\left[\left(1 + \frac{1}{n}\right)^n\right] = 1$$

sein.

Wegen der Stetigkeit von ln ergibt sich daraus

$$\lim_{n \to \infty} \ln\left[\left(1 + \frac{1}{n}\right)^n\right] = \ln\left[\lim_{n \to \infty} \left(1 + \frac{1}{n}\right)^n\right] = 1$$

Da andererseits definitionsgemäß $\ln e = 1$ ist, müssen wegen der strengen Monotonie von ln die Argumente gleich sein; wir erhalten also

Satz 9.2:

Für die Basis e der natürlichen Logarithmusfunktion gilt:

$$e = \lim_{n \to \infty} \left(1 + \frac{1}{n}\right)^n$$

Die Berechnung der Zahl e mit dieser Grenzwertdarstellung führt erst für sehr große Werte von n auf mehrere gültige Dezimalen. Mit einem der üblichen Taschenrechner erhält man (s. Aufgabe 1):

$$e = 2{,}7182818\ldots$$

Unmittelbar mit dem Taschenrechner erhält man $e = e^1$ mit Hilfe der Tasten

[e^x] bzw. [INV] [ln x] oder [SHIFT] [ln x]

B. Eine besser konvergierende Grenzwertdarstellung, die wir hier nur erwähnen können (siehe hierzu „Ergänzungen und Ausblicke", 9.6.B.), ist

$$e = \lim_{n \to \infty} \left(1 + \frac{1}{1!} + \frac{1}{2!} + \frac{1}{3!} + \cdots + \frac{1}{n!}\right).^{1}$$

Diese Darstellung liefert bereits für $n = 12$ ohne Benutzung eines Taschenrechners die Euler'sche Zahl auf sieben Dezimalen genau (s. Aufgabe 2).

Bemerkung:
Die Zahl e ist ein unendlicher, aber kein periodischer Dezimalbruch. Sie gehört daher nicht der Menge $\mathbb{Q}$ der rationalen Zahlen an, sie ist eine irrationale Zahl. Unter diesen gibt es solche, die sich mit Hilfe von Wurzeln darstellen lassen. Für e ist dies nicht möglich. e ist (wie π) eine sogenannte *transzendente* Zahl.

Aufgaben

1. Ergänze mit Hilfe des Taschenrechners folgende Tabelle:

n	1	2	10	100	1000	10000	100000
$\left(1 + \frac{1}{n}\right)^n$	2	2,25	...	...	...	...	...

2. Ermittle für die Folge (a_ν) mit $a_\nu = \frac{1}{\nu!}$ die Teilsummenfolge

$$s_1, s_2, s_3, s_4, \ldots, s_{12} \qquad (\text{z. B. } s_4 = a_1 + a_2 + a_3 + a_4)$$

ohne Taschenrechner und stelle die Ergebnisse in einer Tabelle zusammen!

9.2. Die natürliche Logarithmusfunktion

9.2.1. Eigenschaften und Graph

A. Nach den Ergebnissen in 9.1. ist die Funktion $L: x \mapsto \ln x$ in $\mathbb{R}^+$ definiert, streng monoton zunehmend und überall stetig. Ihre Wertemenge ist $\mathbb{R}$. Das „Phantombild" von Fig. 9.2 hat bereits wichtige Anhaltspunkte für den Verlauf des Graphen G_L gegeben.

Nunmehr wollen wir über eine Wertetabelle mit Hilfe des Taschenrechners den genaueren Kurvenverlauf ermitteln.

Zur Berechnung von $\ln a$ verwendet man, je nach Rechnertyp, die Tasten

[ln x] bzw. [INV] [e^x] oder [SHIFT] [e^x]

[1] Die Schreibweise n! (lies: „n Fakultät") für natürliche Zahlen n bezeichnet das Produkt aller natürlichen Zahlen von 1 bis n: $n! = 1 \cdot 2 \cdot 3 \cdot \ldots \cdot (n-1) \cdot n$

Wertetabelle der Funktion $x \mapsto \ln x$ (Funktionswerte auf 2 Dez. gerundet):

x	1	0,5	2	10	10^2	10^3	10^4	10^5	10^6	10^7
$\ln x$	0	−0,69	0,69	2,30	4,61	6,91	9,21	11,51	13,82	16,12

Wir erkennen, dass mit zunehmenden x-Werten die Funktionswerte immer langsamer anwachsen. Dies ist verständlich, weil die Steigung $1/x$ mit wachsendem x ständig abnimmt. Dennoch streben die Funktionswerte von $x \mapsto \ln x$ über alle Grenzen und es gilt $\ln x \to \infty$ mit $x \to \infty$. (Fig. 9.6)

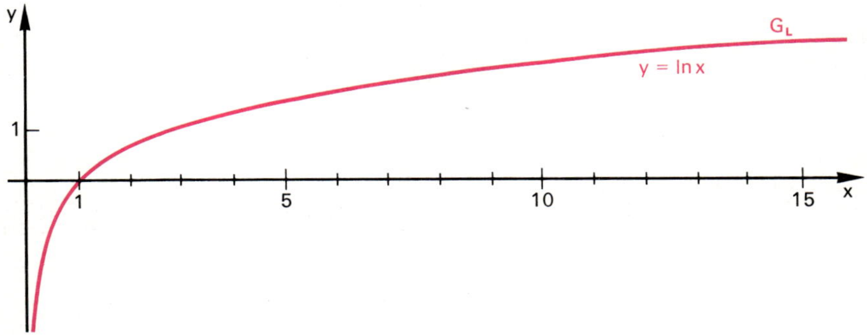

Fig. 9.6

Das unvorstellbar langsame Ansteigen des Graphen G_L der natürlichen Logarithmusfunktion veranschaulicht die folgende Überlegung: Bei einer Längeneinheit von 1 cm auf beiden Achsen hat der Graph in einer Entfernung von $4 \cdot 10^9$ cm vom Ursprung – das entspricht dem Erdumfang – erst eine Höhe von 22,1 cm über der x-Achse erreicht. Denkt man sich das Zeichenpapier als Zylindermantel um die Erdkugel gelegt, so würde der Graph eine Spirale beschreiben, die beim ersten Umlauf etwa 22 cm ansteigt. Bei einem weiteren Zylinderumlauf würde sich die Höhe nur noch um 6,9 mm vergrößern. Erst bei 10^6 Umläufen hätte der Graph eine Höhe von etwa 36 cm erreicht. Dennoch wird die Spirale jede noch so große Höhe übersteigen, denn die Gleichung $\ln x = r$ hat für jede reelle Zahl r die Lösung $x = e^r$, d.h.: $W = \mathbb{R}$. (s. auch Aufgabe 4)

B. Die Funktionalgleichungen in 9.1.1.C sind die sogenannten logarithmischen Rechengesetze für die Funktion ln, die die Berechnung von Funktionswerten erleichtern können:

$\ln(ab) = \ln a + \ln b$	$\ln \frac{a}{b} = \ln a - \ln b$	$\ln a^r = r \cdot \ln a$

$a > 0,\ b > 0,\ r \in \mathbb{R}$

Beispiele: a) $\ln \frac{123}{17} = \ln 123 - \ln 17 = 1{,}978971\ldots$

b) $\ln \sqrt[3]{13{,}556} = \ln 13{,}56^{\frac{1}{3}} = \frac{1}{3} \ln 13{,}56 = 0{,}8690414\ldots$

Aufgaben

1. Ermittle mit dem Taschenrechner auf vier Dezimalen genau:
   a) $\ln 9$ b) $\ln 10$ c) $\ln 90$ d) $\ln 433$ e) $\ln 43{,}3$
   f) $\ln 0{,}1$ g) $\ln 0{,}01$ h) $\ln 0{,}0001$ i) $\ln 10^{-6}$ k) $\ln 0{,}219$

2. Vereinfache:
   a) $\ln 2^x$ b) $\ln a^3$ c) $\ln 10^{\frac{1}{3}}$ d) $\ln \sqrt{a}$
   e) $\ln \frac{1}{x}$ (zwei Wege!) f) $\ln \frac{1}{\sqrt{e}}$

3. Gib die Lösungszahl der Gleichung auf vier Dezimalen genau an:
   a) $e^x = 2$ b) $e^x = 3{,}65$ c) $e^x = 0{,}75$ d) $e^x = \sqrt{\pi}$

4. Zeige, dass der Graph G_L in einem Koordinatensystem mit 1 LE = 1 cm auf beiden Achsen erst in einer Entfernung von rund $3 \cdot 10^{19}$ Millionen Lichtjahren vom Ursprung eine Höhe von 1 m über der x-Achse erreicht.

5. Verwandle mit Hilfe der logarithmischen Rechengesetze in eine Summe:
   a) $\ln \sqrt{x^2 - 4}$; $x > 2$ b) $\ln \sqrt{a^4 - b^4}$; $a > b$ c) $\ln \sqrt{x^2 + 3x + 2}$; $x > -1$

6. Gib den Termwert nach vorhergehender Anwendung der logarithmischen Rechengesetze an:
   a) $\ln 4 + \ln 25$ b) $\ln 80 - \ln 8$ c) $\ln 8 + \ln 125 - \ln 33\frac{1}{3}$
   d) $2 \cdot \ln 2 + \ln 17$ e) $\frac{1}{2}\ln 63 + \frac{1}{2}\ln 7$ f) $\frac{1}{3}\ln 9 - \frac{1}{3}\ln 16 - \frac{1}{3}\ln 1\frac{1}{3}$

7. Zeichne mit Hilfe von G_L die Graphen folgender Funktionen:
   a) $x \mapsto \ln(x-1)$; $x > 1$ b) $x \mapsto \ln(x+1)$; $x > -1$
   c) $x \mapsto 2 \cdot \ln x$; $x > 0$ d) $x \mapsto 3 \cdot \ln \sqrt[3]{x-2}$; $x > 2$

8. Man vergleiche die drei Funktionen
   $f\colon x \mapsto \ln x^2$, $\varphi\colon x \mapsto 2 \cdot \ln x$ sowie $\psi\colon x \mapsto 2 \cdot \ln|x|$
   in ihren maximalen Definitionsbereichen!

9.2.2. Ableitungsregel

Wie wir bereits wissen, gilt die *Ableitungsregel*

$$\boxed{L(x) = \ln x \Rightarrow L'(x) = \frac{1}{x}} \qquad (x \in \mathbb{R}^+).$$

Andere gebräuchliche Schreibweisen sind:

$$(\ln x)' = \frac{1}{x} \quad \text{oder} \quad y = \ln x \Rightarrow y' = \frac{1}{x} \quad \text{oder} \quad \frac{d}{dx}(\ln x) = \frac{1}{x}$$

Bei der Differenziation des Logarithmus ist häufig die Kettenregel anzuwenden:

Beispiele: a) $\frac{d}{dx}(\ln(1+x^2)) = \frac{2x}{1+x^2}$, gültig für $x \in \mathbb{R}$

b) $f\colon x \mapsto \ln(x \cdot \sin x)$; $x \in]0; \pi[$

$f'\colon x \mapsto \frac{\sin x + x \cdot \cos x}{x \cdot \sin x} = \frac{1}{x} + \cot x$; $x \in]0; \pi[$

Aufgaben

1. Wie groß ist der Neigungswinkel der Tangente (auf 0,1° genau) an den Graphen G_L in folgenden Kurvenpunkten:

   a) P(1; ?) b) Q(2; ?) c) R(0,5; ?) d) $S(\frac{2}{3}\sqrt{3}; ?)$

2. An welcher Stelle x_0 (auf 1 Dez. genau) ist die Tangente des Graphen G_L unter

   a) 7,4° b) 37,4° c) 51°30′ d) 68°12′

   gegen die x-Achse geneigt?

3. Für welchen Punkt P(u; v) des Graphen G_L geht die Tangente durch den Ursprung?

4. Ergänze als Definitionsmenge die maximal mögliche und bilde f′(x)!

   a) $f(x) = \ln(1+x)$ b) $f(x) = \ln(3-2x)$ c) $f(x) = \ln(x^2-5x+4)$
   d) $f(x) = \ln\sqrt{1+x}$ e) $f(x) = x \cdot \ln x$ f) $f(x) = \sqrt{x} \cdot \ln x$
   g) $f(x) = (\ln x)^2$ h) $f(x) = \sqrt{\ln x}$ i) $f(x) = \sin x \cdot \ln x$
   k) $f(x) = \frac{1}{x + \ln x}$ l) $f(x) = \frac{\ln x}{x}$ m) $f(x) = \frac{x}{\ln x}$

5. Gib die Ableitungsfunktion f′ an!

   a) $f\colon x \mapsto \ln \sin x$; $x \in]0; \pi[$ b) $f\colon x \mapsto \ln \cos 2x$; $x \in]-\frac{1}{4}\pi; \frac{1}{4}\pi[$

6. Ergänze D_{max}, skizziere G_f und bilde f′!

   a) $f\colon x \mapsto |\ln x|$ b) $f\colon x \mapsto \ln|x|$ c) $f\colon x \mapsto \ln|x+1|$
   d) $f\colon x \mapsto \ln|2x-1|$ e) $f\colon x \mapsto \ln|x^2-4|$ f) $f\colon x \mapsto \ln|\ln x|$

9.2.3. Integrationsformeln

A. Die Integraldarstellung von

$$x \mapsto \ln x = \int_1^x \frac{dt}{t}$$

zeigt, dass L eine Stammfunktion der Funktion $f\colon x \mapsto \frac{1}{x}$ ist. Daraus folgt:

$$\int_a^b \frac{dx}{x} = [\ln x]_a^b \qquad (0 < a < b)$$

Für $x < 0$ ist $\ln(-x)$ erklärt und es ist nach der Kettenregel

$$(\ln(-x))' = \frac{1}{(-x)} \cdot (-1) = \frac{1}{x}$$

Folglich gilt:

$$\int_a^b \frac{dx}{x} = [\ln(-x)]_a^b \qquad (a < b < 0)$$

Beide Integralformeln lassen sich zu einer einzigen Formel zusammenfassen:

$$\int_a^b \frac{dx}{x} = [\ln|x|]_a^b,$$

falls das Integrationsintervall den Nullpunkt nicht enthält (Fig. 9.7). Wir erhalten in der Schreibweise des unbestimmten Integrals die folgende Formel:

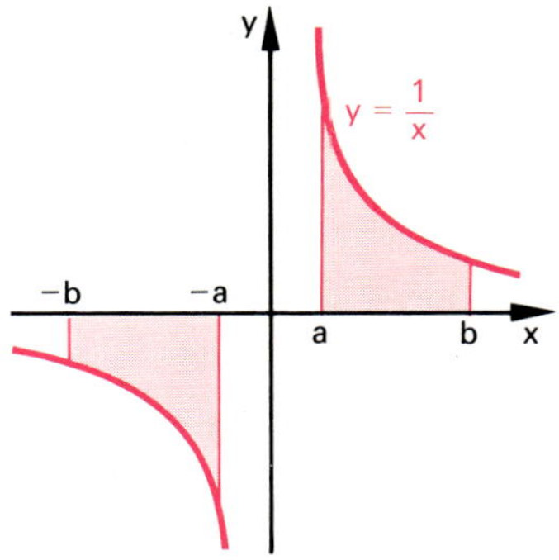

Fig. 9.7

$$\boxed{\int \frac{dx}{x} = \ln|x| + C} \qquad (1)$$

Beispiele: Für a, b ∈ $\mathbb{R}^+$, $a < b$ ist (vgl. Fig. 9.7)

$$\int_a^b \frac{dx}{x} = [\ln|x|]_a^b = \ln b - \ln a > 0,$$

$$\int_{-b}^{-a} \frac{dx}{x} = [\ln|x|]_{-b}^{-a} = \ln a - \ln b < 0.$$

$\int_{-b}^{a} \frac{dx}{x}$ ist dagegen nicht definiert.

B. Für differenzierbare Funktionen f mit $f(x) \neq 0$ erhalten wir mit der Kettenregel

für $f(x) > 0$: $[\ln f(x)]' = \frac{f'(x)}{f(x)}$,

für $f(x) < 0$: $[\ln(-f(x))]' = \frac{-f'(x)}{-f(x)} = \frac{f'(x)}{f(x)}$.

Daraus ergibt sich folgende Integralformel, die beide Fälle zusammenfasst:

$$\int_a^b \frac{f'(x)}{f(x)}\, dx = [\ln|f(x)|]_a^b,$$

falls das Integrationsintervall [a; b] keine Nullstelle der Funktion f enthält. In der Schreibweise des unbestimmten Integrals ergibt sich für differenzierbare Funktionen ohne Nullstellen:

$$\boxed{\int \frac{f'(x)}{f(x)}\, dx = \ln|f(x)| + C} \qquad (2)$$

Diese Formel findet häufig Anwendung, wenn der Integrand ein Bruch ist. In einem solchen Fall untersucht man zuerst grundsätzlich, ob der Zähler die Ableitung des Nenners ist oder ob man eventuell den Zähler durch eine einfache Umformung in die Ableitung des Nenners überführen kann.

1. Beispiel: $\int\limits_0^1 \frac{2x+3}{x^2+3x+2}\,dx$

Der Zähler ist die Ableitung des Nenners. Dieser hat zwei Nullstellen, nämlich $x_1 = -1$ und $x_2 = -2$. Beide liegen außerhalb des Integrationsintervalls. Also gilt:

$$\int\limits_0^1 \frac{2x+3}{x^2+3x+2}\,dx = [\ln|x^2+3x+2|]_0^1 = \ln 6 - \ln 2 = \ln 3$$

2. Beispiel: $\int\limits_{-1}^{\sqrt{3}} \frac{x^3}{x^4+1}\,dx$

Der Zähler ist zwar nicht die Ableitung des Nenners, lässt sich aber durch Herausziehen des Faktors $\frac{1}{4}$ vor das Integral in diese überführen. Da der Nenner keine Nullstelle hat, gilt:

$$\int\limits_{-1}^{\sqrt{3}} \frac{x^3}{x^4+1}\,dx = \frac{1}{4}\int\limits_{-1}^{\sqrt{3}} \frac{4x^3}{x^4+1}\,dx = \frac{1}{4}[\ln|x^4+1|]_{-1}^{\sqrt{3}} = \frac{1}{4}(\ln 10 - \ln 2) = \frac{1}{4}\ln 5$$

Aufgaben

1. Berechne und deute geometrisch:

a) $\int\limits_1^5 \frac{dx}{x}$ b) $\int\limits_2^5 \frac{dx}{x}$ c) $\int\limits_5^1 \frac{dx}{x}$ d) $\int\limits_{-1}^{-3} \frac{dx}{x}$ e) $\int\limits_{-5}^{-2} \frac{dx}{x}$

2. Welchen Inhalt hat das Flächenstück, das der Graph der Funktion

$$f\colon x \mapsto \frac{x+1}{x}; \quad x \in \mathbb{R}^+$$

zwischen $x = 1$ und $x = 5$ mit der x-Achse einschließt?

3. Bestimme den Funktionsterm folgender Integralfunktionen:

a) $f\colon x \mapsto \int\limits_2^x \frac{dt}{x}$ b) $f\colon x \mapsto \int\limits_{-1}^x \frac{dt}{x}$ c) $f\colon x \mapsto \int\limits_3^x \frac{t+1}{t}\,dt$

Gib jeweils den maximalen Definitionsbereich der Funktion an!

4. Bestimme für jeden Term f(x) den Definitionsbereich und gib sodann einen Stammfunktionsterm F(x) zu f(x) an!

a) $f(x) = \frac{1-x}{x}$ b) $f(x) = \frac{x^2-3x+1}{x}$ c) $f(x) = \frac{\sqrt{x}+2}{2x}$ d) $f(x) = \frac{x+\sqrt{x}}{x\sqrt{x}}$

5. Berechne den Wert der folgenden Integrale auf vier Dezimalen genau:

a) $\int\limits_{e}^{2e} \frac{dx}{x}$ b) $\int\limits_{1}^{4} \frac{1+x}{x^2}\,dx$ c) $\int\limits_{1}^{4} \frac{1+x^{-\frac{1}{2}}}{x^{\frac{1}{2}}}$

6. Gib $D_{f(x)}$ an und bestimme sodann einen Stammfunktionsterm F(x) zu f(x)!

a) $f(x) = \frac{4}{4x+3}$ b) $f(x) = \frac{2x}{x^2+1}$ c) $f(x) = \frac{2x+1}{x^2+x+1}$

d) $f(x) = \frac{x^2}{x^3-1}$ e) $f(x) = \frac{1}{5x+2}$ f) $f(x) = \frac{3x-1}{3x^2-2x+4}$

7. Berechne:

a) $\int\limits_{2}^{4} \frac{1}{4x-7}\,dx$ b) $\int\limits_{\sqrt{2}}^{3} \frac{x}{x^2-1}\,dx$ c) $\int\limits_{0}^{\pi/3} \tan x\,dx$ d) $\int\limits_{0}^{\pi/2} \frac{\sin x}{1+2\cos x}\,dx$

9.3. Die natürliche Exponentialfunktion (e-Funktion)

9.3.1. Eigenschaften und Graph

Die natürliche Exponentialfunktion $E\colon x \mapsto e^x$, auch e-Funktion genannt, haben wir als die Umkehrfunktion der natürlichen Logarithmusfunktion L kennen gelernt. Wir fassen ihre wesentlichen Eigenschaften zusammen: Die e-Funktion ist in $\mathbb{R}$ definiert, streng monoton zunehmend und überall stetig. Ihre Wertemenge ist $\mathbb{R}^+$, der Term e^x kann also insbesondere nie den Wert 0 annehmen.

Der Graph der e-Funktion entsteht durch Spiegelung des Graphen G_L der Funktion L an der Winkelhalbierenden des I. und III. Quadranten (Fig. 9.8). Er schneidet die y-Achse bei $y = 1$ und nähert sich asymptotisch der („negativen") x-Achse. Denn es gilt:

$$\lim_{x \to -\infty} e^x = 0$$

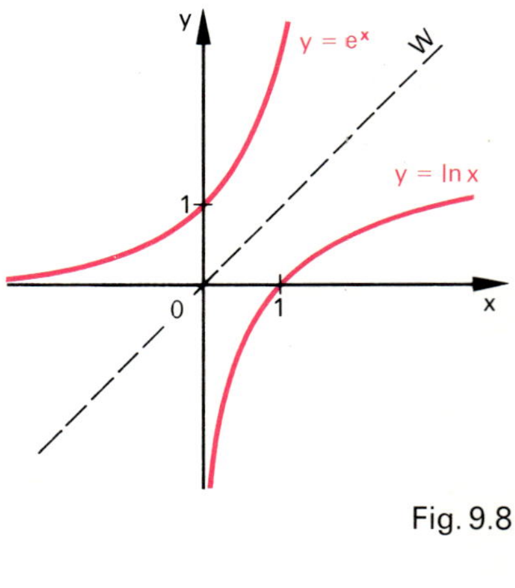

Fig. 9.8

Mit dem Taschenrechner erhält man den Funktionswert e^a mithilfe der Tasten

[eˣ] oder [INV] [ln x]

Wertetabelle der e-Funktion (mit auf zwei Dez. gerundeten Funktionswerten):

x	$-\infty \leftarrow$	-3	-2	-1	0	1	2	3	4	5	6	$\to \infty$
e^x	$0 \leftarrow$	0,05	0,14	0,37	1	2,72	7,39	20,09	54,60	148,41	403,43	$\to \infty$

Während G_L mit wachsendem x immer schwächer ansteigt, wird der Graph der e-Funktion mit größer werdendem x immer steiler (s. Aufgabe 3).

Es gelten folgende *Rechenregeln* (allgemeine Regeln der Potenzrechnung!):

$e^a \cdot e^b = e^{a+b}$	$\frac{e^a}{e^b} = e^{a-b}$	$(e^a)^b = e^{a \cdot b}$

Bemerkung:
In der Fachliteratur und in Programmiersprachen findet sich statt e^x auch die Schreibweise $\exp(x)$. Demnach bezeichnet $\exp(a)$ den Funktionswert der e-Funktion an der Stelle a.

Aufgaben

1. Bestimme mit dem Taschenrechner auf vier Dezimalen genau:
   a) e^2 b) e^{-3} c) $\exp(0{,}2)$ d) $\sqrt{e}$ e) $\sqrt[3]{e^2}$
   f) e^e g) $e^{\ln 3}$ h) $\exp \pi$ i) $\sin e$ k) $\sqrt[e]{e}$

2. Skizziere den Graphen der Funktion $f\colon x \mapsto f(x);\ x \in \mathbb{R}$!
   a) $f(x) = -e^x$ b) $f(x) = e^x + 2$ c) $f(x) = e^{x+2}$ d) $f(x) = \frac{1}{2}e^x$
   e) $f(x) = e^{-x}$ f) $f(x) = 1 + e^{-x}$ g) $f(x) = 4 - e^{-x}$ h) $f(x) = e^{2-x}$

3. Welche Höhe erreicht der Graph der Exponentialfunktion in einer Darstellung mit der Längeneinheit 1 cm auf beiden Achsen 29,5 cm links bzw. 65 cm rechts vom Nullpunkt? (Vergleiche: Klassischer Elektronenradius $1{,}41 \cdot 10^{-15}$ m; Durchmesser des Weltalls 10^{26} m)

4. Gib die Lösungszahl der Gleichung auf vier Dezimalen genau an:
   a) $\ln x = 3$ b) $\ln x = e$ c) $\ln x = -0{,}45$ d) $\ln x = \pi^{-1}$

5. Ermittle zur Funktion f die Umkehrfunktion f^{-1}! Beachte dabei die angegebene Definitionsmenge, die die Umkehrbarkeit sichert!
   a) $f\colon x \mapsto e^{-x};\ D_f = \mathbb{R}$ b) $f\colon x \mapsto e^{1+x};\ D_f = \mathbb{R}$
   c) $f\colon x \mapsto e^{3-2x};\ D_f = \mathbb{R}$ d) $f\colon x \mapsto e^{\sqrt{x}};\ D_f = \mathbb{R}_0^+$
   e) $f\colon x \mapsto \ln(2x-3);\ D_f = \{x \mid x \geqq 2\}$ f) $f\colon x \mapsto \ln\sqrt{x^2+1};\ D_f = \mathbb{R}^+$

   Muster: a) $f\colon x \mapsto e^{2x-3};\ D_f = \mathbb{R},\ W_f = \mathbb{R}^+$

   $$y = e^{2x-3} \xrightarrow{\text{Variablentausch}} x = e^{2y-3} \xrightarrow{\text{Auflösung nach y}} 2y - 3 = \ln x$$

   und damit

   $$y = \frac{1}{2}(\ln x + 3), \quad \text{also} \quad f^{-1}\colon x \mapsto \frac{1}{2}(\ln x + 3);\ D_{f^{-1}} = \mathbb{R}^+$$

   b) $f\colon x \mapsto \ln(x^2+1);\ D_f = \mathbb{R}_0^+,\ W_f = \mathbb{R}_0^+$

   $$y = \ln(x^2+1) \xrightarrow{\text{Variablentausch}} x = \ln(y^2+1) \xrightarrow{\text{Auflösung nach y}} y^2 + 1 = e^x$$

   und damit

   $$y = \sqrt{e^x - 1}, \quad \text{also} \quad f^{-1}\colon x \mapsto \sqrt{e^x - 1};\ D_{f^{-1}} = \mathbb{R}_0^+$$

6. Bestimme die Lösungsmenge in der Grundmenge $\mathbb{R}$!
   a) $e^x < 2$ b) $\exp(x) > 3$ c) $1 < e^x < 4$
   d) $e^{x^2} + 1 = 0$ e) $0{,}5 < e^{-x} < 1{,}5$ f) $x^2e^x - e^x = 0$

9.3.2. Ableitungsregel

Da E die Umkehrfunktion von L ist, also G_E aus G_L durch Spiegelung an der Winkelhalbierenden w entsteht, können wir aus der bekannten Ableitung

$$L'(x) = (\ln x)' = \frac{1}{x}, \quad x > 0$$

die Ableitung von E gewinnen.

In Fig. 9.9 ist an der Stelle x = a die Tangente an G_L mit einem Steigungsdreieck eingezeichnet. Für die Ableitung gilt dann

$$L'(a) = \frac{1}{a} = \frac{\Delta y}{\Delta x}.$$

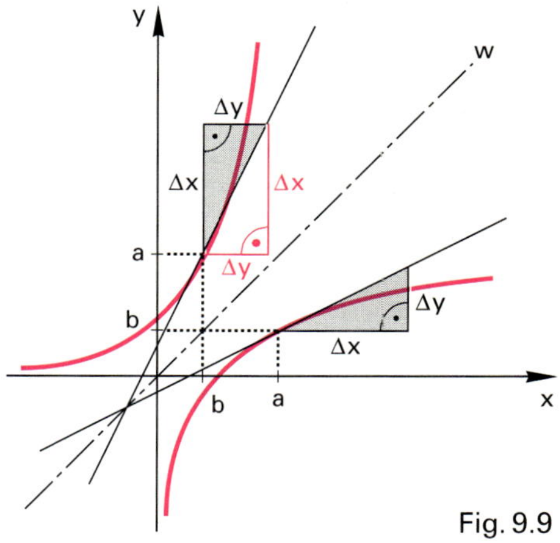

Fig. 9.9

Durch Spiegelung der Tangente und dieses Steigungsdreiecks an der Winkelhalbierenden w ergibt sich daraus für die Steigung des Graphen G_E bei x = b:

$$E'(b) = \frac{\Delta x}{\Delta y} = a.$$

Wie man Fig. 9.9 ebenfalls entnimmt, ist auch $E(b) = a$, sodass $E'(b) = E(b)$. Dies gilt wegen $W_L = D_E = \mathbb{R}$, für jedes $b \in \mathbb{R}$.

Bezeichnen wir die Elemente von D_E wie üblich mit x, so ergibt sich $E'(x) = E(x)$ für alle $x \in \mathbb{R}$, also

$$\boxed{E(x) = e^x \quad \Rightarrow \quad E'(x) = e^x} \qquad (1)$$

Die e-Funktion ist also mit ihrer Ableitungsfunktion identisch. So hat sie z. B. an der Stelle x = 0 die Ableitung $e^0 = 1$, an der Stelle x = 1 die Ableitung $e^1 = e$ usw.

Mit der ersten Ableitung stimmen auch alle höheren Ableitungen der e-Funktion mit der e-Funktion überein. Da e^x nicht null werden kann, besitzt der Graph der e-Funktion weder Extrempunkte noch Wendepunkte.

Beispiele: a) $y = x + e^x \Rightarrow y' + e^x$

b) $f(x) = x \cdot e^x \Rightarrow f'(x) = 1 \cdot e^x + x \cdot e^x = (1 + x)\,e^x$

c) $\varphi(x) = e^{x^2+3x+1} \Rightarrow \varphi'(x) = e^{x^2+3x+1} \cdot (2x + 3)$; (Kettenregel!)

d) $\frac{d}{dx}\left(e^{\sqrt{1-x}}\right) = e^{\sqrt{1-x}} \cdot \frac{1}{2\sqrt{1-x}} \cdot (-1) = -\frac{e^{\sqrt{1-x}}}{2\sqrt{1-x}}$

Aufgaben

1. Bilde die Ableitung $f'(x)$!

   a) $f(x) = e^{-x}$ b) $f(x) = e^{1-x}$ c) $f(x) = -0{,}5 \cdot e^{-2x}$ d) $f(x) = x - e^{-x}$

2. Skizziere den Graphen von $f\colon x \mapsto f(x);\ x \in \mathbb{R}$ und untersuche, ob es Stellen gibt, an denen die Funktion nicht differenzierbar ist!

   a) $f(x) = e^{|x|}$ b) $f(x) = e^{-|x|}$ c) $f(x) = |e^x - 1|$ d) $f(x) = e^{|x-1|}$

3. Berechne für G_f den Neigungswinkel der Tangente in $P \in G_f$ auf 0,01° genau $(x \in \mathbb{R})$!

   a) $f\colon x \mapsto e^{-x}$; $P(2; ?)$ b) $f\colon x \mapsto e^{x^2}$; $P(1; ?)$ c) $f\colon x \mapsto e^{-|2x|}$; $P(-1; ?)$

4. Wie heißt die n-te Ableitung von $f(x) = e^{ax}$?

5. In welchem Punkt des Graphen der Funktion $f\colon x \mapsto x + e^{-x};\ x \in \mathbb{R}$ ist die Tangente parallel zur Geraden mit der Gleichung $x - 2y + 4 = 0$?

6. Unter welchem Winkel schneiden sich die Kurven mit den Gleichungen $y = e^{2x}$ und $y = e^{-2x};\ x \in \mathbb{R}$ (auf 0,01° genau)?

7. Gib $D_{f(x)}$ sowie $f'(x)$ an!

   a) $f(x) = x \cdot e^x$ b) $f(x) = e^x \cdot \sin x$ c) $f(x) = e^x \cdot \ln x$

   d) $f(x) = \dfrac{1}{1 + e^x}$ e) $f(x) = \dfrac{e^x}{x}$ f) $f(x) = \dfrac{x}{e^x}$

   g) $f(x) = e^{x^2 + x}$ h) $f(x) = e^{\cos x}$ i) $f(x) = e^{\sqrt{x+1}}$

   k) $f(x) = (2x - 1)\,e^{-x}$ l) $f(x) = x^3 \cdot e^{\sin x}$ m) $f(x) = e^{-x} \sin 2x$

   n) $f(x) = \dfrac{e^{2x+1}}{\ln(2x + 1)}$ o) $f(x) = \dfrac{e^{\pi x}}{\sin \pi x}$ p) $f(x) = \dfrac{\sqrt{1 + x^2}}{1 + e^{-x}}$

   q) $f(x) = \ln(x^2 + e^{-x})$ r) $f(x) = \sin e^{2x}$ d) $f(x) = x\sqrt{x - e^{-x}}$

9.3.3. Integrationsformeln

A. Aus der Ableitungsregel (1) folgt nach dem HDI:

$$\int_a^b e^x\,dx = e^b - e^a \quad \text{bzw.}$$

$$\boxed{\int e^x\,dx = e^x + C}$$

Beispiel: Der Graph der e-Funktion schließt mit der x-Achse zwischen den Geraden zu $x = -1$ und $x = 1$ ein Flächenstück ein, dessen Inhalt A sich wie folgt berechnet:

$$A = \int_{-1}^{1} e^x\,dx = [e^x]_{-1}^{1} = e - \frac{1}{e} \approx 2{,}35$$

B. Gelegentlich ist eine Integrationsformel anwendbar, die auf der Umkehrung der Kettenregel beruht. Zu einer differenzierbaren Funktion f erhält man für die Funktion F mit dem Term

$$F(x) = e^{f(x)}$$

nach der Kettenregel

$$F'(x) = f'(x) \cdot e^{f(x)}.$$

Die Umkehrung dieser Rechnung führt auf die Integrationsformel

$$\boxed{\int f'(x) \cdot e^{f(x)} dx = e^{f(x)} + C} \qquad (2)$$

Beispiele: a) $\int (2x-1) \cdot e^{x^2-x} dx$

Vor e^{x^2-x} steht als Faktor die Ableitung des Exponenten. Man kann daher (2) unmittelbar anwenden:

$\int (2x-1) \cdot e^{x^2-x} dx = e^{x^2-x} + C$; Probe!

b) $\int\limits_{-2}^{\sqrt{3}} x \cdot e^{x^2} dx$

Vor e^{x^2} steht zwar nicht die Ableitung des Exponenten. Durch eine kleine Umformung können wir dies jedoch erreichen:

$$\int\limits_{-2}^{\sqrt{3}} x \cdot e^{x^2} dx = \frac{1}{2} \cdot \int\limits_{-2}^{\sqrt{3}} 2x \cdot e^{x^2} dx =$$

$$= \frac{1}{2} \cdot [e^{x^2}]_{-2}^{\sqrt{3}} = \frac{1}{2} \cdot (e^3 - e^4) \approx -17{,}26$$

c) $\int e^{-2x} dx = -\frac{1}{2} \cdot \int (-2) \cdot e^{-2x} dx = -\frac{1}{2} \cdot e^{-2x} + C$; Probe!

Aufgaben

1. Gib zu jedem Term f(x) einen Stammfunktionsterm f(x) an!

   a) $f(x) = x + e^x$ b) $f(x) = e^x + \frac{1}{x}$ c) $f(x) = e^x - \sin x$ d) $f(x) = \frac{1}{\sqrt{x}} - e^x$

2. Der Graph der e-Funktion schließt mit den beiden Achsen und dem Lot zur x-Achse im Punkt $P(\ln(1+e); 0)$ ein Flächenstück ein. Welchen Inhalt hat es? (2 Dez.)

3. Die Kurve mit der Gleichung $y = e^{|x|}$; $x \in \mathbb{R}$ und die Parabel mit der Gleichung $y = 2e - ex^2$; $x \in \mathbb{R}$ begrenzen ein Flächenstück. Berechne seinen Inhalt!

4. Welches ist der Inhalt des von den drei Kurven mit den Gleichungen

$$y = |x|, \quad y = \frac{e}{|x|} \quad \text{und} \quad y = e^{|x|}; \qquad x \in \mathbb{R}$$

begrenzten Flächenstücks?

5. Warum kann die e-Funktion nicht als Integralfunktion dargestellt werden? Wie lautet die Integraldarstellung von

a) $e^x - \frac{1}{e}$ b) $e^x - \sqrt{e}$ c) $e(e^{x-1} - 1) + \ln x^2$?

6. Berechne folgende Integralwerte:

a) $\int_0^1 2 \cdot e^{2x} dx$ b) $\int_{-1}^0 3 \cdot e^{3x+1} dx$ c) $\int_{-1}^1 2x \cdot e^{x^2} dx$ d) $\int_0^{\pi/6} \cos x \cdot e^{\sin x} dx$

e) $\int_{-1}^2 e^{-x} dx$ f) $\int_0^{0,5} e^{1-4x} dx$ g) $\int_1^4 \frac{e^{\sqrt{x}}}{\sqrt{x}}$ h) $\int_1^e \frac{e^{1+3\ln x}}{x} dx$

9.3.4. Vermischte Aufgaben zur ln- und e-Funktion

1. Bilde $f''(x)$ für

a) $f(x) = \ln x$ b) $f(x) = x^2 \ln x$ c) $f(x) = \ln \frac{x-1}{x+1}$ d) $f(x) = e^{\ln(x^2+1)}$

2. Wie lautet die n-te Ableitung des Terms $f(x) = \ln(x-1)$? Wie groß ist insbesondere der Wert der 7. Ableitung an der Stelle $x = 7$?

3. Berechne $\ddot{s}(t)$ für

a) $s(t) = e^{at}$ b) $s(t) = e^{at} \cos bt$

4. Skizziere den Graphen der Funktion $f: x \mapsto \ln(x^2+4); x \in \mathbb{R}^+$ und berechne den Neigungswinkel der Tangente im Punkt $P(2; ?)$ auf $0{,}01°$ genau!

5. In welchem Punkt des Graphen der Funktion $f: x \mapsto x \cdot \ln x;\ x \in \mathbb{R}^+$ ist die Tangente unter $63°26'$ gegen die x-Achse geneigt?

6. Unter welchem Winkel schneiden sich die Kurven mit den Gleichungen $y = \ln(x+3)$ und $y = \ln(7-x);\ x \in]-3; 7[$?

7. Bestätige:

a) $f(x) = \frac{\ln(2x+1)}{x} \Rightarrow f'(1) = -0{,}4319$ b) $f(x) = e^{\sin \pi x} \Rightarrow f''(1) = \pi^2$

8. Bestimme für den Graphen der Funktion $f: x \mapsto \frac{x}{\ln x};\ x \in \mathbb{R}^+ \setminus \{1\}$ die Extrempunkte sowie die Wendestelle und skizziere ihn!

9. Der Graph der Funktion $f: x \mapsto \frac{1}{2}x^2 - 2x + \ln x;\ x \in \mathbb{R}^+$ hat in genau einem Punkt eine waagrechte Tangente. Zeige ohne Verwendung der 2. Ableitung, dass es sich um einen Terrassenpunkt handelt, in dessen Umgebung der Graph ansteigt!

10. Die beiden Funktionen

$$\varphi\colon x \mapsto e^{-1/x};\ x \in \mathbb{R} \setminus \{0\} \quad \text{und} \quad \psi\colon x \mapsto e^{-1/x^2};\ x \in \mathbb{R} \setminus \{0\}$$

sollen miteinander verglichen werden. Man zeige, dass eine von ihnen durch eine Funktion f über die Stelle 0 stetig fortgesetzt werden kann! Skizziere die Graphen der drei Funktionen!

11. Für die Funktion f mit $f(x) = \ln|\ln x|$; $D_f = D_{f(x)}$ sind anzugeben:
   a) Der Definitionsbereich und der Wertebereich,
   b) die Nullstellen,
   c) der Winkel, unter dem der Graph die x-Achse schneidet (auf 0,01° genau),
   d) die Wendestelle.

12. Gegeben ist die Funktion f mit $f(x) = x\left(3 - \ln\frac{\sin x}{x}\right) - 2,\ x \in]-\pi; \pi[\setminus \{0\}$.
   a) Wie muss eine Funktion $\bar{f}$ definiert werden, die an der Stelle 0 stetig ist und im Übrigen mit f übereinstimmt?
   b) Bestimme die Ableitung von $\bar{f}$ an der Stelle 0!
   c) Untersuche die Ableitung an der Stelle 0 auf Stetigkeit!

13. Berechne:
   a) $\int\limits_{0,5}^{10} \frac{dx}{4x}$ b) $\int\limits_{1}^{4} \frac{1+4}{x^2}\,dx$ c) $\int\limits_{1}^{4} \frac{1 + \frac{1}{\sqrt{x}}}{\sqrt{x}}\,dx$ d) $\int\limits_{2}^{3} \frac{x - 0,5}{x^2 - x}\,dx$

14. Berechne mit Hilfe der Umkehrfunktion den Inhalt des Flächenstücks, das der Graph der Funktion $L\colon x \mapsto \ln x$ mit der x-Achse im Intervall $[1; e]$ einschließt!

15. Gegeben ist die Funktion $f\colon x \mapsto \sqrt{e^{x^2-4}}$; $D_f = [-2; 2]$.
   a) Welches Symmetrieverhalten zeigt der Graph G_f?
   b) Weise nach, dass f die Differenzialgleichung $f'(x) = x \cdot f(x)$ erfüllt!
   c) Mit Hilfe dieser Differenzialgleichung sollen die Extremwerte von f ohne Verwendung der 2. Ableitung berechnet werden.
   d) Im Intervall $[-2; 0]$ ist f umkehrbar. Warum? Wie lautet für die auf $[-2; 0]$ eingeschränkte Funktion $\bar{f}$ die Umkehrfunktion $\bar{f}^{-1}$?

16. Die Funktion $f\colon x \mapsto x^x;\ x \in \mathbb{R}^+$ lässt sich auf die Form $f\colon x \mapsto e^{g(x)};\ x \in \mathbb{R}^+$ bringen.
   a) Gib den Term $g(x)$ an!
   b) Bestimme aufgrund der gefundenen Darstellung $f'(x)$!
   c) f hat genau ein Extremum. Wo liegt es, und von welcher Art ist es?

17. Bilde $f'(x)$ mit Beachtung von Aufgabe 16!
   a) $f(x) = \sqrt[x]{x}$ b) $f(x) = x^{\sqrt{x}}$ c) $f(x) = x^{\sin x}$ d) $f(x) = x^{\ln x}$

18. Berechne $\int\limits_{a}^{b} \frac{1}{x^2 - x}\,dx$; gib an, wie a und b gewählt werden können!

   Hinweis:
   Zerlege den Integranden in eine Summe von zwei Brüchen mit den Nennern x und $(x - 1)$.

19. Gegeben ist die Funktion f: $x \mapsto \frac{1}{x \cdot \ln x}$; $D_f = D_{f(x)}$.
   a) Bestimme D_f!
   b) Zeige, dass die Funktion für $x > 1$ streng monoton abnimmt!
   c) Berechne den Flächeninhalt, den der Graph der Funktion mit der x-Achse zwischen den Ordinaten zu $x = e$ und $x = e^2$ einschließt! Beachte 9.2.3.B.!

20. Durch welchen Punkt auf der x-Achse muss die Parallele zur y-Achse gezeichnet werden, damit diese mit den Graphen der Funktionen f: $x \mapsto e^x$; $x \in \mathbb{R}$ und φ: $x \mapsto e^{-x}$; $x \in \mathbb{R}$ ein Flächenstück vom Inhalt 4 einschließt $(x > 0)$?

21. Für welche zum Ursprung symmetrischen x-Werte a und $-a$ schließt der Graph der e-Funktion im Intervall $[-a; a]$ mit der x-Achse ein Flächenstück vom Inhalt k FE ein $(k > 0)$? Welchen Wert hat a, wenn speziell $k = 4$ gewählt wird?
Hinweis: Setze nach der Integration $u = e^a$. Man erhält eine quadratische Gleichung mit der Variablen u, die für jedes $k > 0$ genau eine Lösung für a ergibt. Wieso?

22. Gegeben ist die in $\mathbb{R}$ definierte Funktion f mit der Gleichung
$$y = \frac{1}{2}(e^x - e^{-x}).$$
   a) Bestimme mit Hilfe einer Monotonieuntersuchung die Nullstellen und die Wertemenge von f!
   b) Warum ist der Graph punktsymmetrisch zum Ursprung? Skizziere ihn im Bereich $[-2{,}5;\ 2{,}5]$!
   c) Zeige, dass das Flächenstück zwischen dem Graphen, den beiden Achsen und der Geraden zu $x_0 = \ln(2 + \sqrt{3})$ einen rationalen Inhalt hat!

23. Die Kettenlinie
Eine zwischen den Punkten $P(-6;\ 9{,}4)$ und $Q(6;\ 9{,}4)$ frei herabhängend gedachte Kette hat mit guter Näherung die Gleichung
$$y = 2\left(e^{\frac{1}{4}x} + e^{-\frac{1}{4}x}\right).$$
   a) Zeichne die Kettenlinie im Bereich $[-6;\ 6]$! 1 LE = 1 cm
   b) Im Punkt $R(x_0;\ y_0)$ der Kurve wird die Normale gezeichnet. Sie schneidet die x-Achse im Punkt N. Zeige: $\overline{RN} = \frac{1}{4}y_0^2$
   c) Welchen Inhalt hat das Flächenstück zwischen der Kettenlinie, der x-Achse und den Geraden zu $x = -4$ und $x = 4$ (2 Dez.)?

24. Gegeben ist die Funktion f: $x \mapsto x \cdot e^{1-x}$; $D_f = D_{f(x)}$.
   a) Bestimme D_f, die Nullstellen von f, die Koordinaten und die Art der Extrempunkte sowie die Wendestellen des Graphen! Zeichne den Graphen mit Benutzung dieser Ergebnisse im Bereich $[-1;\ 5]$!
   b) Zeige: F: $x \mapsto -e^{1-x}(1 + x)$ ist eine Stammfunktion von f.
   c) Der Graph G_f, die positive x-Achse und die Parallele zur y-Achse im Abstand $s > 0$ schließen ein Flächenstück ein. Berechne den Inhalt A(s) dieses Flächenstücks!
   d) Berechne den Grenzwert $\lim\limits_{s \to \infty} A(s)$ und deute ihn geometrisch!

25. Zu untersuchen ist die für $x > 0$ definierte Funktionenschar

$$f_a\colon x \mapsto f_a(x) = (\ln x - 2a)\ln x$$

a) Welches Verhalten zeigen die Graphen G_{f_a} dieser Funktionen für $x \to \infty$?

b) Zeige, dass zwei verschiedene Scharkurven genau den Punkt $S(1; 0)$ gemeinsam haben!

c) Man berechne in Abhängigkeit von a die Nullstellen, den Extremwert und den Wendepunkt der Scharkurve G_{f_a}.

d) Die Menge der Extrempunkte aller Scharkurven G_f bildet die Kurve *H*, die Menge der Wendepunkte die Kurve *W*. Zeige, dass *H* aus G_{f_0} und *W* aus G_{f_1} durch Spiegelung an der x-Achse hervorgehen!

e) Skizziere unter Verwendung der bisherigen Ergebnisse die Graphen G_{f_0}, G_{f_1}, *H* und *W*! (Querformat, 1 LE = 2 cm)

f) Die Funktion f_0 für $a = 0$ ist in $]0; 1]$ umkehrbar. Warum? Wie lautet für die auf $]0; 1]$ eingeschränkte Funktion $\bar{f}_0$ der Term $\bar{f}_0^{-1}(x)$ der Umkehrfunktion?

26. Betrachtet wird die Funktion

$$f\colon x \mapsto f(x) = x^2 \ln x; \quad x \in \mathbb{R}^+.$$

a) Bestimme die Nullstellen, Extrempunkte und Wendepunkte des Graphen G_f sowie sein Verhalten für $x \mapsto \infty$!

b) Bestätige die Ungleichung $\frac{1}{x}(x-1) < \ln x < 0$ für $0 < x < 1$ durch eine Flächenbetrachtung und zeige dann mit ihrer Hilfe, dass $\lim\limits_{x \to \infty} x^2 \ln x = 0$.

c) Skizziere den Graphen G_f im Bereich $]0; 1{,}5]$! 1 LE = 10 cm.

d) Differenziere den Term $g(x) = x^3 \ln x$ und gewinne hieraus einen Term für die Integralfunktion

$$F\colon x \mapsto F(x) = \int_1^x t^2 \ln t\,dt \quad \text{mit} \quad x \in \mathbb{R}^+$$

e) Was ergibt sich für $\lim\limits_{x \to 0} F(x)$, und wie lässt sich das Ergebnis geometrisch am Graphen G_f (vgl. Teilaufgabe c) interpretieren?

27. Gegeben ist die Schar der Funktionen

$$f_a\colon x \mapsto f_a(x) = \frac{e^x}{x-a}$$

mit $a \in \mathbb{R}$ als Parameter und $x \in D_{max}$. Der zugehörige Graph heißt G_{f_a}.

a) Bestimme D_{max} sowie das Verhalten von f_a bei Annäherung an die Definitionslücke! Zeige, dass sich zwei verschiedene Graphen der Schar nirgends schneiden!

Hinweis: $\lim\limits_{x \to \infty} \frac{x}{e^x} = 0$ darf als bekannt vorausgesetzt werden.

b) Berechne die Koordinaten der Extrempunkte von G_{f_a}! Auf welcher Kurve (Gleichung!) liegen alle Extrempunkte der Schar?

c) Skizziere den Graphen G_{f_0} der zu $a = 0$ gehörigen Funktion f_0 im Bereich $[-4; 3]$!

d) Weise nach, dass G_{f_0} keinen Wendepunkt haben kann!

9.4. Die allgemeine Logarithmus- und Exponentialfunktion

9.4.1. Begriffe

A. Wir gelangen zu einer Verallgemeinerung der natürlichen Logarithmus- und Exponentialfunktion, wenn wir die spezielle Basis e durch eine beliebige, positive und von 1 verschiedene Basis a ersetzen. Dann ergibt sich die allgemeine Exponentialfunktion

$$E_a\colon x \mapsto a^x; \quad x \in \mathbb{R}$$

und als deren Umkehrfunktion die allgemeine Logarithmusfunktion

$$L_a\colon x \mapsto \log_a x; \quad x \in \mathbb{R}^+$$

(gelesen: „Logarithmus von x zur Basis a").

Zusammenhänge zwischen beiden Funktionen zeigt folgende Übersicht:
$(a > 0,\ a \neq 1)$

$E_a\colon x \mapsto a^x$	$L_a\colon x \mapsto \log_a x$
$E_a = L_a^{-1}$	$L_a = E_a^{-1}$
$D_{E_a} = \mathbb{R};\quad W_{E_a} = \mathbb{R}^+$	$D_{L_a} = \mathbb{R}^+;\quad W_{L_a} = \mathbb{R}$
$a^0 = 1;\quad a^1 = a$	$\log_a 1 = 0;\quad \log_a a = 1$
$a^x = y \Leftrightarrow x = \log_a y$	$\log_a x = y \Leftrightarrow x = a^y$

Aus der letzten Zeile der ersten Spalte folgt die Definitionsgleichung des allgemeinen Logarithmus:

Definition 9.2:

Es sei $r > 0$ und $a \neq 1$. Dann bedeutet das Zeichen $\log_a r$ diejenige reelle Zahl, mit der man a potenzieren muss, um r zu erhalten.
In Zeichen: $a^{\log_a r} = r$ bzw. die Umkehrung: $\log_a a^r = r$

Beachte: $\boxed{\log_a a = 1}$ und $\boxed{\log_a 1 = 0}$

(weil $a^1 = a$ und $a^0 = 1$ ist.)

Beispiele:
a) $\log_3 81 = 4$ weil $3^4 = 81$
b) $\log_{10} 100 = 2$ weil $10^2 = 100$
c) $\log_{10} 0{,}01 = -2$ weil $10^{-2} = 0{,}01$
d) $\log_2 32 = 5$ weil $2^5 = 32$
e) $\log_e 2 = \ln 2 = 0{,}693147\ldots$

B. Setzen wir in der Beziehung $e^{\ln y} = y$ für y jeweils a^x, so folgt

$$a^x = e^{\ln a^x}$$

und mit dem 3. logarithmischen Rechengesetz:

$$\boxed{a^x = e^{x \cdot \ln a}}$$

C. Um den Zusammenhang zwischen natürlichem und allgemeinem Logarithmus festzustellen, bilden wir von beiden Seiten der Gleichung

$$a^{\log_a x} = x$$

den natürlichen Logarithmus. Wegen der Umkehrbarkeit der Logarithmusfunktion ist das eine Äquivalenzumformung dieser Gleichung:

$$\ln (a^{\log_a x}) = \ln x$$

Daraus folgt nach 9.2.1.B:

$$\log_a x \cdot \ln a = \ln x$$

und hieraus

$$\boxed{\log_a x = \frac{\ln x}{\ln a}} \qquad (a > 0,\ a \neq 1). \qquad (*)$$

Diese Gleichung ermöglicht die Berechnung allgemeiner Logarithmen mit dem Taschenrechner.

Beispiel: $\log_3 10 = \frac{\ln 10}{\ln 3} = 2{,}0959\ldots$

Kontrolle mit der Potenztaste des Taschenrechners:

$3^{2{,}0959\cdots} = 10$

Mit (*) lassen sich die Rechengesetze für natürliche leicht auf die allgemeinen Logarithmen übertragen (Aufgabe 5). Es ergeben sich die (schon aus der Algebra bekannten) logarithmischen Rechengesetze:

$$\log_a (x \cdot y) = \log_a x + \log_a y$$

$$\log_a \frac{x}{y} = \log_a x - \log_a y$$

$$\log_a x^r = r \cdot \log_a x \qquad x > 0,\ y > 0,\ r \in \mathbb{R}$$

Bemerkungen:

1. Wegen dieser Gesetze spielten die Logarithmen zur Basis 10, auch Briggs'sche[1] oder dekadische Logarithmen genannt, früher eine wichtige Rolle beim praktischen Rechnen. So kann beispielsweise nach dem ersten Gesetz eine Multiplikation durch eine Addition ersetzt werden: Einer sehr genauen Wertetabelle der Logarithmusfunktion, der sogenannten Logarithmentafel, entnimmt man zunächst die Logarithmen der Faktoren x und y; man addiert diese Logarithmen und erhält damit den Logarithmus des Produktwertes $x \cdot y$; den zugehörigen Produktwert ermittelt man wieder aus der Logarithmentafel. (Wie wird man logarithmisch dividieren, potenzieren?)
   Auch das Rechnen mit Rechenstäben beruht auf diesen Gesetzen. Durch Taschenrechner und Computer haben die Logarithmentafeln und Rechenstäbe als Rechenhilfe heute keine Bedeutung mehr.
2. Statt $\log_{10} a$ schreibt man meist kurz $\log a$ oder $\lg a$. Auf Taschenrechnern kann der „Zehnerlogarithmus" oft unmittelbar durch Drücken der Taste „log" ermittelt werden.

Beispiel: $\log_{10} 5 = \lg 5 = \log 5 = 0{,}69897\ldots$

Aufgaben

1. Berechne:
   a) $\log_3 29$ b) $\log_5 131$ c) $\lg 791$ d) $\lg 0{,}318$ e) $\lg 3{,}18$ f) $\lg 318$
2. Wie lautet die Wertemenge der Funktion
   a) $f\colon x \mapsto \log_4 x;\quad x \in [2; 4]$ b) $f\colon x \mapsto \log_{1/4} x;\quad x \in [2; 4]$?
3. Jede Gleichung wird von genau einer reellen Zahl erfüllt. Wie heißt sie?
   a) $2{,}5^x = 20$ b) $1{,}5^x = 0{,}03$ c) $2^{x+3} = 111$ d) $2^{3x} = 3$
4. Gib die Lösungsmenge in der Grundmenge $\mathbb{R}$ an:
   a) $2 < 2^x < 3$ b) $1{,}5 < 4^x < 8$
5. Zeige die Gültigkeit der drei logarithmischen Rechengesetze für die allgemeine Logarithmusfunktion!

9.4.2. Ableitungsregeln und Graphen

Aus 9.4.1.B und C ergeben sich die Ableitungsregeln für die allgemeine Exponential- und Logarithmusfunktion (vgl. Aufgabe 3):

$$f(x) = a^x \quad \Rightarrow \quad f'(x) = \ln a \cdot a^x$$
$$f(x) = \log_a x \quad \Rightarrow \quad f'(x) = \frac{1}{x \cdot \ln a}$$

[1] Henry Briggs (1561–1630) führte die dekadischen Logarithmen als Rechenhilfe ein.

In Figur 9.10 und 9.11 sind die Graphen einiger Exponential- und Logarithmusfunktionen dargestellt (s. Aufgabe 4). Vergleiche!

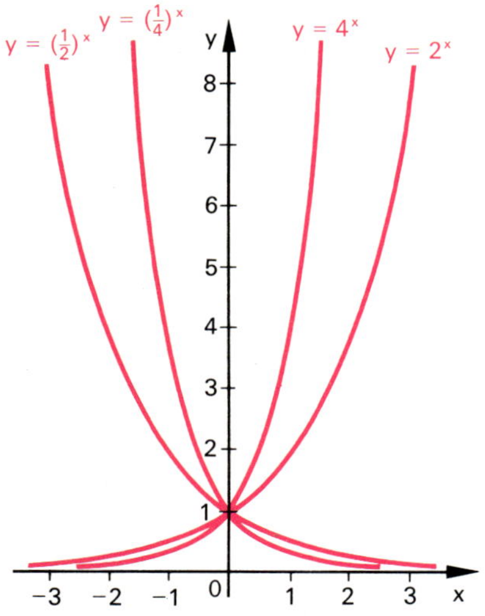

Fig. 9.10

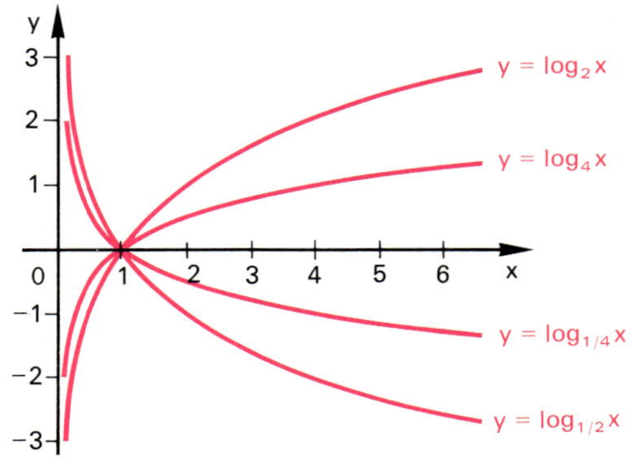

Fig. 9.11

Aufgaben

1. Bilde die Ableitung:

   a) $f(x) = a^{3x+2}$ b) $f(x) = a^{x^2}$ c) $f(x) = 2^x \sin x$ d) $f(x) = \sqrt{10^x}$

   e) $f(x) = \log_3 x$ f) $f(x) = \log(x^2+1)$ g) $f(x) = \lg\sqrt{2x+1}$ h) $f(x) = x \cdot \log_a x$

2. Unter welchem spitzen Winkel schneidet der Graph von $f\colon x \mapsto \log_4 x;\ x \in \mathbb{R}^+$ die x-Achse?

3. Bilde mit Hilfe der Gleichungen

   a) $a^x = e^{x \ln a}$ b) $\log_a x = \dfrac{\ln x}{\ln a}$

   die Ableitung der allgemeinen Logarithmus- bzw. Exponentialfunktion!

4. Untersuche mit Hilfe der Ableitungen das Monotonieverhalten der allgemeinen Logarithmus- bzw. Exponentialfunktion!

5. In welchem Punkt des Graphen der Zehnerlogarithmusfunktion $x \mapsto \lg x$ ist die Tangente parallel zur Winkelhalbierenden des I. Quadranten?

6. An welcher Stelle ist die Tangente an den Graphen der Funktion $x \mapsto 2^x$ unter dem Winkel 54,2° gegen die x-Achse geneigt?

7. Bestätige die Integrationsregel:

$$\int a^x\,dx = \frac{a^x}{\ln a} + C$$

8. Berechne folgende Integrale auf 2 Dezimalen genau (vgl. Aufgabe 7):

a) $\int_0^1 (1 + 2^x)\,dx$ b) $\int_0^3 (e^{-x} + 4^{-x})\,dx$

9. Zeige: Das Flächenstück zwischen den Exponentialkurven mit den Gleichungen $y = 2^x$, $y = (\frac{1}{2})^x$ und der Parallelen zur y-Achse im Abstand 1 hat den Inhalt $A = \frac{1}{2 \cdot \ln 2}$.

10. Berechne das Integral $\int_0^s (\frac{1}{2})^x dx = A(s)$ (vgl. Aufgabe 7) und zeige, dass $\lim_{s \to \infty} A(s)$ existiert! Wie lässt sich der Grenzwert geometrisch interpretieren?

9.5. Die Exponentialfunktion in Physik und Biologie

Wir wollen im Folgenden zeigen, dass die Exponentialfunktion zur Basis e bei der mathematischen Beschreibung vieler Naturvorgänge und ihrer technischen Anwendung eine wichtige Rolle spielt. Dabei handelt es sich allemal um Wachstums- bzw. Zerfallsprozesse, die durch stetige Funktionen beschrieben werden können. Wir betrachten dazu einige charakteristische Beispiele.

9.5.1. Energieaustausch bei Abkühlung und Erwärmung

Das schon in 2.1.1. erwähnte Newton'sche Abkühlungsgesetz besagt: Die momentane Abkühlungsgeschwindigkeit (Änderung des Temperaturunterschieds in der Zeiteinheit) ist dem jeweiligen Temperaturunterschied proportional. Dabei wird vorausgesetzt, dass der Temperaturunterschied $|T_1 - T_2|$ eines Körpers (Anfangstemperatur T_1) zur Umgebung (Temperatur T_2) nicht zu groß ist und die Temperatur der Umgebung beim Wärmeaustausch konstant bleibt.

Offensichtlich ist der momentane Temperaturunterschied $|T - T_2|$ zur Zeit t eine Funktion von t. Wir schreiben: $|T - T_2| = f(t)$. Das Newton'sche Gesetz erhält dann mit k als Proportionalitätsfaktor folgende mathematische Fassung:

$$\lim_{\Delta t \to 0} \frac{\Delta f(t)}{\Delta t} = k \cdot f(t) \quad \text{oder} \quad \boxed{f'(t) = k \cdot f(t)} \qquad (1)$$

Die Gleichung (1) ist eine sogenannte *Differenzialgleichung* der Funktion f. Allgemein stellen Differenzialgleichungen einen Zusammenhang zwischen einer Funktion und ihren Ableitungen her. Sie spielen unter anderem in der Physik zur mathematischen Beschreibung von Naturgesetzen eine bedeutende Rolle.

Da in unserem Beispiel $f(t) \geqq 0$ und der Temperaturunterschied f(t) beim Wärmeaustausch ständig abnimmt, gilt $f'(t) < 0$ und damit $k < 0$.

Bei der Suche nach Funktionen f, die die Gleichung (1) erfüllen, stoßen wir bei $k = 1$ auf $f(t) = e^t$ (vgl. 9.3.2.). Für beliebiges k ergibt sich $f(t) = e^{kt}$ oder noch allgemeiner

$$f(t) = A \cdot e^{kt}, \qquad (2)$$

denn $f'(t) = A \cdot e^{kt} \cdot k = k \cdot f(t)$.

Man kann nun die Frage stellen, ob es noch andere Funktionen g gibt, die die Differenzialgleichung (1) erfüllen und *nicht* auf die Form (2) gebracht werden können. Wäre dies der Fall, so müsste für g gelten:

$$g'(t) = k \cdot g(t)$$

Wir betrachten dazu die Quotientenfunktion

$$q(t) = \frac{g(t)}{f(t)} = g(t) \cdot \frac{1}{A} \cdot e^{-kt}.$$

Für sie gilt:

$$q'(t) = g'(t) \cdot \frac{1}{A} \cdot e^{-kt} + g(t) \cdot \frac{(-k)}{A} \cdot e^{-kt}$$

$$= k \cdot g(t) \cdot \frac{1}{A} \cdot e^{-kt} - k \cdot g(t) \cdot \frac{1}{A} \cdot e^{-kt} = 0$$

Daraus folgt:

$$q(t) = C \quad \text{oder} \quad g(t) = C \cdot f(t) = C \cdot A \cdot e^{kt}.$$

g (t) kann also auch auf die Form (2) gebracht werden.

Damit hat die den Wärmeaustausch bei Abkühlung bzw. Erwärmung beschreibende Funktion f allgemein den Term $A \cdot e^{kt}$. Zur Bestimmung von A beachten wir, dass zu Beginn der Zeitmessung, also für $t = 0$, gilt:

$$f(0) = |T_1 - T_2| = A \cdot e^{k \cdot 0} = A$$

Daraus folgt schließlich:

$$f(t) = \begin{cases} (T_1 - T_2) \cdot e^{kt}, & \text{falls } T_1 > T_2 \quad \text{(Abkühlung)} \\ (T_2 - T_1) \cdot e^{kt}, & \text{falls } T_1 < T_2 \quad \text{(Erwärmung)} \end{cases} \qquad (3)$$

Um beispielsweise die Zeit zu berechnen, die nötig ist, um einen Temperaturunterschied von nurmehr 0,1 K zu erhalten, errechnet man aus (3)

$$0{,}1\,K = |T_1 - T_2| \cdot e^{kt} \quad \Rightarrow \quad e^{kt} = \frac{0{,}1\,K}{|T_1 - T_2|}$$

Daraus folgt

$$t = \frac{1}{k} \cdot \ln \frac{0{,}1\,K}{|T_1 - T_2|}$$

Da der anfängliche Temperaturunterschied $|T_1 - T_2|$ als Argument der ln-Funktion auftritt, hängt die Wärmeausgleichszeit bei größeren Temperaturunterschieden im Wesentlichen nur von der Größe der Konstanten k ab. Theoretisch kommt der vollständige Wärmeausgleich in endlicher Zeit nie zum Abschluss.

9.5.2. Das allgemeine Wachstumsgesetz

In der Natur mit ihren kontinuierlichen Wachstumsprozessen tragen zum momentanen Wachstum alle bereits vorhandenen Zellen durch Zellteilung bei. Sofern keine anderen Umstände das stetige Wachstum beeinflussen, ist demnach die momentane Wachstumsgeschwindigkeit eines Organismus der jeweils schon vorhandenen Substanzmenge proportional. Dies gilt für das Wachstum von Pflanzen ebenso wie für das Wachstum einer Bakterienkultur und näherungsweise auch für das Bevölkerungswachstum *unter gleichbleibenden Bedingungen*.

y beschreibe jetzt eine Größe, die einem stetigen Wachstumsprozess unterworfen ist. Weil y von der Zeit t abhängt, schreiben wir $y = f(t)$. Dann ergibt sich als

Größenänderung im Zeitintervall Δt: $\Delta y = f(t + \Delta t) - f(t)$

mittlere Wachstumsgeschwindigkeit im Zeitintervall Δt: $\frac{\Delta y}{\Delta t} = \frac{f(t + \Delta t) - f(t)}{\Delta t}$

momentane Wachstumsgeschwindigkeit im Zeitpunkt t: $\lim\limits_{\Delta t \to 0} \frac{\Delta y}{\Delta t} = f'(t)$

Nach dem oben Gesagten erhält man also wiederum die Differenzialgleichung (1):

$$f'(t) = k \cdot f(t)$$

Die Wachstumsfunktion hat demnach stets die Form (2):

$$y = f(t) = A \cdot e^{kt}$$

Der „Wachstumsfaktor" k ist positiv wegen $f(t) > 0$ und $f'(t) > 0$.

Hat die stetig wachsende Größe y zu Beginn der Zeitmessung, also für $t = 0$, den Wert y_0, so gilt offensichtlich:

$$y_0 = f(0) = A \cdot e^{k \cdot 0} = A \quad \text{also} \quad y = f(t) = y_0 \cdot e^{kt} \tag{4}$$

9.5.3. Das allgemeine Zerfallsgesetz

Nimmt eine Substanzmenge durch Zerfall stetig ab und ist die momentane Zerfallsgeschwindigikeit (Menge der pro Zeiteinheit zerfallenden Substanz) der jeweils vorhandenen Menge proportional, so ändert sich an den Überlegungen grundsätzlich nichts. Ist y die stetig abnehmende Größe, so gilt mit $y = f(t)$ wiederum die Differenzialgleichung (1):

$$f'(t) = k \cdot f(t)$$

Wegen $f(t) > 0$ und $f'(t) < 0$ ist nun aber $k < 0$. Damit ergibt sich für die Zerfallsfunktion analog:

$$y = f(t) = y_0 \cdot e^{kt} \tag{4'}$$

Dieser Sachverhalt liegt beim radioaktiven Zerfall, aber auch (vgl. 9.5.1.) beim „Zerfall" des Temperaturunterschieds zwischen einem Körper und seiner Umgebung vor. Beide Vorgänge lassen sich daher durch gleichartige Funktionen beschreiben.

9.5.4. Radioaktiver Zerfall und Halbwertszeit

A. Die Gleichung des Zerfalls

Radioaktive Stoffe sind instabil. Sie zerfallen unter fortgesetzter Energieabgabe in eine Kette von selbst wieder instabilen Stoffen, an deren Ende stabile Stoffe stehen. Nach Rutherford[1] ist die in der Zeiteinheit zerfallende Zahl von Atomen der zur Zeit t vorhandenen Zahl N (t) von Atomen proportional, sodass gilt:

$$\dot{N}(t) = -\lambda N(t) \qquad (\lambda > 0)$$

Dies ist die *Differenzialgleichung des radioaktiven Zerfalls* mit λ als Zerfallskonstante. Nach 9.5.3. lautet die Lösung dieser Gleichung

$$\boxed{N(t) = N_0 e^{-\lambda t}}$$

wobei N_0 die zum Zeitpunkt $t = 0$ vorhandene Zahl von Atomen bezeichnet.

B. Die Halbwertszeit

Eine wichtige Rolle bei der Beschreibung des radioaktiven Zerfalls spielt die sogenannte *Halbwertszeit*. Das ist die Zeit, in der die Hälfte der ursprünglich vorhandenen Stoffmenge zerfallen ist. Bezeichnen wir sie mit T, so gilt die Gleichung

$$\tfrac{1}{2} N_0 = N_0 e^{-\lambda T},$$

woraus für T folgt:

$$\boxed{T = \frac{\ln 2}{\lambda}}$$

Die Halbwertszeiten der verschiedenen radioaktiven Stoffe variieren zwischen 10^{-7} Sekunden und $5 \cdot 10^{14}$ Jahren. Jede Kernart hat ihre charakteristische Halbwertszeit. Diese kann daher zur Identifizierung der radioaktiven Stoffart dienen.

9.5.5. Zusammenfassung

Die hier betrachteten Anwendungen der Exponentialfunktion betreffen allemal Größenänderungen, die man als stetig betrachten kann und deren Änderungsgeschwindigkeit der momentanen Größe proportional ist. Wir sprechen von Wachstums- bzw. Zerfallsprozessen, je nachdem, ob die Größe kontinuierlich zu- oder abnimmt. Sie sind durch die Differenzialgleichung $y' = k \cdot y$ charakterisiert.

[1] Ernest Rutherford, 1871–1937, englischer Physiker, Nobelpreis für Chemie 1908.

Allgemein gilt:

Wachstum: $k > 0$	$\left.\right\}$	$y' = k \cdot y \quad \Rightarrow \quad y = y_0 \cdot e^{kt}$
Zerfall: $k < 0$		

Beispiel: Eine Bakterienkultur enthielt zu Beginn des Aufgusses um 8 Uhr 2200, um 12 Uhr 23300 Individuen. Stelle die Wachstumsfunktion auf und bestimme den Baktierienbestand um 9, 10, 11 und 11.30 Uhr!
Welche Individuenzahl ist um 13 Uhr zu erwarten?

Lösung: $y_0 = 2200; \quad y = 2200 \cdot e^{kt}$

Rechnen wir mit der Zeiteinheit 1 h, so gilt für t = 4 h:

$y_4 = 23300 = 2200 \cdot e^{k \cdot 4h}$, also $k = \frac{1}{4h} \cdot \ln\frac{233}{22} \approx 0{,}59\,\frac{1}{h}$

Wir erhalten folgende Tabelle mit gerundeten Werten:

Zeit	9 Uhr	10 Uhr	11 Uhr	11.30 Uhr	13 Uhr
Bestand	3970	7160	12920	17350	42030

Aufgaben

1. Ein Körper hat eine Anfangstemperatur von 35°, seine Umgebung eine Temperatur von 15°. Nach 20 Sekunden hat sich der Körper um 12° abgekühlt.
   a) Berechne den Proportionalitätsfaktor k im Exponenten der Abkühlungsfunktion!
   b) Wie lautet die Gleichung der Abkühlungsfunktion?
   c) Nach welcher Zeit beträgt die Körpertemperatur nur noch 15,1°?

2. Ein Fieberthermometer habe eine Temperatur von 20°. Nach 1 Minute liest man 28,8° ab. Wie lange muss der Meßvorgang dauern, damit bei einer Fiebertemperatur von
   a) 38°, b) 39,5°
   das Thermometer auf 0,1° genau anzeigt?

3. Ein stetiger Wachstumsvorgang gehorche der Differenzialgleichung
   $$\dot{y} = 0{,}02 \cdot y$$
   Zum Zeitpunkt t = 0 war die Anzahl der Individuen 3000. Wie groß ist ihre Zahl t = 50 Zeiteinheiten später?

4. Ein stetiger Wachstumsvorgang vollzieht sich mit dem Wachstumsfaktor k = 0,04. Nach t = 1000 Zeiteinheiten waren 8200 Mengeneinheiten vorhanden. Wie groß war der Anfangsbestand?

5. Nach einer Bevölkerungsschätzung der Vereinten Nationen erhält man folgende Tabelle für das Bevölkerungswachstum einiger ausgewählter Länder (in Tausend; Quelle: Statistisches Jahrbuch 1994):

Land	1950	1960	1970	1980	1990	2000	2010
Ägypten	20330	25922	33053	40875	52426	64810	77681
Niederlande	10114	11480	13032	14144	14943	16073	17001
Sudan	9190	11165	13859	18681	25203	33166	43045
Türkei	20809	27509	35321	44438	55991	68165	78953

a) Lässt sich die Bevölkerungsentwicklung näherungsweise durch das allgemeine Wachstumsgesetz beschreiben? Welchen Wachstumsfaktor (bezogen auf ein Jahr) erhält man für die angegebenen Länder?

b) Welche Bevölkerungszahlen sind für das Jahr 2020 zu erwarten?

c) Wie sind längerfristige Prognosen (über das Jahr 2020 hinaus) zu bewerten? Diskutiere über die möglichen Gründe für die Unterschiede bei den Wachstumsfaktoren der verschiedenen Länder.

6. Ein Kapital K_0 wird zum Jahresbeginn mit einem Zinssatz von p% fest angelegt. Am Jahresende werden jeweils die angefallenen Zinsen zum Kapital geschlagen und von da an mitverzinst.

   a) Welches Kapital K(t) ist nach n Jahren erreicht? (Zeiteinheit: 1 Jahr)

   b) Welchen Wachstumsfaktor k müsste man bei einem angenommenen kontinuierlichen Wachstum zu Grunde legen, damit jeweils am Jahresende die Ergebnisse übereinstimmen? Vergleiche z. B. bei einem Zinssatz von 5%!

7. Das Nuklid $^{210}_{84}Po$ hat eine Halbwertszeit von 138,5 Tagen. Stelle das Zerfallsgesetz auf und gib an, wie viel Prozent (1 Dez.) der ursprünglich vorhandenen Atome in den nach Ablauf der Halbwertszeit sich anschließenden nächsten 10 Tagen zerfallen![1]

8. Für das Nuklid $^{214}_{83}Bi$ ist die Halbwertszeit $T = 19{,}7$ min. Stelle das Zerfallsgesetz auf und gib die Zeit an, in der die Aktivität auf 10% des Anfangswertes abgesunken ist!

9. Die Radiocarbon-Methode[2]

   Durch die Entwicklung kosmischer Strahlung entsteht in der Atmosphäre laufend das Kohlenstoffisotop $^{14}_{6}C$. Es ist nicht stabil, sondern zerfällt mit einer Halbwertszeit von 5730 Jahren. Zwischen Zerfall und Neuentstehung dieses Isotops hat sich ein Gleichgewichtszustand eingestellt: $3 \cdot 10^{-8}$% des in der Atmosphäre vorhandenen Kohlenstoffs besteht aus $^{14}_{6}C$-Isotopen, 1,11% sind stabile $^{13}_{6}C$-Isotope, und den Hauptbestandteil machen mit 98,89% die stabilen $^{12}_{6}C$-Isotope aus.

   Alle Pflanzen nehmen mit dem Kohlendioxid aus der Atmosphäre auch die radioaktiven $^{14}_{6}C$-Kerne auf. Tiere fressen Pflanzen, Menschen essen Tiere und Pflanzen. Der $^{14}_{6}C$-Gehalt des in allen lebenden organischen Stoffen enthaltenen Kohlenstoffs entspricht somit dem $^{14}_{6}C$-Gehalt des Kohlenstoffs in der Atmosphäre.

   Stirbt ein organischer Stoff, so nimmt der Anteil des $^{14}_{6}C$ am vorhandenen Kohlenstoff unter Emission von β-Strahlen ständig ab, da der Nachschub aus der Atmosphäre entfällt. Hochempfindliche Geräte erlauben die Messung auch geringster Mengen von $^{14}_{6}C$ in einer

[1] Nuklid ist eine andere Bezeichnung für Atomkern. Nuklide, die sich in der Anzahl der enthaltenen Neutronen, nicht aber in der Anzahl der Protonen unterscheiden, heißen Isotope des gleichen Elements. Alle Isotope eines Elements haben gleiche chemische Eigenschaften. Das hier erwähnte Nuklid ist ein Isotop des Poloniums mit 84 Protonen und 126 (= 210 − 84) Neutronen.

[2] Von dem amerikanischen Chemophysiker W. F. Libby (Nobelpreisträger 1960) entdecktes und entwickeltes Verfahren, auch C14-Methode genannt.

Kohlenstoffprobe, indem sie die Zerfallsakte pro Minute zählen. Durch Kenntnis des ursprünglichen Anteils und des Restanteils an ${}^{14}_{6}C$-Nukliden ist es nun möglich, das Alter von abgestorbenen Pflanzenresten, von Fossilien usw. festzustellen, aber auch zwischen Original und Fälschung alter Gemälde zu unterscheiden.

a) Zeige, dass sich mit Benutzung der Halbwertszeit 5730 a (= Jahre) für ${}^{14}_{6}C$ die Zerfallskonstante $\lambda = 0{,}000121\,a^{-1}$ ergibt! Wie lautet das Zerfallsgesetz?

b) Bei der Freilegung einer vorgeschichtlichen Siedlungsstätte fand man Knochen von Haustieren. Der Anteil von ${}^{14}_{6}C$ im Kohlenstoff dieser Knochen wurde zu $1{,}2 \cdot 10^{-8}\%$ gemessen. Zeige, dass die Siedlung etwa auf das Jahr 5600 v. Chr. (Jungsteinzeit) zu datieren ist!

9.6. Zur Geschichte der Integralrechnung

Während die Problemgeschichte der Differenzialrechnung im Wesentlichen erst im 17. Jahrhundert beginnt, geht die ‚infinitesimale' Inhaltsbestimmung von Flächen und Körpern, ein wichtiges Anwendungsgebiet der Integralrechnung, bereits auf die Antike zurück. So konnte *Eudoxos von Knidos* (ca. 370 v. Chr.), der bei den Pythagoreern Geometrie gelernt hatte, mit Hilfe sogenannter *Exhaustionsbeweise* die zuvor nur durch Messung gewonnenen Ergebnisse der Flächen- und Raummessung einwandfrei begründen. Das dabei angewandte Prinzip der Exhaustion *(Ausschöpfung)* lässt sich nach Eudoxus folgendermaßen formulieren:

„Zieht man von irgendeiner Größe einen Teil ab, der nicht kleiner als die Hälfte der Größe ist, vom Rest einen Teil, der nicht kleiner als die Hälfte (dieses Restes) ist, und so weiter, so bleibt schließlich eine Größe übrig, die kleiner als jede vorgegebene Größe derselben Art ist."

[Zitiert nach *Kaiser/Nöbauer:* Geschichte der Mathematik für den Schulunterricht, Wien 1984, S. 164]

Das Exhaustionsprinzip kann als das Einpassen von immer besseren Näherungsfiguren und Bestimmen des Supremums charakterisiert werden. In der uns geläufigen Form kann es auch als ein Einschließen der gesuchten Größe in immer engere obere und untere Schranken beschrieben werden, wie dies z. B. bei der Einschachtelung einer Pyramide durch um- und einbeschriebene Stufenpyramiden geschieht. Der Nachweis, dass die jeweiligen Schranken nicht über- oder unterschritten werden, erfolgte als Widerspruchsbeweis mit Hilfe des Prinzips der *reductio ad absurdum*.

Im 3. Jahrhundert v. Chr. konnte *Archimedes von Syrakus*, dessen Methodenstrenge früher schon erwähnt wurde, zur Inhaltsbestimmung krummlinig begrenzter Flächen sowie von Körpern mit gekrümmten Flächen für viele Jahrhunderte richtungsweisende Ergebnisse beisteuern. Besonders hervorzuheben ist seine mathematisch korrekt begründete Lösung der sogenannten Parabelquadratur, worunter die Inhaltsberechnung eines Parabelsegments zu verstehen ist.

Auch für Oberfläche und Volumen von Kugel, Kugelsegment und Kugelsektor sowie von anderen Rotationskörpern fand Archimedes den richtigen Lösungsweg. Dazu berechnete er im Prinzip bereits schwierige Integrale. In seiner „Methodenlehre", die lange Zeit als unauffindbar galt und erst 1906 wiederentdeckt wurde, berichtet Archimedes, wie er einzelne Sätze und Ergebnisse seiner Inhaltsbestimmung bei Flächen und Körpern „mit Hilfe der Mechanik" gefunden hat. So ließ er „Teile einer Figur aufwiegen gegen Teile einer anderen, einfacheren Figur, deren Maß schon bekannt war". Hierzu benützte er seine Kenntnisse vom Hebelgesetz sowie über den Schwerpunkt im Dreieck und im Trapez. Archimedes war im Übrigen davon überzeugt, dass ein solches Vorgehen keinen strengen geometrischen Beweis (nach dem Exhaustionsprinzip) ersetzen kann, aber dennoch, wie wir heute sagen würden, eine wichtige heuristische Funktion erfüllt. Er schreibt dazu in seiner „Methodenlehre":

„Gewisse Sachen wurden mir zuerst klar durch eine mechanische Methode, obwohl sie hinterher durch die Geometrie bewiesen werden mussten, weil ihre Auffindung durch die besagte Methode keinen wirklichen Beweis ergab. Aber es ist selbstverständlich leichter, wenn wir vorher durch die Methode einige Kenntnis der Lösungen gewonnen haben, den Beweis zu erbringen, als ihn ohne vorherige Kenntnis zu finden."

[Zitiert nach *B. L. Van der Waerden:* Erwachende Wissenschaft, Basel/Stuttgart 1956, S. 354]

Es ist äußerst bemerkenswert, dass sich Archimedes nicht gescheut hat, im Gegensatz zu den meisten Mathematikern, die immer nur fertige Ergebnisse der Öffentlichkeit preiszugeben bereit sind, auch Methoden und Wege mitzuteilen, die zu seinen Entdeckungen geführt hatten.

Wir wenden uns nun dem 17. Jahrhundert zu, ohne auf spezielle Detailüberlegungen zum Problem der Inhaltsmessung in der Zwischenzeit einzugehen, zumal sie über Archimedes kaum hinausführen. Wie aus brieflichen Äußerungen *Blaise Pascals* hervorgeht, wird für die Berechnung ebener Flächen wie folgt verfahren: Man zerlegt die Fläche in unendlich viele kleine Parallelstreifen gleicher Breite, die man als Rechtecke bezeichnen kann, weil ihre Breite als unendlich klein vorausgesetzt ist. Entsprechend denkt man sich einen Rotationskörper aus unendlich vielen Zylindern „derselben unendlich kleinen Höhe" zusammengesetzt, wobei die ebenen Flächen des Zylinders lotrecht zur Zylinderachse verlaufen. Die Problematik liegt hier vor allem im Begriff *unendlich klein*, der in einen unzulässigen Zusammenhang mit *gleich breit* bzw. *gleich hoch* gebracht wird. Immerhin wurde dabei klar erkannt, dass auch das Integrieren ebenso wie das Differenzieren den Begriff des *unendlich Kleinen* verwendet, was auf eine gemeinsame Grundlage hinweist.

Die Darstellung infinitesimaler Problemstellungen mit Hilfe geometrischer Sachverhalte, wie Tangentensteigung und Flächeninhalt, verdunkelte allerdings lange Zeit den inneren Zusammenhang zwischen Differenziation und Integration. Dennoch stellte *I. Barrow*, der Lehrer Newtons, in seinen „Lectiones geometricae" 1670 im Prinzip fest[1], „dass bei einer geradlinigen Bewegung die durchlaufenen Strecken proportional zu den Flächen $\int v\,dt$ zwischen der Zeitachse und der Geschwindigkeitskurve sind". Hier kommt der innere Zusammenhang zwischen Differenziation und Integration, jedenfalls bei Bewegungsabläufen, unverkennbar zum Ausdruck. Dennoch wurde die Erkenntnis, dass Differenzieren und Integrieren inverse Operationen sind, wohl erst etwas später in ihrer vollen Tragweite wahrgenommen, jedenfalls, was ihre formale Anwendung bei Integrationsformeln betrifft.

Isaac Newton (1643–1727) blieb es vorbehalten, alle geometrischen Operationen der Infinitesimalrechnung durch die Operation des Differenzierens und durch die Lösung der dazu inversen Aufgabe zu ersetzen. Vermutlich war für Newton, wie auch für Barrow, die Integration keine formale Operation. Er betrachtete sie lediglich als Vollzug der Aufgabe (in zeitgenössischer Diktion), bei gegegebener Fluxion die Fluente zu bestimmen (vgl. 5.3). Dies gelang ihm mit den schon bekannten Methoden der Potenzreihenentwicklung ohne besondere Schwierigkeiten.

Während Newton für das Integral keinen Namen und keine einheitliche Bezeichnung verwendete, hat *Gottfried Wilhelm Leibniz* (1646–1716) das Integralzeichen $\int$, das 1686 erstmals im Druck erschien, als ein Operationszeichen eingeführt. Ging Newton mehr empirisch vor, war Leibniz in erster Linie ein Systematiker, dem schon in seiner Jugend die Idee einer Begriffsschrift (arithmetica universalis) gleichsam als einer ‚Algebra des Denkens' vorschwebte. Es ist daher allzu verständlich, dass Leibniz von Anfang an bestrebt war, für die zentralen Begriffe der Infinitesimalrechnung universale Bezeichnungen und Symbole festzulegen.

Das 18. Jahrhundert brachte unter dem Einfluss bedeutender Mathematiker, wie *Leonhard Euler* (1707–1783) und *Pierre Laplace* (1749–1827), eine stürmische Entwicklung der Infinitesimalrechnung. Auf die dabei erzielten Ergebnisse kann jedoch hier nicht eingegangen werden.

Im 19. Jahrhundert kam man dann zu der Einsicht, dass man über der Fülle der neuen Entdeckungen es manchmal an der mathematischen Sorgfalt bei den Begründungen hatte fehlen lassen. Neben anderen wiesen vor allen *Carl Friedrich Gauß* (1777–1855) und *Augustin-Louis Cauchy* (1789–1857) auf kritische Stellen im Aufbau und in den Anwendungen der Infinitesimalrechnung hin. Der Geltungsbereich von Sätzen war oft nicht scharf genug abgegrenzt, der Umgang mit Grenzwerten zuweilen recht unbekümmert und der Begriff *Funktion* als geometrische Linie oder als analytischer Rechenausdruck unzulänglich definiert. Es galt daher, die Differenzial- und Integralrechnung nicht nur weiterzuentwickeln, sondern zugleich auch auf logisch einwandfreie Grundlagen zu stellen. In diesem

[1] Es ist bemerkenswert, dass I. Barrow, der ursprünglich Theologe war, nach der Veröffentlichung der „Lectiones geometricae", die seine bedeutendsten Erkenntnisse enthielten, den Lehrstuhl in Cambridge an seinen genialen Schüler Newton abgab, um Hofprediger des englischen Königs zu werden.

Zusammenhang muss besonders *Lejeune Dirichlet* (1805–1859) genannt werden, der in der heute allgemein üblichen Weise die Funktion als Zuordnungsvorschrift erklärt hat.

Wenn auch die Einzelheiten in der neueren Entwicklung der Infinitesimalrechnung hier unberücksichtigt bleiben müssen, dürfen dennoch zwei bedeutende Mathematiker des 19. Jahrhunderts nicht unerwähnt bleiben. So zeigte *Richard Dedekind* (1831–1916), dass sich Differenzial- und Integralrechnung ganz auf den Eigenschaften der reellen Zahlen aufbauen lassen. Diese sind als sogenannte „Dedekind'sche Schnitte" darstellbar, deren Eigenschaften zur Vollständigkeitseigenschaft der Menge $\mathbb{R}$ äquivalent sind. Daneben hat *Bernhard Riemann* (1826–1866) die Begriffe *Integral* und *Integrierbarkeit* im berühmten „Riemann'schen Integralbegriff" präzisiert. Dieser wird auch in unserem Buch verwendet. Später sind weitere allgemeinere Integralbegriffe hinzugekommen. Sie sind jedoch weder für die Schule noch für praktische Anwendungen von Bedeutung, sodass sie hier übergangen werden können.

Ergänzungen und Ausblicke

A. Aus der Elektrizitätslehre

1. Das Abschalten eines Gleichstroms

Liegen ein Widerstand der Größe R und eine Spule der Induktivität L parallel an einer Gleichspannung U_0 (Fig 9.12) und wird die Spannungsquelle abgeschaltet, so bricht der Strom im Kreis (R, L) nicht sofort zusammen.

Die Abnahme der Stromstärke J mit der Zeit induziert an der Spule nach dem Induktionsgesetz

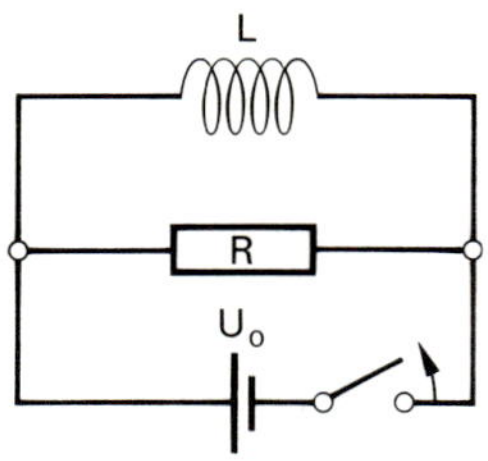

Fig. 9.12

$$U = -L \cdot \frac{dJ}{dt} = -L \cdot \dot{J}$$

eine Gegenspannung U, die der Änderungsgeschwindigkeit der Stromstärke proportional ist (Proportionalitätsfaktor L) und der Stromabnahme entgegenwirkt (Minuszeichen). Da diese Gegenspannung nach dem Ohm'schen Gesetz der momentanen Stromstärke J proportional ist (Proportionalitätsfaktor R), gilt folgende Differenzialgleichung:

$$J \cdot R = -L \cdot \dot{J}$$

Mit $y = J$ und $k = -R/L$ ergibt sich wieder die allgemeine Differenzialgleichung für Wachstum und Zerfall: $y' = k \cdot y$. Wir erhalten gemäß 9.5.5. mit $y_0 = J_0$ (Stromstärke zur Zeit $t = 0$):

$$\boxed{J = J_0 \cdot e^{-\frac{R}{L}t}}$$

2. Das Einschalten eines Gleichstroms

Liegen ein Widerstand der Größe R, eine Spule der Induktivität L und eine Gleichspannungsquelle der Stärke U_0 hintereinander (Fig. 9.13), dann nimmt der Strom nach dem Schließen des Stromkreises nicht sofort seinen vollen Wert J_0 an. In der Spule baut sich nämlich durch die anwachsende Stromstärke nach dem Induktionsgesetz eine zu U_0 entgegengerichtete Spannung $U = L\dot{J}$ auf. Es gilt nach dem Ohm'schen Gesetz:

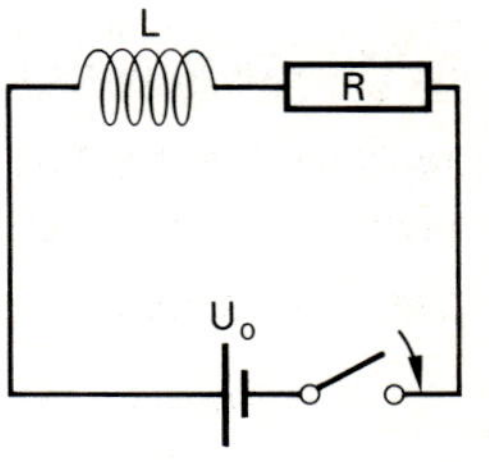

Fig. 9.13

$$JR = U_0 - L\dot{J}$$

Diese Differenzialgleichung hat die Lösung

$$\boxed{J = J_0\left(1 - e^{-\frac{R}{L}t}\right)} \quad \text{mit} \quad J_0 = \frac{U_0}{R}.$$

Begründung: Zunächst erhalten wir aus $JR = J_0R - L\dot{J}$ die Beziehung

$$\dot{J} = \frac{1}{L}(J_0R - JR).$$

Daraus folgt: $\dfrac{\dot{J}}{J_0 - J} = \dfrac{R}{L}$

Nunmehr ergibt sich durch unbestimmte Integration (vgl. 9.2.3.B):

linke Seite: $\int \dfrac{\dot{J}}{J_0 - J}\,dt = -\ln(J_0 - J) + C_l$ (beachte $J_0 \geqq J$!)

rechte Seite: $\int \dfrac{R}{L}\,dt = \dfrac{R}{L}\cdot t + C_r$

Damit erhalten wir folgende Gleichung, wobei die Integrationskonstanten C_l und C_r durch die Konstante C ersetzt werden:

$$-\ln(J_0 - J) = \frac{R}{L}\cdot t + C$$

Da die Stromstärke für $t = 0$ den Wert 0 annimmt, ist $C = -\ln J_0$.

Eine kleine Umformung führt schließlich auf

$$\ln\left(\frac{J_0 - J}{J_0}\right) = -\frac{R}{L}\cdot t, \quad \text{also} \quad J_0 - J = J_0 e^{-\frac{R}{L}t} \quad \text{bzw.} \quad J = J_0\left(1 - e^{-\frac{R}{L}\cdot t}\right).$$

Aufgabe

Zeichne den Verlauf der Stromstärke beim Einschalten (Fig. 9.12) und Ausschalten (Fig. 9.13) eines Gleichstromkreises mit $U_0 = 12\,V$, $R = 4\,\Omega$, $L = 10\,H$ ($1\,H = 1$ Henry $=$ $= 1\,VsA^{-1}$)!

B. Reihenentwicklungen

1. Die Reihenentwicklung der Exponentialfunktion

Im Abschnitt 9.1.3.B wurde eine gut konvergierende Grenzwertdarstellung der Zahl e erwähnt, die hier begründet werden soll.

Dazu betrachten wir den Term

$$f(t) = e^t \quad \text{in} \quad 0 \leqq t \leqq x$$

Er hat in diesem Bereich ein Minimum $m = e^0 = 1$ und ein Maximum $M = e^x$. Daher ist nach Abschnitt 7.5.3.:

$$1 \cdot x < \int_0^x e^t dt < e^x \cdot x$$

Hieraus folgt:

$$x < e^x - 1 < x \cdot e^x \tag{1}$$

Die linke Teilungleichung liefert, wenn wir x wieder durch t ersetzen:

$$e^t > 1 + t \quad \text{für} \quad t \neq 0 \tag{2}$$

Die Integration beider Seiten von (2) zwischen den Grenzen 0 und $x > 0$ ergibt nach Satz 7.2.:

$$e^x > 1 + x + \frac{x^2}{2!}$$ [1]

Setzen wir den Integrationsprozess nach erneuter Einführung der Integrationsvariablen t fort, so folgt nach n Schritten eine untere Schranke für e^x:

$$e^x > 1 + x + \frac{x^2}{2!} + \frac{x^3}{3!} + \cdots + \frac{x^n}{n!} \tag{3}$$

Um eine obere Schranke für e^x zu finden, gehen wir von der rechten Teilungleichung (1) aus. Sie liefert nach Ersatz von x durch t

$$e^t < 1 + te^t \quad \text{für} \quad t \neq 0$$

Wir integrieren auf beiden Seiten dieser Ungleichung von 0 bis x mit $x > 0$ und verwenden dabei, dass

$$\int_0^x te^t dt < e^x \int_0^x t dt,$$

weil wir den veränderlichen Faktor e^t im Integral durch den Maximalwert e^x im Intervall $0 \leqq t \leqq x$ ersetzen.

Wir erhalten:

$$e^x < 1 + x + \frac{x^2}{2!} e^x$$

Durch Fortsetzung dieses Integrationsprozesses, wobei wir jeweils wieder

[1] Mit n! (lies: „n Fakultät") bezeichnet man das Produkt der ersten n natürlichen Zahlen. Beispiel: $5! = 1 \cdot 2 \cdot 3 \cdot 4 \cdot 5$.

$$\int_0^x t^n e^t dt < e^x \int_0^x t^n dt$$

verwenden, erhalten wir nach n Schritten:

$$e^x < 1 + x + \frac{x^2}{2!} + \frac{x^3}{3!} + \cdots + \frac{x^n}{n!} e^x \tag{4}$$

Aus (3) und (4) folgt:

$$\sum_{\nu=0}^{n} \frac{x^\nu}{\nu!} < e^x < \sum_{\nu=0}^{n-1} \frac{x^\nu}{\nu!} + \frac{x^n}{n!} e^x \tag{5}$$

Die Differenz zwischen den Näherungspolynomen der rechten und linken Seite ist

$$\frac{x^n}{n!}(e^x - 1).$$

Man kann sich nun leicht davon überzeugen, dass gilt:

$$\lim_{n\to\infty} \frac{x^n}{n!} = 0. \tag{6}$$

Wegen $n \to \infty$ überschreitet nämlich n irgendwann die erste natürliche Zahl m, für die $m \geqq 2x$ ist.

Setzen wir $\frac{x^m}{m!} = M$, so ist für $n > m$

$$\frac{x^n}{n!} = \frac{x^m}{m!} \cdot \frac{x}{m+1} \cdot \frac{x}{m+2} \cdot \ldots \cdot \frac{x}{n} < M\left(\tfrac{1}{2}\right)^{n-m}$$

weil jeder der Faktoren $\frac{x}{m+1}$ bis $\frac{x}{n}$ unter $\frac{1}{2}$ liegt.

Weil die nur von x abhängigen Zahlen M und m fest sind, ist $\lim\limits_{n\to\infty} M \cdot \left(\tfrac{1}{2}\right)^{n-m} = 0$ und damit auch $\lim\limits_{n\to\infty} \frac{x^n}{n!} = 0$ und ebenso $\lim\limits_{n\to\infty} \frac{x^n}{n!}(e^x - 1) = 0$.

Aus (5) ergibt sich damit die Reihe

$$\boxed{e^x = 1 + x + \frac{x^2}{2!} + \frac{x^3}{3!} + \ldots \quad \text{für} \quad x \geqq 0}$$

insbesondere folgt für $x = 1$:

$$\boxed{e = 1 + 1 + \frac{1}{2!} + \frac{1}{3!} + \ldots}$$

womit die in 9.1.3.B angegebene Formel zur Berechnung der Euler'schen Zahl bewiesen ist.

Aufgaben

1. Berechne e auf drei und $\sqrt{e}$ auf vier Dezimalen genau!
2. Zeichne zum Graphen der e-Funktion die Graphen der Näherungspolynome 0. bis 3. Grades!

2. Die Sinus- und Kosinusreihe

Wir gehen aus von der für alle $t \neq 2n\pi$, $n \in \mathbb{Z}$, gültigen Ungleichung

$$\cos t < 1 .$$

Mit Benutzung von Satz 7.2. und Integration zwischen den Grenzen 0 und $x > 0$ folgt:

$$\sin x < x$$

Denken wir uns x durch t ersetzt und integrieren nochmals zwischen 0 und $x > 0$, ergibt sich:

$$1 - \cos x < \tfrac{1}{2}x^2$$

Hieraus folgt mit Auflösung nach $\cos x$ und Ersatz von x durch t:

$$\cos t > 1 - \frac{t^2}{2!}$$

Erneute Integration zwischen den Grenzen 0 und $x > 0$ ergibt:

$$\sin x > x - \frac{x^3}{3!}$$

Hieraus folgt:

$$1 - \cos x > \frac{x^2}{2!} - \frac{x^4}{4!}$$

Durch Fortsetzung des Verfahrens erhält man:

a) Für $\sin x$ gilt im Fall $x > 0$:

$$x - \frac{x^3}{3!} < \sin x < x$$

$$x - \frac{x^3}{3!} + \frac{x^5}{5!} - \frac{x^7}{7!} < \sin x < x - \frac{x^3}{3!} + \frac{x^5}{5!}$$

....

Die Differenz zwischen den Näherungspolynomen rechts und links ist $\frac{x^{2n+1}}{(2n+1)!}$. Sie geht nach (6) für jedes x mit $n \to \infty$ gegen 0. Hieraus folgt:

$$\sin x = \lim_{n \to \infty} \sum_{\nu=0}^{n} (-1)^{\nu} \cdot \frac{x^{2\nu+1}}{(2\nu+1)!}$$

oder

$$\boxed{\sin x = x - \frac{x^3}{3!} + \frac{x^5}{5!} - \frac{x^7}{7!} + \ldots \quad \text{für} \quad 0 \leqq x < \infty;^{1}}$$

b) Eine analoge Betrachtung für $\cos x$ ergibt die Kosinusreihe:

$$\boxed{\cos x = 1 - \frac{x^2}{2!} + \frac{x^4}{4!} - \frac{x^6}{6!} + \ldots \quad \text{für} \quad 0 \leqq x < \infty;^{2}}$$

---

[1] Nachträglich ist zu erkennen, dass die Reihe auch für negative x-Werte konvergiert, denn sin ist eine ungerade Funktion.

[2] Nachträglich ist zu erkennen, dass die Reihe auch für negative x-Werte konvergiert.

Fig. 9.14 zeigt zum Graphen der Funktion cos die Graphen G_0 bis G_8 der Näherungspolynome 0. bis 8. Grades.

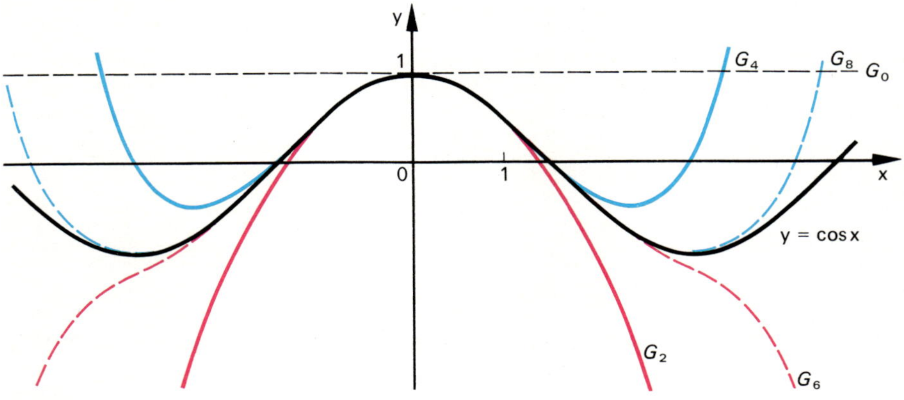

Fig. 9.14

Zu den Graphen in Fig. 9.14 gehören folgende Funktionsgleichungen:

Zu G_0: $y = 1$

Zu G_2: $y = 1 - \frac{x^2}{2}$

Zu G_4: $y = 1 - \frac{x^2}{2} + \frac{x^4}{24}$

Zu G_6: $y = 1 - \frac{x^2}{2} + \frac{x^4}{24} - \frac{x^6}{720}$

Zu G_8: $y = 1 - \frac{x^2}{2} + \frac{x^4}{24} - \frac{x^6}{720} + \frac{x^8}{40\,320}$

Aufgaben

1. Setze die beiden Reihen für sin 9° und cos 9° an und brich nach dem 2. Glied ab! Zeige durch Berechnung des Fehlers, dass sich auf diese Weise die Funktionswerte bereits auf vier Dezimalen ergeben!
   Beachte zur Fehlerabschätzung: Bricht man bei einer alternierenden Reihe (verschiedene Vorzeichen zweier aufeinander folgender Glieder) nach dem n-ten Glied ab, so ist der Fehler stets kleiner als der Betrag des (n + 1)-ten Gliedes.
2. Berechne sin 1 auf vier Dezimalen genau.
3. Zeichne zur Sinuslinie die Graphen der Näherungspolynome 1. bis 7. Grades!

4. Berechne die Kosinus-Werte entsprechend dem folgenden Programm (Zeile 100–150) für $x = 0{,}5$ und $x = 0{,}1$ sowie $EPS = 0{,}001$:

```
10  REM Cosinus-Funktion
20  INPUT"x-Wert";X
30  INPUT"Genauigkeit";EPS
100 LET S=0: LET G=1: LET N=0
110 WHILE ABS(G)>EPS
120   LET S=S+G
130   LET G=(-1)*G*X*X/((N+1)*(N+2))
140   LET N=N+2
150 WEND
200 PRINT "cos("X") ="S
210 PRINT
220 PRINT "Fehler kleiner als"EPS
500 END
```

5. Formuliere ein Computerprogramm zur Berechnung von $\sin x$ entsprechend dem Programm für die Kosinus-Funktion!

C. Verzinsung und stetige Verzinsung

1. Einfache Zinsen

Wird ein Kapital k bei p% jährlicher Verzinsung n Jahre lang angelegt, und werden die Zinsen jeweils am Jahresende ausbezahlt, so sind nach n Jahren insgesamt die Zinsen z angefallen, wobei

$$\boxed{z = \frac{k \cdot p \cdot n}{100}} \qquad \text{(Zinsformel)}$$

Beispiel: 1000 DM ergeben bei 6% jährlicher Verzinsung in 5 Jahren 300 DM Zinsen.

2. Zinseszinsen

Werden die Zinsen am Jahresende wieder zum Kapital geschlagen und wird der nächste Zins jeweils aus dem um die Zinsen vergrößerten Kapital berechnet, so spricht man von Zinseszinsen. Sei k_0 das ursprüngliche Kapital. Da der Zins für das erste Jahr $\frac{k_0 \cdot p}{100}$ beträgt, erhöht sich das Kapital nach einem Jahr auf k_1, wobei

$$k_1 = k_0 + \frac{k_0 \cdot p}{100} = k_0 \cdot \left(1 + \frac{p}{100}\right).$$

Wir setzen abkürzend für den Zinssatz $\frac{p}{100} = q$ und erhalten als Kapital

nach dem 1. Jahr $k_1 = k_0(1+q)$
nach dem 2. Jahr $k_2 = k_1(1+q) = k_0(1+q)^2$
nach dem 3. Jahr $k_3 = k_2(1+q) = k_0(1+q)^3$ usw.

nach dem n-ten Jahr $\boxed{k_n = k_0(1+q)^n}$ (Zinseszinsformel)

Mit den Zahlen unseres obigen Beispiels wachsen 1000 DM bei 6% jährlicher Verzinsung in 5 Jahren mit Zinseszinsen auf $k_5 = 1000\text{ DM} \cdot (1 + 0{,}06)^5 \approx 1338{,}23\text{ DM}$ an, bringen also 38,23 DM mehr ein als bei einfacher Verzinsung.

3. Stetige Verzinsung

Beschränkt man sich auf das erste Jahr, so ergeben sich auch im 2. Fall nur 60 DM Zinsen wie im 1. Fall bei einfacher Verzinsung, weil der Zins immer erst am Ende des Jahres dem Kapital zugeschlagen wird und nicht schon während des Jahres.

Gäbe es bei gleichem Zinssatz bereits nach einem halben Jahr erste Zinsen, so würde das Kapital nach diesem halben Jahr auf $k_{\frac{1}{2}} = k_0\left(1 + \frac{q}{2}\right)$ anwachsen und dieses erhöhte Kapital durch Verzinsung nach dem zweiten Halbjahr auf den Jahresendbetrag

$$k_1^{(2)} = k_{\frac{1}{2}}\left(1 + \frac{q}{2}\right) = k_0\left(1 + \frac{q}{2}\right)^2$$

In unserem Beispiel wären das $k_1^{(2)} = 1000\text{ DM} \cdot 1{,}03^2 = 1060{,}90\text{ DM}$.

Bei monatlicher Verzinsung wäre der monatliche Zinssatz zwar nur $\frac{q}{12}$, dafür hätte man aber 12 Zinstermine im Jahr, also würde das Kapital mit den Zinseszinsen nach einem Jahr anwachsen auf

$$k_1^{(12)} = k_0\left(1 + \frac{q}{12}\right)^{12}$$

In unserem Beispiel wäre $k_1^{(12)} = 1000\text{ DM} \cdot 1{,}005^{12} \approx 1061{,}68\text{ DM}$, was nochmals einen etwas höheren Zins bedeuten würde.

Bei Erhöhung der Zahl der Jahresabschnitte erhöht sich also offensichtlich der Zins. Bei n Zinsterminen im Jahr würde sich das Kapital nach einem Jahr auf

$$k_1^{(n)} = k_0 \cdot \left(1 + \frac{q}{n}\right)^n$$

erhöhen.

Möchte man im Idealfall in jedem Augenblick eine Verzinsung, so muss man $n \to \infty$ gehen lassen. Man spricht dann von *stetiger Verzinsung*.

Dazu müssen wir den Grenzwert $\lim\limits_{n \to \infty}\left(1 + \frac{q}{n}\right)^n$ untersuchen.

Wir führen die Substitution $\frac{q}{n} = \frac{1}{m} \Leftrightarrow n = mq$ durch. Wir beachten dabei, dass mit $n \to \infty$ auch $m \to \infty$ geht, und erhalten unter Verwendung des Ergebnisses von 9.1.3.A und wegen der Stetigkeit der auftretenden Funktionen:

$$\lim_{n \to \infty}\left(1 + \frac{q}{n}\right)^n = \lim_{n \to \infty}\left(1 + \frac{1}{m}\right)^{mq} = \left[\lim_{m \to \infty}\left(1 + \frac{1}{m}\right)^m\right]^q = e^q$$

Bei stetiger Verzinsung wächst also das Kapital nach einem Jahr auf

$$\boxed{\bar{k}_1 = k_0 \cdot e^q}$$

In unserem Beispiel ergäbe sich $\bar{k}_1 = 1000 \text{ DM} \cdot e^{0,06} \approx 1061,84 \text{ DM}$.

Wählen wir als Sonderfall q = 1, was einem Zinssatz von 100% pro Jahr entspräche, so würde dies nach einem Jahr bei einfacher Verzinsung zu einer Verdoppelung des Kapitals führen, bei stetiger Verzinsung wäre es dagegen mit dem Faktor $e^1 = 2,71828\ldots$ zu multiplizieren. Wir haben damit eine anschauliche Deutung der Zahl e gefunden.

Viel schneller und mit Gültigkeit für jeden beliebigen Zeitpunkt t lässt sich das Problem der stetigen Verzinsung als Sonderfall des allgemeinen Wachstumsgesetzes gemäß Abschnitt 9.5.2. lösen.

Wir brauchen dazu nur das Kapital als Funktion k (t) der Zeit t und q als Wachstumsfaktor in die Differenzialgleichung

$$k'(t) = q \cdot k(t)$$

einzusetzen.

Laut 9.5.2. ergibt sich als Lösung dieser Differenzialgleichung

$$k(t) = Ae^{qt}$$

Da im Zeitpunkt t = 0 das Startkapital k_0 vorlag, ist $A = k_0$ und damit

$$\boxed{k(t) = k_0 e^{qt}}$$

Bei stetiger Verzinsung hätten wir also bei unserem Anfangsbeispiel mit $k_0 = 1000$ DM und q = 0,06 nach 5 Jahren das Endkapital

$$k(5) = 1000 \text{ DM} \cdot e^{5 \cdot 0,06} \approx 1349,86 \text{ DM}$$

Bemerkung:
In unserem obigen Zahlenbeispiel ergaben sich zwischen einfacher Verzinsung und dem Gewinn bei Zinseszinsen bzw. stetiger Verzinsung vergleichsweise nur geringe Unterschiede. Dies liegt jedoch nur am niedrigen Zinssatz und besonders an der relativ kurzen Laufzeit.
Welche Zahlen ergeben sich dagegen

a) bei einem Zinssatz von 6% und einer Laufzeit von 30 Jahren?

b) bei bei einem Zinssatz 12% und einer Laufzeit von 30 Jahren?

Aufgabe

4000 DM werden bei einem Zinssatz von 7% pro Jahr 6 Jahre lang angelegt. Berechne die Zinsen bei

a) jährlicher b) halbjährlicher c) monatlicher Zinsabrechnung

d) Wie hoch wären die Zinsen bei stetiger Verzinsung?

e) Wie verändern sich die Ergebnisse bei 12-jähriger Anlage?

10. Rationale Funktionen

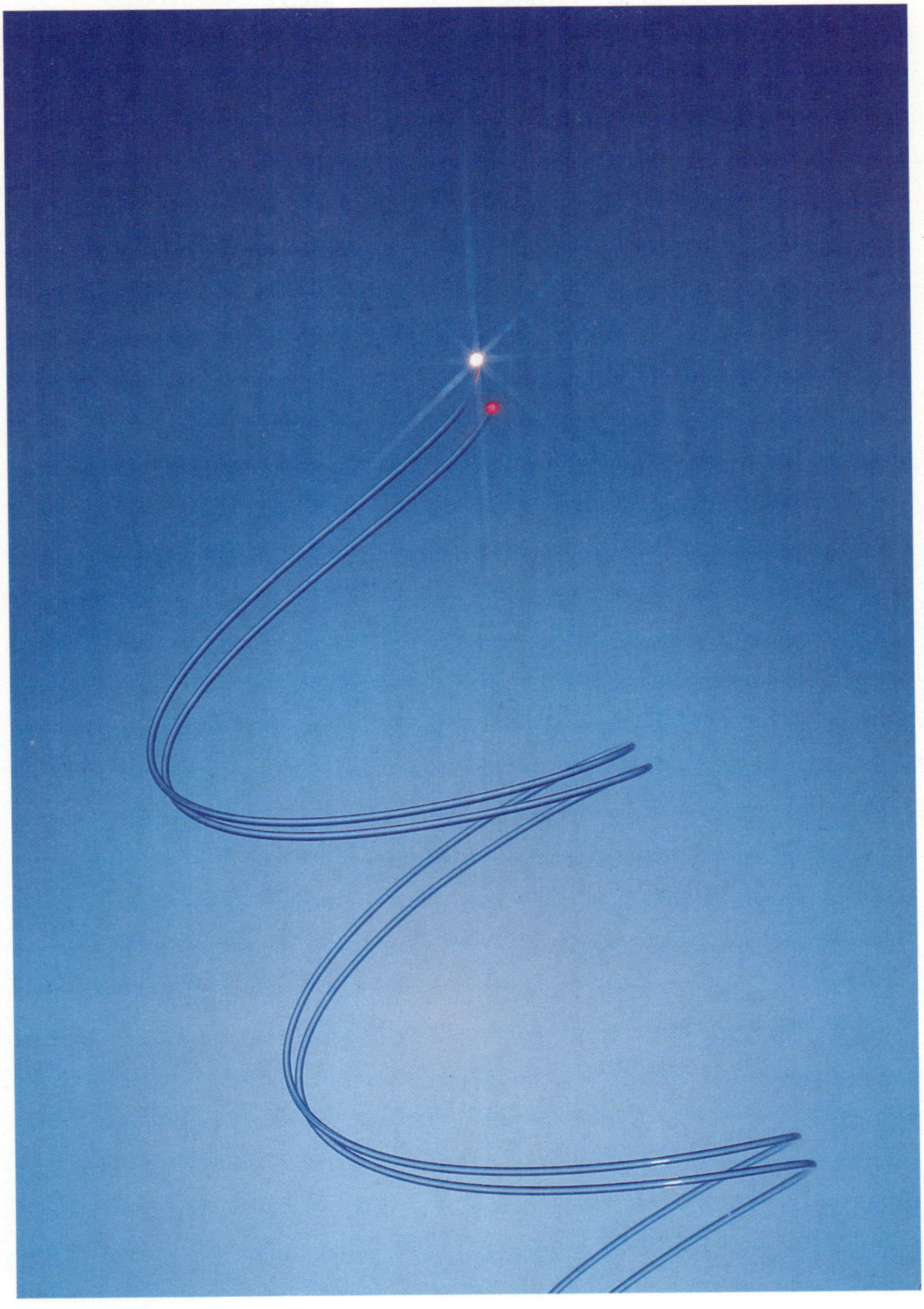

10.1. Zusammenfassung bisheriger Erkenntnisse

A. Definitionslücken, Unendlichkeitsstellen, stetige Fortsetzbarkeit

Wir wissen von früher: Der Funktionsterm f (x) einer rationalen Funktion kann als Bruch dargestellt werden, dessen Zähler g (x) und Nenner h (x) Polynome sind:

$$f\colon x \mapsto f(x) = \frac{g(x)}{h(x)}$$

f ist an den Nullstellen des Nennerpolynoms h (x) nicht definiert.

Beispiele: $x \mapsto \frac{2x+5}{x^2-9}; \quad x \in \mathbb{R} \setminus \{-3; 3\}$

$x \mapsto \frac{2x^3-x+1}{3x^2+1}; \quad x \in \mathbb{R}$

$x \mapsto \frac{x^2+2}{3}; \quad x \in \mathbb{R}$ (ganzrationale Funktion)

Ist c eine Nullstelle des Nenners, enthält das Polynom im Nenner also den Faktor $(x - c)$, so ist bei $x = c$ eine *Definitionslücke*. Man kann zwei Fälle unterscheiden:

1. Fall:
Der Faktor $(x - c)$ im Nenner lässt sich nicht durch Kürzen beseitigen. Der Funktionswert geht dann bei Annäherung an die Definitionslücke gegen $+\infty$ bzw. gegen $-\infty$. Es handelt sich um eine *Unendlichkeitsstelle*.

1. Beispiel: $x \mapsto \frac{1}{x}; \quad x \in \mathbb{R} \setminus \{0\}$

Unendlichkeitsstelle bei $x = 0$ mit Vorzeichenwechsel. Skizze!

2. Beispiel: $x \mapsto \frac{1}{x^2}; \quad x \in \mathbb{R} \setminus \{0\}$

Unendlichkeitsstelle bei $x = 0$ ohne Vorzeichenwechsel. Skizze!

3. Beispiel: $x \mapsto \frac{(x-1)(x-2)}{x(x-1)^2}; \quad x \in \mathbb{R} \setminus \{0; 1\}$

gleichwertig mit

$x \mapsto \frac{x-2}{x(x-1)}; \quad x \in \mathbb{R} \setminus \{0; 1\}$

Unendlichkeitsstellen bei $x = 0$ und $x = 1$ mit jeweiligem Vorzeichenwechsel. (Fig.10.1)

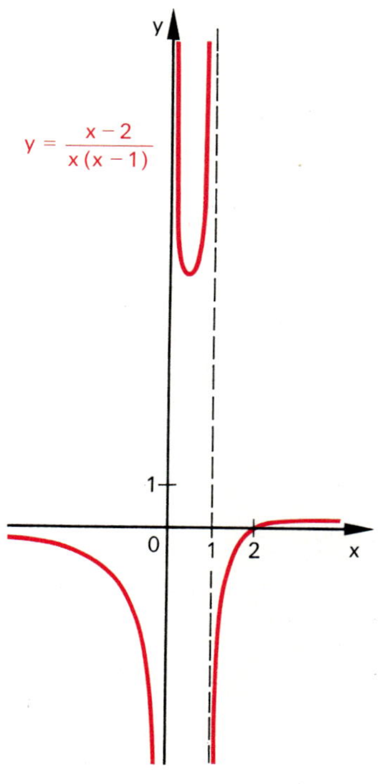

Fig. 10.1

Ist c Unendlichkeitsstelle einer gebrochenrationalen Funktion, so ist die Gerade mit der Gleichung $x = c$ eine *„senkrechte" Asymptote* des Graphen (Näherungsgerade).

2. Fall:
Der Faktor $(x - c)$ im Nenner lässt sich durch Kürzen beseitigen. Der gekürzte Term habe die Form $\frac{\bar{g}(x)}{\bar{h}(x)}$, wobei $\bar{h}(c) \neq 0$. Die Funktion

$$\bar{f}\colon x \mapsto \bar{f}(x) = \frac{\bar{g}(x)}{\bar{h}(x)}; \quad x \in D_f \cup \{c\}$$

unterscheidet sich nur an der Stelle c von der Ausgangsfunktion f. Diese hat bei c eine Definitionslücke, dagegen ist $\bar{f}$ dort stetig und es ist

$$\bar{f}(c) = \frac{\bar{g}(x)}{\bar{h}(x)}.$$

Somit ist f *an der Stelle* c *stetig fortsetzbar* (G.3.3.), $\bar{f}$ eine stetige Fortsetzung von f.

4. Beispiel: $f\colon x \mapsto \frac{2x}{x(x-2)}; \quad x \in \mathbb{R} \setminus \{0; 2\}$ (Fig. 10.2)

gleichwertig mit

$$f\colon x \mapsto \frac{2}{x-2}; \quad x \in \mathbb{R} \setminus \{0; 2\}$$

Die Funktion

$$\bar{f}\colon x \mapsto \begin{cases} \dfrac{2x}{x(x-2)} & \text{für } x \neq 0; \\ -1 & \text{für } x = 0; \end{cases} \quad x \in \mathbb{R} \setminus \{2\}$$

ist eine überall in der Definitionsmenge stetige Funktion. Man kann sie einfacher schreiben:

$$\bar{f}\colon x \mapsto \frac{2}{x-2}; \quad x \in \mathbb{R} \setminus \{2\}$$

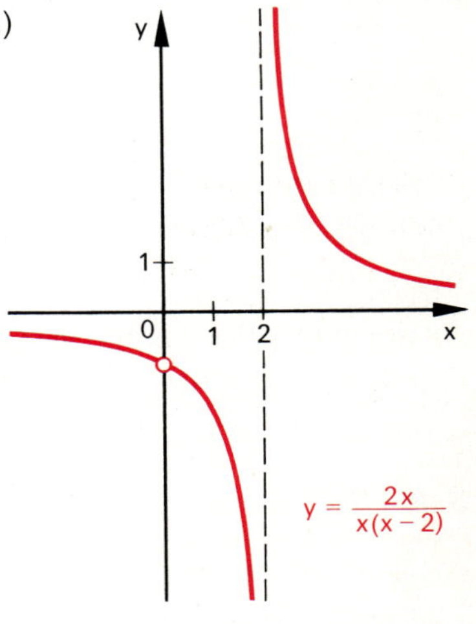

Fig. 10.2

B. Eigenschaften

Die rationalen Funktionen lassen sich durch die rationalen Operationen Addition, Multiplikation und Division aus den Funktionen

$x \mapsto x$ (identische Funktion)
und $x \mapsto c$ (konstante Funktionen)

erzeugen. Aus den Rechengesetzen mit Bruchtermen ergibt sich

Satz 10.1:

Addition, Multiplikation und Division sowie Verkettung rationaler Funktionen (ausgenommen die Nullfunktion $x \mapsto 0$) liefern ebenfalls rationale Funktionen.

Beispiele: $$\frac{x-3}{x^2-2x} : \frac{x^2-6x+9}{x^2-4} = \frac{(x-3)(x+2)(x-2)}{x(x-2)(x-3)^2} =$$

$$= \frac{x+2}{x(x-3)}; \quad x \in \mathbb{R} \setminus \{-2; 0; 2; 3\}$$

$$\frac{x-2}{x+2} - \frac{8x}{4-x^2} = \frac{x+2}{x-2}; \quad x \in \mathbb{R} \setminus \{-2; 2\}$$

Aus der Quotientenregel (G.5.3)

$$f(x) = \frac{u(x)}{v(x)} \quad \Rightarrow \quad f'(x) = \frac{u'(x) \cdot v(x) - u(x) \cdot v'(x)}{(v(x))^2}$$

und der Tatsache, dass jede differenzierbare Funktion stetig ist (G.4.1.), folgt

Satz 10.2:

Jede rationale Funktion ist in ihrer Definitionsmenge differenzierbar und stetig. Die Ableitungsfunktion ist wieder rational.

Da die rationale Funktion als Quotient ganzrationaler Funktionen dargestellt werden kann, folgt aus dem Nullstellensatz:

Satz 10.3:

Jede von der Nullfunktion verschiedene rationale Funktion hat höchstens endlich viele Nullstellen und endlich viele Definitionslücken.

Bemerkungen:

1. Die Nullfunktion hat den konstanten Funktionswert 0.
2. Aus Satz 10.3 folgt, dass die trigonometrischen Funktionen nicht zu den rationalen Funktionen gehören, sich also nicht als Quotienten von Polynomen darstellen lassen.
3. In einem Computer stehen für numerische Berechnungen nur die Grundrechnungsarten zur Verfügung. Die Berechnung von Funktionswerten nichtrationaler Funktionen (z. B. Wurzeln, e-Funktion, Logarithmen, trigonometrische Funktionen) wird daher mit Hilfe rationaler (meist sogar ganzrationaler) Näherungsfunktionen durchgeführt.

Aufgaben

1. Untersuche f und f' in der Umgebung der Definitionslücken:

   a) $f(x) = \dfrac{x+1}{8x^2 - 24x}$ b) $f(x) = \dfrac{(x-1)(x-2)}{x^2 - 2x}$

2. Bestimme Nullstellen und Unendlichkeitsstellen von f, g, f+g, f−g, f · g, f : g:

   a) $f(x) = \dfrac{x}{x-1}$; $g(x) = \dfrac{x+1}{x-2}$ b) $f(x) = \dfrac{x}{x-1}$; $g(x) = \dfrac{x+1}{x}$

3. Bestimme die Konstanten a und b derart, dass die Funktion $f\colon x \mapsto \dfrac{2x+b}{x^2+a}$; $x \in \mathbb{R}$ bei $x_1 = 2$ und bei $x_2 = -8$ Extremwerte hat!

4. Es soll ein rechteckiges Grundstück vom Inhalt 400 m^2, das auf einer Seite an eine Mauer grenzt, so abgesteckt werden, dass die Umzäunungskosten möglichst klein werden.

5. Eine abgeschlossene Tonne in Zylinderform soll mit möglichst hoher Materialersparnis geschaffen werden und 125 Liter fassen. Welches sind die Maße?

6. Es soll ein gerades Prisma vom Volumen 2 dm^3 hergestellt werden, dessen Grundfläche ein gleichseitiges Dreieck und dessen Oberfläche so klein wie möglich ist.

7. Bilde zur Funktion f, $D_f = D_{f(x)}$, soweit möglich, durch Ergänzung an den Definitionslücken, eine stetige Fortsetzung! Wie ist das Verhalten in der Umgebung der Unendlichkeitsstelle?

   a) $f\colon x \mapsto \dfrac{x^2+2x}{x^2+3x+2}$ b) $f\colon x \mapsto \dfrac{x-1}{x^2}$ c) $f\colon x \mapsto \dfrac{x^2(x-3)}{x(x-3)^2}$ d) $f\colon x \mapsto \dfrac{x^2+x}{x^7-x^6}$

8. Auf welcher Kurve liegen alle Wendepunkte der Graphen der Funktionenschar

   $$f_a\colon x \mapsto \frac{1}{x^2+a^2}; \quad x \in \mathbb{R},\ a \neq 0$$

9. Gegeben ist die Schar von Funktionen $f_k\colon x \mapsto \dfrac{k^2x^2}{kx+1}$; $x \in D_{max}$; $k \in \mathbb{R}^+$.

   a) Bestimme den maximalen Definitionsbereich D_{max} sowie die Nullstellen von f_k.

   b) Untersuche das Monotonieverhalten der Funktion f_k und bestimme hieraus die Extrempunkte des Funktionsgraphen.
   (Hinweis: Die Berechnung der zweiten Ableitung ist nicht nötig.)

   c) Zeige, dass bei gleichem k die Gerade mit der Gleichung $h_k(x) = kx - 1$ den Graphen von f_k nicht schneidet.
   Berechne $\lim\limits_{x \to \infty} (f_k(x) - h_k(x))$ und interpretiere das Ergebnis geometrisch.

   d) Zeichne den Graphen von f_1 (also $k = 1$) im Intervall $-4 \leq x \leq 4$ unter Berücksichtigung der bisherigen Ergebnisse (1 Längeneinheit = 1 cm).

   e) Auf welcher Ortskurve liegen die relativen Hochpunkte der Funktionenschar? Gib den Wertebereich der Funktion f_k an!

10.2. Verhalten im Unendlichen

Die ganzrationalen Funktionen gehen, abgesehen von der konstanten Funktion, für $|x| \to \infty$ stets gegen $+\infty$ oder $-\infty$.

Da dabei auch die Ableitung, abgesehen von der linearen Funktion, gegen $+\infty$ oder $-\infty$ geht, wird der Graph immer steiler.

Bei rationalen Funktionen ist das Verhalten vielgestaltiger; insbesondere kann sich der Graph der x-Achse oder einer anderen Geraden annähern. Diese Geraden nennt man Asymptoten.

Man erkennt das Verhalten am besten, wenn man im Zähler und Nenner jeweils die höchste Potenz der Variablen ausklammert und dann kürzt.

Es ergeben sich drei Fälle, die wir an Beispielen studieren:

1. Fall:
Der Grad des Zählerpolynoms ist kleiner als der Grad des Nennerpolynoms.

1. Beispiel: $f\colon x \mapsto f(x) = \dfrac{x^2 - 2x + 1}{2x^3 + 3x - 2} = \dfrac{x^2\left(1 - \frac{2}{x} + \frac{1}{x^2}\right)}{x^3\left(2 + \frac{3}{x^2} - \frac{2}{x^3}\right)} = \dfrac{1 - \frac{2}{x} + \frac{1}{x^2}}{x\left(2 + \frac{3}{x^2} - \frac{2}{x^3}\right)}$; $D_f = D_{f(x)}$

Der Zähler geht für $|x| \to \infty$ gegen 1, die Klammer im Nenner gegen 2. Da aber in diesem Fall im Nenner immer noch eine Potenz von x als Faktor steht (hier x^1), so folgt $\lim\limits_{x \to \infty} f(x) = 0$. Der Graph nähert sich der x-Achse beliebig an, diese ist waagrechte Asymptote des Graphen.

2. Fall:
Der Grad des Zählerpolynoms ist gleich dem Grad des Nennerpolynoms.

2. Beispiel: $f\colon x \mapsto f(x) = \dfrac{x+1}{x}$; $x \in \mathbb{R} \setminus \{0\}$

Da sich die x-Potenzen von Zähler und Nenner immer wegkürzen, ist der Grenzwert eine Konstante. Im Beispiel (Fig. 10.3):

$$f(x) = \frac{x+1}{x} = \frac{x \cdot (1 + \frac{1}{x})}{x \cdot 1} = 1 + \frac{1}{x}, \quad \text{also}$$

$$\lim_{|x| \to \infty} f(x) = \lim_{|x| \to \infty}\left(1 + \frac{1}{x}\right) = 1 + \lim_{|x| \to \infty} \frac{1}{x} = 1.$$

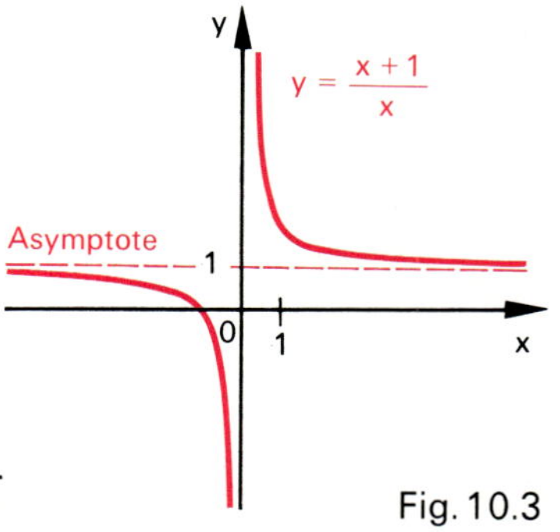

Fig. 10.3

3. Fall:
Der Grad des Zählerpolynoms ist größer als der Grad des Nennerpolynoms.

Da hier im Zähler immer eine Potenz der Variablen bleibt (mit positivem Exponent), erhält man $\left|\lim\limits_{x \to -\infty} f(x)\right| = \infty$ und $\left|\lim\limits_{x \to +\infty} f(x)\right| = \infty$.

3. Beispiel: f: $x \mapsto f(x) = \frac{x^2+1}{x} = x + \frac{1}{x}$; $x \in \mathbb{R} \setminus \{0\}$

Man kann den Funktionsterm in zwei Summanden aufspalten:

1. Summand x	1	2	5	10	100
2. Summand $\frac{1}{x}$	1	0,5	0,2	0,1	0,01
$f(x)$	2	2,5	5,2	10,1	100,01

$\lim\limits_{|x| \to \infty} \frac{1}{x} = 0$, also $f(x) \to x$ für $|x| \to \infty$.

Aufgabe

Skizziere $x \mapsto x$, $x \mapsto \frac{1}{x}$ und $x \mapsto x + \frac{1}{x} = \frac{x^2+1}{x}$ in $[1; 5]$

4. Beispiel: f: $x \mapsto f(x) = \frac{2x^2 - 3x + 1}{x}$; $x \in \mathbb{R} \setminus \{0\}$
(Fig. 10.4)

Wir formen den Funktionsterm durch Division um und erhalten $f(x) = (2x-3) + \frac{1}{x}$.
Die Differenz $f(x) - (2x-3) = \frac{1}{x}$ geht für $|x| \to \infty$ gegen null. Daher ist die Gerade $y = 2x - 3$ schräge, die Gerade $x = 0$ (das ist die y-Achse!) senkrechte Asymptote des Graphen.

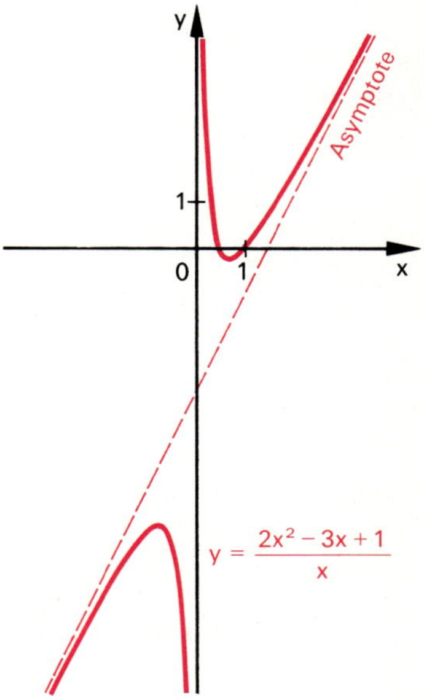

Fig. 10.4

5. Beispiel: f: $x \mapsto f(x) = \frac{3x^2}{x-2}$; $x \in \mathbb{R} \setminus \{2\}$

Wir dividieren wieder den Zähler durch den Nenner und gewinnen so die Darstellung:

$$f(x) = (3x+6) + \frac{12}{x-2}$$

$y = 3x + 6$ ist die Gleichung der Asymptote, da $f(x) - (3x+6) = \frac{12}{x-2}$ für $|x| \to \infty$ offenbar gegen null geht.

In den Beispielen 3 bis 5 ergibt sich nach der Division des Zählerpolynoms durch das Nennerpolynom eine Summe aus einem linearen Term und einem (echt) gebrochenrationalen Term. Der lineare Term entspricht der schrägen Asymptote, der gebrochenrationale Term strebt für $|x| \to \infty$ gegen null.

Wenn der Grad des Zählerpolynoms den des Nennerpolynoms um mehr als eins übersteigt, ergibt sich nach der Division anstelle des linearen Terms ein nichtlinearer ganzrationaler Term neben dem gebrochenrationalen Term. Die Grenzkurve ist jetzt (anstelle der schrägen Asymptote) eine „krumme" Näherungskurve. (Wir verzichten im Grundkurs auf eine ausführliche Diskussion dieses Falles).

Wir halten fest:

Definition 10.1:

1. Die Gerade mit der Gleichung $y = ax + b$ heißt *Asymptote* des Graphen der Funktion f, wenn der Grenzwert der Differenz $f(x) - (ax + b)$ für $x \to +\infty$ oder $x \to -\infty$ null ist.
2. Die Gerade mit der Gleichung $x = a$ heißt *senkrechte Asymptote* des Graphen der Funktion f, falls $f(x)$ für $x \to a$ gegen $+\infty$ oder $-\infty$ strebt.

Die waagrechten, senkrechten und schrägen Asymptoten erleichtern das Zeichnen des Graphen der gegebenen Funktion für $|x| \to \infty$ bzw. für $|y| \to \infty$.

6. Beispiel: $f\colon x \mapsto f(x) = \dfrac{-3x^3 + 4x + 16}{4x^2} = -\dfrac{3}{4}x + \dfrac{x+4}{x^2}; \quad x \in \mathbb{R}\setminus\{0\}$ (Fig. 10.5)

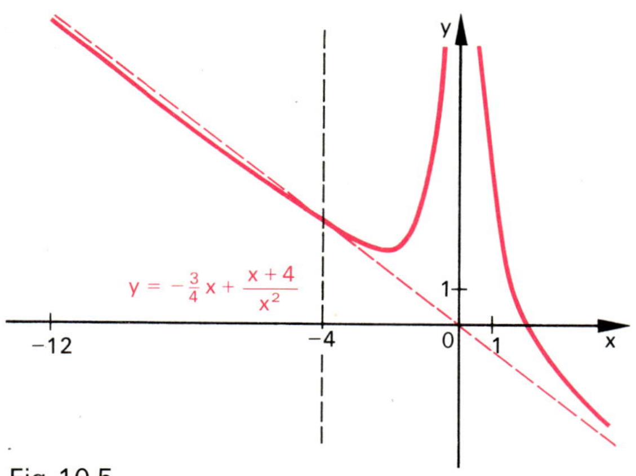

Fig. 10.5

Schräge Asymptote: $y = -\frac{3}{4}x$ für $|x| \to \infty$

Senkrechte Asymptote: $x = 0$; kein Vorzeichenwechsel, da Nenner x^2.

Die Gleichung $-\dfrac{3}{4}x = -\dfrac{3}{4}x + \dfrac{x+4}{x^2}$ liefert als Schnittpunkt von G_f mit der Asymptote $y = -\frac{3}{4}x$ den Punkt $S(-4; 3)$. Der Graph verläuft rechts von $x = -4$ oberhalb der schrägen Asymptote, da dort $\dfrac{x+4}{x^2}$ positiv ist, entsprechend links von $x = -4$ unterhalb dieser Asymptote.

Aufgaben

1. Bestimme die Asymptoten zu den Graphen folgender Funktionen mit $D_f = D_{f(x)}$:

a) $x \mapsto \frac{x-1}{2-3x}$ b) $x \mapsto \frac{x^2-8}{2x}$ c) $x \mapsto \frac{x^2-4}{x+1}$ d) $x \mapsto \frac{x^3-1}{x^2-1}$

e) $x \mapsto \frac{x}{x^2-2}$ f) $x \mapsto \frac{3x+1}{2-x}$ g) $x \mapsto \frac{x^3-2x}{x^2+1}$ h) $x \mapsto \frac{1-x^4}{x^3-4x}$

2. Gib bei den folgenden Funktionen Auskunft über den maximal möglichen Definitionsbereich, Unendlichkeitsstellen, Nullstellen, Asymptoten, Wertebereich und Symmetrieeigenschaften. Skizziere!

a) $f\colon x \mapsto \frac{1}{(x-4)^2}$ b) $f\colon x \mapsto \frac{1}{x^2-4}$ c) $f\colon x \mapsto \frac{x^2-1}{x}$ d) $f\colon x \mapsto \frac{x^2+1}{x}$

e) $f\colon x \mapsto \frac{x^2+1}{x^2}$ f) $f\colon x \mapsto \frac{x^4-1}{x^2}$ g) $f\colon x \mapsto \frac{x^2}{x+1}$ h) $f\colon x \mapsto \frac{x^2+2}{x^2+1}$

i) $f\colon x \mapsto \frac{x^2-2}{x^2+1}$ k) $f\colon x \mapsto \frac{x^2}{x^2+1}$ l) $f\colon x \mapsto \frac{x^3}{x^2+1}$ m) $f\colon x \mapsto \frac{x^3-1}{x^2}$

3. Welche lineare Funktion l kann man für große $|x|$ als Näherung für die Funktion

$$f\colon x \mapsto \frac{2x^2}{x+1};\quad D_f = \mathbb{R}\setminus\{-1\}$$

nehmen? Für welche $x \in D_f$ gilt: $|f(x) - l(x)| < 0{,}01$?

4. Gegeben ist die Funktion $f\colon x \mapsto \frac{4x-5}{2x+3};\ D_f = D_{f(x)}$.

Diskutiere und zeichne den Graphen! Wie lautet die Gleichung der Kurventangente im Punkt $P(4; ?)$? Für welche x-Werte ist $f(x) > 4$?

5. Diskutiere und zeichne die Graphen folgender Funktionen ($D_f = D_{f(x)}$):

a) $f\colon x \mapsto \frac{54}{x^2+9}$, (1 LE = 5 mm) b) $f\colon x \mapsto \frac{4-x}{(1-\frac{x}{3})^2}$, (1 LE = 5 mm)

c) $f\colon x \mapsto \frac{x^3+9x}{x^2+1}$, (1 LE = 1 cm) d) $f\colon x \mapsto \frac{x^2+8x+7}{1-x}$, (1 LE = 5 mm)

6. Gib für die Funktionenschar $f\colon x \mapsto \frac{8a^3x^3+1}{8ax^2};\ D_f = D_{f(x)},\ a \neq 0$, den Definitionsbereich, die Nullstellen, Unendlichkeitsstellen, Extrempunkte sowie die Asymptoten und Wendepunkte der Graphen an! Bestimme diejenigen Graphen der Schar, die die x-Achse unter dem Winkel 56,31° schneiden! Zeichne diese Graphen!

7. Bestimme für den Graphen der Funktion $f\colon x \mapsto \frac{5x-x^3}{x^2+3};\ x \in \mathbb{R}$, die Symmetrieeigenschaften, Nullstellen, Extrempunkte, Wendepunkte, Asymptote! Welche seiner Punkte haben von der Asymptote, parallel zur y-Achse gemessen, den größten Abstand? Zeichnung für $|x| \leqq 3$.

8. Gegeben ist die Funktionenschar $f_a\colon x \mapsto x + \frac{a^2}{x}$; $x \in \mathbb{R}\setminus\{0\}$.

a) Zeige, dass die Funktionen für $a \neq 0$ keine Nullstelle, aber zwei gemeinsame Asymptoten haben!

b) Bestimme die Funktion, auf deren Graph alle Hoch- und Tiefpunkte der Schargraphen liegen!

9. Gegeben ist die abschnittsweise definierte Funktion:

$$f\colon x \mapsto f(x) = \begin{cases} 2 - x^2 & \text{für } |x| \leqq 1 \\ \frac{1}{x^2} & \text{für } |x| > 1 \end{cases}$$

a) Ist diese Funktion überall stetig? Ist sie überall differenzierbar?

b) Welcher Punkt des Graphen hat vom Nullpunkt die kürzeste Entfernung?

c) Berechne den Inhalt der Fläche, die vom Graphen, der x-Achse und den Geraden mit den Gleichungen $x = 0$ und $x = a$ eingeschlossen wird! $(a > 1)$

d) Existiert der Grenzwert des Flächeninhalts für $a \to \infty$?

10. Gegeben ist die Funktion $f\colon x \mapsto \frac{-x^3 + 6x^2 - 9x}{(x-1)^2}$; $D_f = \mathbb{R}\setminus\{1\}$.

a) Berechne die Nullstellen der Funktion f!

b) Wie verhält sich f in der Umgebung der Definitionslücke?

c) Bestätige, dass der Funktionsterm sich in der Form $f(x) = -x + 4 - \frac{4}{(x-1)^2}$ schreiben lässt!

d) Begründe, dass der Graph G_f für $|x| \to \infty$ eine Asymptote besitzt und dass G_f stets unterhalb dieser Asymptote verläuft!

e) Zeige nur mit Hilfe der ersten Ableitung von f, dass f an der Stelle 3 ein lokales Maximum hat und dass es keine weiteren Extrema von f gibt! Welche Ordinate hat der Hochpunkt?

f) Zeichne G_f unter Verwendung der bisherigen Ergebnisse und berechne dazu noch die Funktionswerte an den Stellen -1; $\frac{1}{2}$; $\frac{3}{2}$; 2 und 5!

11. Gegeben sind die Funktionsterme

$$f_1(x) = \frac{x}{x^2 - 4}; \quad f_2(x) = \frac{1 + x}{(1 + x)^2 - 4}; \quad f_3(x) = \frac{-x}{x^2 - 4}; \quad f_4(x) = \frac{1 - x}{(1 - x)^2 - 4}.$$

a) Bestimme die maximal möglichen Definitionsmengen.

b) Wie gehen die Graphen zu f_2, f_3 und f_4 aus dem Graphen zu f_1 hervor?

c) Welche Symmetrieeigenschaften haben die vier Graphen?

d) Untersuche f_1 auf Nullstellen, Extremwerte und Wendestellen sowie das Verhalten an den Definitionslücken und für $x \to \infty$.

e) Skizziere die vier Graphen.

12. Betrachtet wird die Funktion $f\colon x \mapsto \frac{x^3+2}{2x^2}$; $x \in \mathbb{R}\setminus\{0\}$.

a) Zeige, dass G_f eine schräge Asymptote mit der Gleichung $g(x) = \frac{x}{2}$ hat.

b) Für welche x-Werte ist $|f(x) - \frac{x}{2}| < 0{,}01$?

c) Bestätige, dass für kleine $|x|$ der Graph zu $x \mapsto \frac{1}{x^2}$ eine Näherungskurve für G_f ist.

d) Für welche x-Werte ist $|f(x) - \frac{1}{x^2}| < 0{,}01$?

13. Für die Funktion $f\colon x \mapsto \frac{x^3+x}{x-1}$; $D_f = \mathbb{R}\setminus\{1\}$ ist zu zeigen:

a) Der Graph G_f hat eine senkrechte Asymptote und nähert sich für $|x| \to \infty$ einer nach oben geöffneten Normalparabel mit dem Scheitel $S(-\frac{1}{2}; 1\frac{3}{4})$.

b) Für $x < 1$ verläuft der Graph unter, für $x > 1$ über der Parabel.

c) G_f hat im Bereich $[1{,}5; 2]$ ein lokales Minimum.

d) Zeichne G_f samt seiner quadratischen Näherungskurve, mit 1 LE = 1 cm auf der x-Achse und 1 LE = 2,5 mm auf der y-Achse, im Bereich $[-5; 5]$!

14. Gib zwei Funktionen an, die als Näherung für $f\colon x \mapsto f(x)$; $D_f = D_{f(x)}$ für sehr kleine bzw. sehr große Werte von $|x|$ benützt werden können!

a) $f(x) = x^2 + \frac{1}{x^2}$ b) $f(x) = \frac{2x^3+5}{x}$ c) $f(x) = \frac{x^3+2x^2+3}{x^2}$

15. Auch die Graphen nichtrationaler Funktionen können Asymptoten haben. Bestimme für die Funktionen mit den folgenden Funktionsgleichungen $f(x)$ und $D_f = D_{f(x)}$ die Definitionsmenge und die Asymptoten für $|x| \to \infty$.

a) $f(x) = \frac{x}{2} + \ln\left(\frac{x-1}{x}\right)$ b) $f(x) = \ln\left|\frac{x-2}{2x}\right|$ c) $f(x) = -x + e^{\frac{1}{x}}$

d) $f(x) = \frac{\sin(\frac{1}{x})}{\frac{1}{x}}$ e) $f(x) = x\,\frac{\sin(\frac{1}{x})}{\frac{1}{x}}$

16. Gegeben ist die Funktion $f\colon x \mapsto x^2 - 3x + 2 + \ln x$; $x \in \mathbb{R}^+$.

a) Berechne die Koordinaten der Extrempunkte des Graphen G_f und untersuche das Steigungsverhalten des Graphen.

b) Zeige, dass G_f im Intervall $]0; 1[$ einen weiteren gemeinsamen Punkt mit der x-Achse haben muss.

c) Begründe mit Hilfe des Steigungsverhaltens von G_f, dass f genau zwei Nullstellen hat.

d) Untersuche das Verhalten von G_f für $x \to 0$.

e) Zeige, dass G_f genau einen Wendepunkt hat. Welches Krümmungsverhalten ergibt sich für $x \to \infty$?

f) Zeichne G_f für $x \in]0; e]$. Berechne dazu $f(e)$.

10.3. Zur Integration rationaler Funktionen

In 8.2.3. lernten wir folgende Integrationsformel kennen:

$$\int x^n dx = \frac{x^{n+1}}{n+1} + C; \quad n \in \mathbb{Z} \setminus \{-1\}$$

Damit können wir alle ganzrationalen und spezielle gebrochenrationale Funktionen integrieren.

1. Beispiel: $\int \frac{x^3 - x^2 + 4}{x^2} dx = \int x\,dx - \int dx + 4\int x^{-2} dx =$

$$= \frac{x^2}{2} - x - \frac{4}{x} + C = \frac{x^3 - 2x^2 - 8}{2x} + C$$

Die Differenziation der gebrochenrationalen Funktion konnten wir mit Hilfe der Quotientenregel auf die Differenziation der ganzrationalen Funktion zurückführen. Ein entsprechendes Verfahren ist bei der Integration nicht möglich, weil es für die Integrale weder eine Produkt- noch eine Quotientenregel gibt.

Die Integralfunktion jeder ganzrationalen Funktion ist, wie bekannt, wieder eine ganzrationale Funktion. Dass ein entsprechender Satz für rationale Funktionen nicht gilt, zeigt schon die in Abschnitt 9. behandelte Logarithmusfunktion.

Aus 9.2.3. kennen wir die Formeln:

$$\int \frac{1}{x} dx = \ln|x| + C, \quad x \neq 0 \quad \text{und} \tag{1}$$

$$\int \frac{f'(x)}{f(x)} dx = \ln|f(x)| + C, \quad f(x) \text{ ohne Nullstellen im Integrationsintervall} \tag{2}$$

2. Beispiel: Für $x \in \mathbb{R}^+$ gilt:

$$\int_1^x \frac{t^3 - t^2 + 3t - 2}{t^3} dt = \int_1^x dt - \int_1^x \frac{dt}{t} + 3\int_1^x \frac{dt}{t^2} - 2\int_1^x \frac{dt}{t^3} = x - \ln x - \frac{3}{x} + \frac{1}{x^2} + 1$$

3. Beispiel: Für $0 < c < a < b$ gilt:

$$\int_a^b \frac{1}{x - c} dx = [\ln|x - c|]_a^b = \ln(b - c) - \ln(a - c) = \ln\frac{b - c}{a - c}$$

aus obiger Formel (2) mit $f(x) = x - c$, $f'(x) = 1$

4. Beispiel: Für $x > -\frac{5}{3}$ ergibt sich mit Formel (2):

$$\int_0^x \frac{dt}{3t + 5} = \frac{1}{3}\int_0^x \frac{3dt}{3t + 5} = \frac{1}{3}(\ln|3x + 5| - \ln 5)$$

Außer rationalen Funktionen und Logarithmen können noch andere Funktionsklassen als Stammfunktionen rationaler Funktionen auftreten. In diesem Buch wird aber nicht weiter darauf eingegangen. Aufgabe 6 dieses Abschnitts zeigt noch einen Fall, bei dem es gelingt, den Integranden so umzuwandeln, dass die Integration mit unseren Mitteln möglich ist.

Aufgaben

1. Berechne die Integrale:

a) $\int\limits_1^2 \frac{dx}{x^2}$ b) $\int\limits_{-3}^{-1} \frac{1+x}{x^3}\,dx$ c) $\int\limits_{0,5}^{3} \frac{x^2-2}{x^4}\,dx$ d) $\int\limits_2^1 \frac{1-x^4}{x^2}\,dt$

2. Warum sind die folgenden Integrale nicht definiert?

a) $\int\limits_{-1}^{+1} \frac{dx}{x^2}$ b) $\int\limits_{-2}^{2} \frac{dx}{x^2-1}$ c) $\int\limits_3^5 \frac{x\,dx}{x^2-6x+8}$ d) $\int\limits_0^1 \cot x\,dx$

3. Stelle folgende Funktionsterme integralfrei dar:

a) $\int\limits_1^x \frac{dt}{t^5}$ b) $\int\limits_1^x \frac{2+3t^2}{t^4}\,dt$ c) $\int\limits_1^x \frac{t^2-1}{t^4+t^3}\,dt$ d) $\int\limits_1^x \frac{t^3-3}{t^2}\,dt$

4. Berechne die Integrale

a) $\int\limits_0^5 \frac{dx}{x+4}$ b) $\int\limits_{-4}^{4} \frac{5dx}{2x+10}$ c) $\int\limits_0^2 \frac{dx}{3-x}$ d) $\int\limits_{-1}^{1} \frac{x\,dx}{5-x^2}$

5. Berechne den Inhalt eines der Flächenstücke, die von den Graphen der Funktionen

$$f_1\colon x \mapsto \frac{4}{x^2};\quad x \in \mathbb{R}\setminus\{0\} \quad \text{und} \quad f_2\colon x \mapsto x^2-6x+9;\quad x \in \mathbb{R}$$

eingeschlossen werden!

6.–8. Integration unecht gebrochenrationaler Funktionen

Bei jedem der folgenden Terme f(x) ist der Grad des Zählerpolynoms gleich dem des Nennerpolynoms oder größer als dieser. Um eine Stammfunktion F zu f zu finden, verwandelt man f(x) durch Ausdividieren oder durch eine geeignete Zählerergänzung in die Summe eines Polynoms und eines echt gebrochenen Restgliedes.

Muster: $$f(x) = \frac{x^3}{x-1} = \frac{x^3-1+1}{x-1} = \frac{x^3-1}{x-1} + \frac{1}{x-1} = x^2+x+1+\frac{1}{x-1}$$

Ein Stammfunktionsterm zu f(x) ist demnach

$$F(x) = \tfrac{1}{3}x^3 + \tfrac{1}{2}x^2 + x + \ln|x-1|$$

6. Bestimme $D_{f(x)}$ und gib einen Stammfunktionsterm F(x) zu f(x) an:

a) $f(x) = \frac{x^2}{x-2}$ b) $f(x) = \frac{x^3}{x+1}$ c) $f(x) = \frac{x^2-5x+5}{x-1}$

7. Bestimme $D_{f(x)}$ und gib einen Stammfunktionsterm F(x) zu f(x) an:

a) $f(x) = \frac{x}{x+1}$ b) $f(x) = \frac{5x}{x-1}$ c) $f(x) = \frac{x+1}{x-1}$ d) $f(x) = \frac{3x-1}{3x+2}$

8. Der Graph zu $f: x \mapsto \frac{x^2-x}{x+1}$; $x \in \mathbb{R}\setminus\{-1\}$ schließt mit der x-Achse ein Flächenstück ein. Berechne seinen Inhalt.

10.4. Rationale Funktionen in der Physik

A. Optik, Elektrizitätslehre und Astronautik

Wir betrachten die Funktion

$\varphi: x \mapsto \varphi(x) = \frac{cx}{x-c}$; $D_\varphi = \mathbb{R}_0^+\setminus\{c\}$, $c \in \mathbb{R}^+$.

(Fig. 10.6)

Es ist $\varphi'(x) = -\frac{c^2}{(x-c)^2}$ und $\varphi'(0) = -1$.

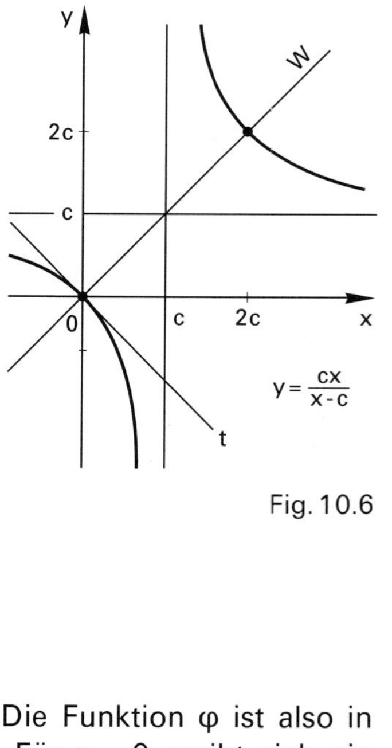

Fig. 10.6

Wir stellen fest:

1. Nullstelle für $x = 0$. Gleichung der Tangente t an der Nullstelle: $y = -x$. In der Nähe des Ursprungs gilt daher: $\varphi(x) \approx -x$.
2. Unendlichkeitsstelle für $x = c$.
3. $x > c \Rightarrow \varphi(x) > 0$; $x < c \Rightarrow \varphi(x) < 0$.
4. Untersuchung für $x \gg c$:

   $\varphi(x) = \frac{c}{1-\frac{c}{x}}$; für $x \to \infty$ geht $\varphi(x)$ gegen c.

   $y = c$ ist die Gleichung der waagrechten Asymptote.
5. In $[0; c[$ und in $]c; \infty[$ gilt jeweils $\varphi'(x) < 0$. Die Funktion φ ist also in beiden Intervallen streng monoton abnehmend. Für $x = 0$ ergibt sich ein Randmaximum.
6. Schnittpunkt von G_φ mit der Winkelhalbierenden des I. Quadranten: $x = y = 2c$.

In der Mathematik führt man die Diskussion dieser gebrochenrationalen Funktion durch, ohne danach zu fragen, welche Bedeutung man den Variablen x, y und c geben kann. Wir wollen bei dieser Funktion einmal Beispiele für Gebiete kennen lernen, in denen sie auftritt und überlegen, was unsere Ergebnisse jeweils besagen.

Wir wählen drei Beispiele aus Optik, Elektrizitätslehre und Astronautik.

In der ersten Spalte der folgenden Tabelle steht das mathematische Symbol bzw. die Funktionsgleichung, in den übrigen Spalten die Interpretation in der jeweiligen Anwendung.

Math. Symbol Gleichung	Bedeutung beim Beispiel aus der		
	Optik	Elektrizität	Astronautik
c	Brennweite f einer Sammellinse	Gesamtwiderstand R einer Parallelschaltung	Rotationszeit der Erde $e \approx 1$ Tag
x	Gegenstandsweite g	Ein Teilwiderstand R_1	Umlaufzeit s eines Satelliten auf einer Äquatorbahn
y	Bildweite b	Der andere Teilwiderstand R_2	Zeit t zwischen zwei Meridiandurchgängen an einem Ort der Erde
$y = \frac{cx}{x - c}$	$b = \frac{fg}{g - f}$	$R_2 = \frac{R \cdot R_1}{R_1 - R}$	$t = \frac{es}{s - e}$
mit $x \to \infty$ gilt $y \to c$ nach (4)	Gegenstand in großer Entfernung, Bild fast in der Brennebene	R_1 nahezu ein Isolator $R \approx R_2$	Bei langer Umlaufzeit bewegt sich der Satellit gegenüber den Fixsternen sehr langsam. Er kommt etwa nach 1 Tag wieder in Sicht (unser Mond!)
x wird kleiner $\Rightarrow$ y nimmt zu (5) $(x > c)$	Gegenstand rückt näher, Bild entfernt sich von der Linse $(g > f)$	Je mehr R_1 abnimmt, desto größer muss R_2 sein $(R_1 > R)$	Bei kürzerer Umlaufzeit verspätet sich der Satellit täglich mehr (solange $s > e$)
für $x = y$ ist $x = y = 2c$ (6)	Bild und Gegenstand in gleicher Entfernung 2f	$R_1 = R_2 = 2R$ oder $R = \frac{R_1}{2} = \frac{R_2}{2}$	Wenn die Umlaufzeit 2 Tage beträgt, holen wir den Satelliten auch alle 2 Tage ein. Er ist 24 Stunden über und 24 Stunden unter dem Horizont
mit $x \to c$ gilt $\lvert y \rvert \to \infty$ Unendlichkeitsstelle (2)	Gegenstand nähert sich der Brennebene, Bild rückt ins Unendliche	Wenn $R_1 = R$, muss R_2 ein Isolator sein	24-Stunden-Bahn. $t \to \infty$ Der Satellit steht über einem Ort der Erde still. Fernsehsatellit
für $x < c$ ist y negativ (3)	Gegenstand zwischen Brennebene und Linse, b negativ, virtuelles Bild	$R_1 < R$, R_2 negativ physikalisch sinnlos	Umlaufzeit $s < 1$ Tag, t negativ, d.h. der Satellit bewegt sich nicht mehr von Ost nach West, sondern umgekehrt. Er geht im Westen auf
Für x nahe 0 gilt $y \approx -x$ (1) Kurve wird für kleine x durch $y = -x$ approximiert	Gegenstand und virtuelles Bild etwa gleich weit von der Linse entfernt, wenn Gegenstand sehr nahe an der Linse	R_2 negativ physikalisch sinnlos	Schneller, d.h. tieffliegender Satellit. Umlaufzeit unterscheidet sich wenig von der Zeit zwischen zwei Durchgängen (z.B. Mir, Space Shuttle)
	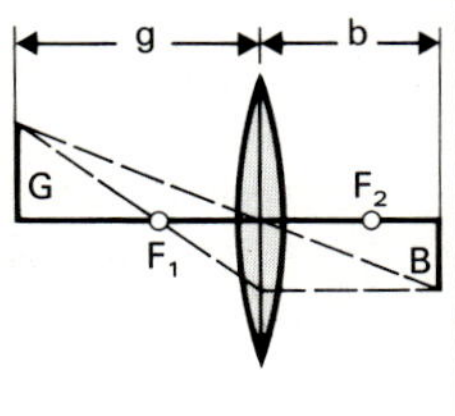	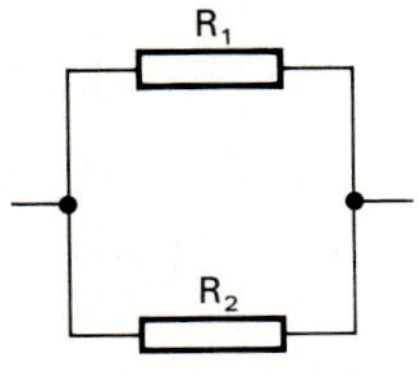	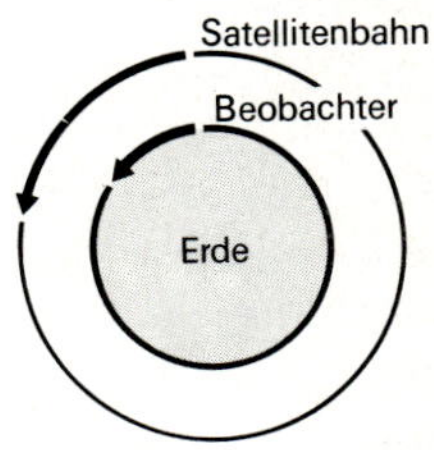

Aufgaben

1. Die beiden Oberflächenteile einer Linse sind in der Regel Ausschnitte aus Kugeloberflächen. Die Radien dieser beiden Kugeln nennen wir r_1 und r_2. Zwischen der Brennweite f der Linse, den Radien der beiden Kugeln und dem Brechungsindex n für Luft-Glas gilt für bikonvexe Linsen die Gleichung: $\frac{1}{f} = (n-1)\left(\frac{1}{r_1} + \frac{1}{r_2}\right)$, $r_1 > 0,\ r_2 > 0$

   a) Stelle für $n = 1{,}5$ den Radius r_2 als Funktion φ von r_1 mit dem Parameter f dar.

   b) Berechne $\varphi(f)$ und $\varphi(\frac{2}{3}f)$, $\varphi(\frac{f}{2})$, $\varphi(\frac{f}{3})$. Welche Gestalt hat die Linse?

   c) Zeichne G_φ für $f = 50$ cm in einem r_1-r_2-Koordinatensystem.

2. Das Gravitationspotential in der Entfernung r eines Körpers der Masse m ist $V = -G \cdot \frac{m}{r}$, G Gravitationskonstante.
   Bei mehreren Körpern, z. B. Sonne, Planeten oder Erde und Mond, addieren sich die Potentiale, $V = -G\left(\frac{m_1}{r_1} + \frac{m_2}{r_2}\right)$.
   Es soll der Potentialverlauf längs der Verbindungslinie von zwei Körpern untersucht werden.
   Wir nehmen die Funktion $V\colon x \mapsto V(x) = -\left(\frac{1}{|x|} + \frac{0{,}5}{|x-1|}\right)$, $D_V = D_{V(x)}$

   a) Wo liegen hier die beiden Körper auf der x-Achse?

   b) Wie ist das Massenverhältnis?

   c) Bestimme das lokale Maximum zwischen den Körpern $(0 < x < 1)$.

   d) Diskutiere und zeichne die Funktion im x-V-Koordintensystem.

   e) Wo ist das lokale Maximum für $m_1 : m_2 = 81 : 1$ (Erde–Mond)?

B. Gasverflüssigung

Zur Beschreibung des Verhaltens sogenannter realer Gase[1] hat der holländische Physiker van der Waals im Jahre 1873 die folgende Zustandsgleichung aufgestellt:

$$\left(p + \frac{a}{V^2}\right)(V - b) = RT$$

Hierbei bezeichnen p den Gasdruck, V das Molvolumen $\left(\text{in } \frac{m^3}{kmol}\right)$ und T die absolute Temperatur des Gases, während a und b Materialkonstanten sind, deren Zahlenwerte von der Art des Gases abhängen. Die molare Gaskonstante R hat die Größe $8{,}314 \cdot 10^3\,J \cdot K^{-1}\,kmol^{-1}$. Man kann nun die Variable T als Parameter einer Kurvenschar mit der Gleichung $p = f_T(V)$ auffassen. Die einzelnen Kurven der Schar heißen dann Isothermen. Man beachte Fig. 10.7. Die Gleichung der Isotherme zum Parameterwert T lautet:

[1] Ein reales Gas nähert sich umso mehr dem Zustand eines idealen Gases, je weiter es vom Verflüssigungszustand entfernt ist. Johannes van der Waals, niederländischer Physiker (1837–1923), Nobelpreis 1910.

$$p = \frac{RT}{V-b} - \frac{a}{V^2} \qquad (1)$$

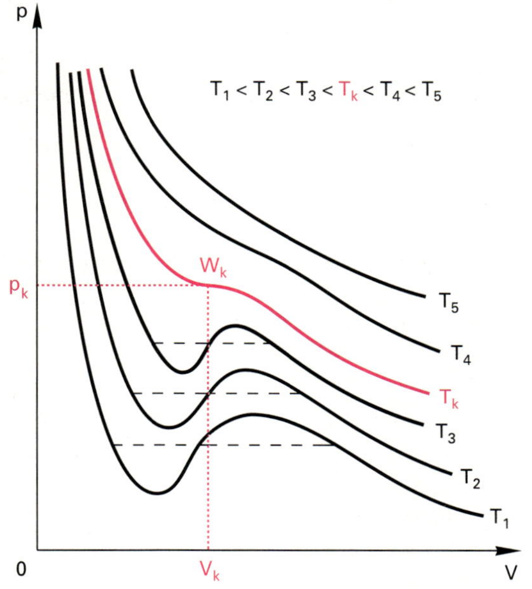

Fig. 10.7

Wie Fig. 10.7 zeigt, schneidet der Graph einer Isotherme mit einem hohen Parameterwert für T (Annäherung an den Zustand der idealen Gase) die Parallelen zur V-Achse in genau einem Punkt, während für niedrige T-Werte drei Schnittpunkte möglich sind. Im zuletzt genannten Parameterbereich tritt bei Kompression und also Volumenabnahme, trotz konstant bleibender Temperatur, eine Verflüssigung des Gases ein.

Tatsächlich folgen die Gase beim Übergang in den flüssigen Zustand (und umgekehrt) den gestrichelten Linien. Auch die Gleichung von van der Waals beschreibt das Verhalten realer Gase nur näherungsweise.

Eine Sonderstellung nimmt die sogenannte kritische Isotherme mit dem Parameter T_k (kritische Temperatur) ein, die einen Wendepunkt W_k mit einer waagrechten Wendetangente besitzt. Die kritische Temperatur eines Gases gibt die Grenztemperatur an, oberhalb der eine Verflüssigung auch bei noch so hohen Drucken nicht möglich ist. Der kritische Punkt W_k hat die Koordinaten V_k und p_k, die man als kritisches Volumen bzw. als kritischen Druck bezeichnet.

Wir können nun mit den Mitteln der Differenzialrechnung die Materialkonstanten a und b durch p_k und V_k ausdrücken.

Aus (1) folgt durch Bildung der Ableitung mit der Schreibweise von 4.3.3.d:

$$\frac{dp}{dV} = -\frac{RT}{(V-b)^2} + \frac{2a}{V^3} \quad \text{und weiter}$$

$$\frac{d^2p}{dV^2} = \frac{2RT}{(V-b)^3} - \frac{6a}{V^4}.$$

Für den Wendepunkt $W_k (V_k; p_k)$ mit waagrechter Wendetangente gilt $\frac{dp}{dV} = 0$ und $\frac{d^2p}{dV^2} = 0$, woraus folgt

$$\frac{2a}{V_k^3} = \frac{RT_k}{(V_k - b)^2} \quad \text{sowie} \tag{2}$$

$$\frac{6a}{V_k^4} = \frac{2RT_k}{(V_k - b)^3} \tag{3}$$

Division der linken und rechten Gleichungsseiten liefert dann $\frac{2}{3}V_k = V_k - b$ und somit

$$b = \frac{1}{3}V_k \tag{4}$$

In (2) eingesetzt erhalten wir $\frac{2a}{V_k^3} = \frac{9RT_k}{4V_k^2}$, also $a = \frac{9}{8}RT_kV_k$.

Aus Gleichung (1) ergibt sich mit diesen Werten

$$p_k = \frac{3RT_k}{2V_k} - \frac{9RT_k}{8V_k} = \frac{3}{8}\frac{RT_k}{V_k} \quad \text{oder}$$

$$\frac{3}{8}RT_k = p_kV_k \quad \text{und daher} \tag{5}$$

$$a = 3p_kV_k^2 \tag{6}$$

Setzen wir nun (4) und (6) in die van der Waals'sche Zustandsgleichung ein, so erhalten wir nach Ausklammern von p_k bzw. $\frac{1}{3}V_k$ und Verwendung von (5) die Beziehung

$$\left(\frac{p}{p_k} + \frac{3V_k^2}{V^2}\right)\left(3\frac{V}{V_k} - 1\right) = 8\frac{T}{T_k}$$

Ersetzt man nun noch $\frac{V}{V_k}$ durch $\overline{V}$, $\frac{p}{p_k}$ durch $\overline{p}$ und $\frac{T}{T_k}$ durch $\overline{T}$, so erhält man die folgende *reduzierte Zustandsgleichung*, die für alle realen Gase in guter Näherung Gültigkeit hat:

$$\left(\overline{p} + \frac{3}{\overline{V}^2}\right)(3\overline{V} - 1) = 8\overline{T}$$

11. Wiederholungsaufgaben

11.1. Aufgaben zur Wiederholung von Produktregel, Quotientenregel und Kettenregel[1]

1. Berechne für die Funktion $f: x \mapsto \frac{|x|}{1+|x|}$; $x \in \mathbb{R}$ den Wert der Ableitungen, falls diese existiert, an der Stelle

   a) $x_0 = 0$ b) $x_0 = 4$ c) $x_0 = -1$

2. Berechne für die Funktion $f: x \mapsto \frac{\sin x}{x+1}$; $x \in]-1; \infty[$ den Wert der 2. Ableitung am Ursprung!

3. Differenziere zuerst mit der Quotientenregel, dann mit der Kettenregel:

   a) $f(x) = \frac{1}{\sin x}$ b) $f(x) = \frac{1}{\cos^3 x}$

4. Untersuche bei den folgenden Funktionen f mit $D_f = D_{f(x)}$ Symmetrieeigenschaften des Graphen, Nullstellen, das Verhalten in der Umgebung der Nullstellen des Nenners und das Verhalten für $x \to \pm\infty$! Skizziere den Graphen im Bereich $[-5; 5]$!

   a) $f: x \mapsto \frac{x}{4-x^2}$ b) $f: x \mapsto \frac{2x^2}{x^2-1}$ c) $f: x \mapsto \frac{1}{|x-2|}$ d) $f: x \mapsto \frac{1}{|x|-2}$

5. Bestimme die Wertemengen der folgenden Funktionen mit $D_f = D_{f(x)}$ mit Hilfe der Extremwerte sowie des Verhaltens an Unendlichkeitsstellen und für $x \to \pm\infty$!

   a) $f: x \mapsto \frac{4x-4}{x^2-2x+2}$ b) $f: x \mapsto \frac{x^2}{x^4+1}$ c) $f: x \mapsto \frac{|x|}{x-1}$

6. Versuche möglichst viele Eigenschaften der Klasse der *gebrochenlinearen Funktionen* $f: x \mapsto \frac{ax+b}{cx+d}$; $D_f = D_{f(x)}$; $a, b, c, d \in \mathbb{R} \wedge c \neq 0$ herauszufinden!

7. Wo ist der Graph von $f: x \mapsto \frac{1}{6}x^4 - \frac{1}{3}x^3 - 6x^2 + 1$ in $[-3; 3]$ am steilsten?

8. Gegeben ist die Funktionenschar f_a: $x \mapsto f_a(x) = \frac{2-ax}{2+x^2}$; $a \in \mathbb{R}$, $D_{f_a} = D_{f_a}(x)$

   a) Bestimme die maximal zulässige Definitionsmenge D_{f_a}!
   b) Für welchen Wert von a ist G_{f_a} symmetrisch zur y-Achse?
   c) Für welches a liegt der Punkt $P(-3; 1)$ auf dem Graphen?
   d) Zeichne den Graphen der in c) ermittelten Funktion in $[-4; 4]$!
   e) Für welche Werte von a hat der Graph mindestens einen Punkt mit der Geraden zu $g: y - 5 = 0$ gemeinsam?

9. Vergleiche die Ableitungen der für $x \neq 0$ definierten Funktionen $f: x \mapsto \frac{x^3+1}{x^3}$ und $\varphi: x \mapsto \frac{1}{x^3}$! Wie erklärt sich das Ergebnis?

10. Es sind zwei positive Zahlen zu bestimmen, deren Summe 6 ist und für die die Summe ihrer Kehrwerte extremal wird.

[1] Die Aufgaben behandeln Stoff der 11. Jahrgangsstufe.

11. Gegeben ist die Funktion $\varphi: x \mapsto y = \sqrt{4 - x^2}$; $x \in D_{max}$
   a) Gib D_{max} an!
   b) Differenziere φ, und bestimme den Differenzierbarkeitsbereich $D_{\varphi'}$!
   c) Stelle die Gleichung der Normalen in einem beliebigen Punkt $P(x_0; y_0)$ des Funktionsgraphen G_φ auf und zeige, dass sie durch den Ursprung geht!
   d) Zeichne G_φ und erkläre das Ergebnis von Teilaufgabe c) geometrisch!
   Hinweis: Berechne $x^2 + y^2$!

12. Für die Bewegung eines Massenpunktes gilt die Weg-Zeit-Gleichung $s(t) = \sin \omega t$. Zeige, dass diese Bewegung der Differenzialgleichung $\ddot{s} + \omega^2 \cdot s = 0$ gehorcht!

13. Einem Kreis vom Radius r soll das Rechteck mit dem größtmöglichen Flächeninhalt einbeschrieben werden.

14. Einem Kreis vom Radius r soll das Rechteck vom größten Umfang einbeschrieben werden.

15. Die Spinne und die Fliege
An einer Zimmerwand sitzt eine Fliege, 6 dm unter der Decke und 2 dm von der Zimmerkante entfernt. An der Nachbarwand sitzt eine Spinne, 3 dm unter der Decke und 1 dm von der gleichen Zimmerkante entfernt. Wie muss sie den kürzesten Weg zur Fliege wählen? (Fig. 11.1)

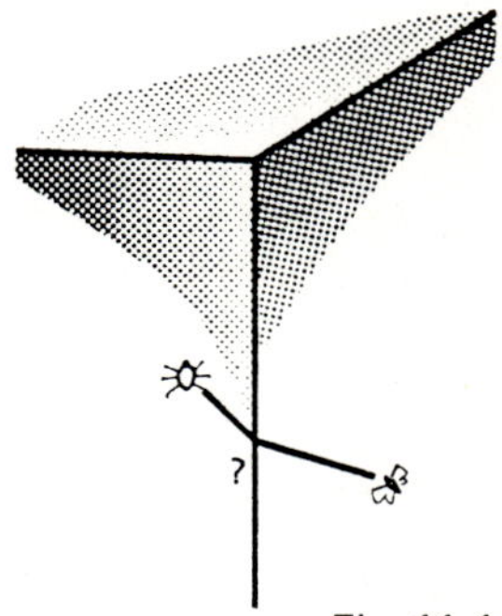

Fig. 11.1

16. *Das Minimalprinzip der Optik*
Nach einem von Pierre de Fermat (1601–1665) aufgestellten Prinzip verläuft das Licht beim Übergang von Luft in Wasser so, dass seine Laufzeit zwischen zwei Punkten A und B minimal wird. Zeige, dass sich daraus das Brechungsgesetz von W. Snellius (1580–1626) ableiten lässt! Löse die Aufgabe in folgenden Schritten (Fig. 11.2):
   a) Zeige, dass für die Laufzeit von A nach B gilt
   $$t(x) = \frac{\sqrt{x^2 + a^2}}{v_1} + \frac{\sqrt{(d-x)^2 + b^2}}{v_2}$$
   b) Stelle eine Bedingung für das x auf, für welches t(x) minimal wird!

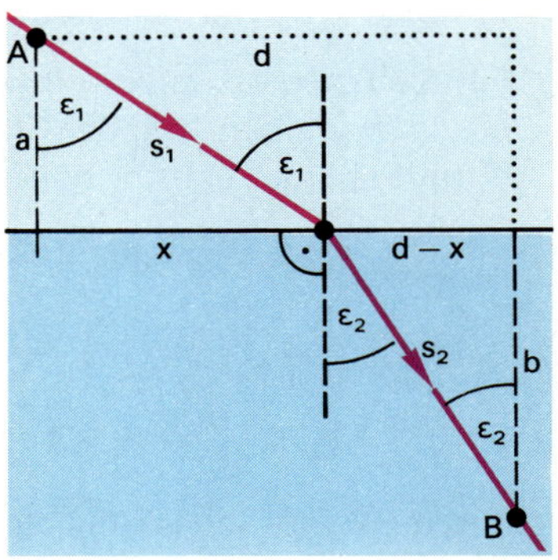

Fig. 11.2

c) Begründe:
$$\frac{x}{\sqrt{x^2 + a^2}} = \sin \varepsilon_1 \quad \text{und} \quad \frac{d-x}{\sqrt{(d-x)^2 + b^2}} = \sin \varepsilon_2$$

d) Leite aus den gefundenen Beziehungen das Brechungsgesetz $\frac{\sin \varepsilon_1}{\sin \varepsilon_2} = n$ mit $n = \frac{v_1}{v_2}$ ab!

17. Aus drei gleichen Brettern von der Breite a soll eine Rinne gebildet werden, deren Querschnitt ein gleichschenkliges Trapez ist und die möglichst viel Wasser fassen kann. Anleitung: Führe den spitzen Winkel, den die beiden schrägen Bretter gegen die Horizontale bilden, als unabhängige Variable φ in die Rechnung ein!

11.2. Aufgaben zu den Abschnitten 1. bis 6.

1. Aufgabe

Gegeben ist die Funktion

$$f\colon x \mapsto f(x) = 1 - \frac{2x^2}{x+1}, \quad D_f = D_{f(x)}$$

Ihr Graph ist G_f.

1. a) Wie lautet der Definitionsbereich D_f der Funktion f?
   b) Die Gerade h ist durch die Gleichung $y = -2x + t$ bestimmt; dabei ist $t = \lim\limits_{x \to \infty} [f(x) + 2x]$.
   Man berechne mit diesem Ansatz die Größe t und gebe die Gleichung von h an.
   c) Es ist nachzuweisen, dass die Gerade h mit G_f keinen gemeinsamen Punkt besitzt.
   d) Die Differenz der Ordinaten zwischen den Punkten der Geraden h und dem Graphen G_f bei gleicher Abszisse x_0 sei $d(x_0)$. Zeige: $d(x_0)$ hat für $|x_0| \to \infty$ den Grenzwert 0.
   e) Für welche x-Werte liegt G_f „oberhalb", für welche „unterhalb" der Geraden h?
2. a) Wo schneidet G_f die x-Achse? Man ermittle die Extrempunkte von G_f.
   b) Besitzt G_f Wendepunkte? Begründung!
   c) Zeichne G_f und die Gerade h im Bereich $|x| \leqq 4$! (Hochformat DIN A4, 1 LE = 1 cm)
3. Für die Funktion $\varphi\colon x \mapsto \varphi(x) = ax^2 + bx + c$ sollen die Koeffizienten a, b und c so bestimmt werden, dass der Graph G_φ durch den Punkt P(0; −1) geht und den Graphen G_f im Punkt N(1; 0) orthogonal schneidet.

2. Aufgabe

1. Betrachtet wird zunächst die Schar der Funktionen

   $$f_a\colon x \mapsto f_a(x) = x + \frac{a}{x}, \quad x \neq 0$$

   mit $a > 0$ als Scharparameter. Der Graph von f_a heißt G_{f_a}.
   a) Für welche Werte von k besitzt die Gerade mit der Gleichung $y = kx$ keine gemeinsamen Punkte mit den Graphen G_{f_a}?
   b) Man bestimme die 1. Ableitung von f_a durch Grenzwertrechnung.
   c) Welche Koordinaten haben die Extrempunkte der Graphen G_{f_a}, und von welcher Art sind sie? Wo liegen die Extrempunkte aller Graphen G_{f_a} (Funktion!)?
   d) Für a = 4 erhält man den Graphen G_{f_4}. Zeichne diese Kurve unter Berücksichtigung der bisherigen Ergebnisse im Bereich $|x| \leqq 8$!

2. Zu einer zweiten Schar von Funktionen

$$g_a\colon x \mapsto g_a(x) = x - \frac{x^3}{3a^2}, \quad x \in \mathbb{R}$$

gehört die Graphenschar G_{g_a}. Auch hier ist der Scharparameter $a > 0$.

a) Zeige, dass alle Graphen der Schar die gleiche Wendetangente besitzen!

b) Für $a = 4$ erhält man den Graphen G_{g_4}. Man zeichne diesen Graphen im Bereich $|x| \leqq 8$ in das Koordinatensystem der Teilaufgabe 1.d) ein. Dabei lassen sich die Schnittpunkte mit der x-Achse, die Extrempunkte und die Wendetangente vorteilhaft verwenden.

3. a) Es soll durch Rechnung festgestellt werden, ob es Werte a gibt, für welche die zugehörigen Graphen G_{f_a} und G_{g_a} gemeinsame Punkte haben.

b) Eine Gerade, die durch die Gleichung $x = c$ mit $c > 0$ gegeben ist, schneidet die zum gleichen a-Wert gehörigen Graphen G_{f_a} und G_{g_a} in den Punkten A und B. Für welchen Wert c_0 von c nimmt die Streckenlänge $e = \overline{AB}$ einen Extremwert an? Um welche Art von Extremum handelt es sich anschauungsgemäß? (Rechnerischer Nachweis nicht erforderlich).
Zeige, dass in den zu c_0 gehörigen Punkten A_0 und B_0 die beiden Kurven G_{f_a} und G_{g_a} die gleiche Steigung $m = m(a)$ haben!
Berechne $\lim\limits_{a \to \infty} m(a)$!

11.3. Aufgaben zu den Abschnitten 1. bis 8.

3. Aufgabe

Der Graph einer ganzrationalen Funktion f zweiten Grades schneidet die x-Achse in den Punkten $N_1(-2; 0)$ und $N_2(4; 0)$. $S(1; 3)$ ist ein weiterer Punkt des Graphen.

1. a) Man ermittle die Gleichung $y = f(x)$ der Funktion f.
[Ergebnis: $y = -\frac{1}{3}(x^2 - 2x - 8)$]

b) Zeichne den Graphen von f im Bereich $[-2; 4]$!
(1 LE = 1 cm; Hochformat DIN A4; Koordinatenursprung 3 cm vom linken und 10 cm vom oberen Blattrand entfernt)

2. Welchen Flächeninhalt hat das vom Graphen und der x-Achse begrenzte Flächenstück?

3. a) Zeige: Die Nullstellen der in 1.a) gefundenen Funktion erfüllen die Beziehung

$$f'(-2) + f'(4) = 0.$$

b) Man weise nach, dass allgemein bei jeder ganzrationalen Funktion zweiten Grades $g\colon x \mapsto g(x) = ax^2 + bx + c$ mit den Nullstellen x_1 und x_2 gilt:

$$g'(x_1) + g'(x_2) = 0$$

c) Wie lässt sich die Beziehung aus 3.b) geometrisch deuten?

4. Gegeben ist nun die Funktion

$$h\colon x \mapsto h(x) = \begin{cases} -\frac{1}{3}(x^2 - 2x - 8) & \text{für } x \leqq 0 \\ mx + t & \text{für } x > 0;\ m, t \in \mathbb{R} \end{cases}$$

a) m und t sollen so bestimmt werden, dass h an der Stelle $x = 0$ stetig und differenzierbar ist.

b) Trage im Intervall $[-2; 8]$ den Graphen von h in die zu 1. b) gefertigte Zeichnung farbig ein!

c) Beweise: Die Funktion h nimmt für alle $x \in \mathbb{R}$ streng monoton zu.

d) Wie lautet die Umkehrfunktion h^{-1} von h?

4. Aufgabe

Gegeben ist die Schar der Funktionen

$$f_p\colon x \mapsto f_p(x) = \frac{8}{x^2 + 3p^2}; \quad x \in \mathbb{R} \quad \text{und} \quad p \in \mathbb{R}^+.$$

Der Graph von f_p heißt G_{f_p}.

1. a) Berechne die Koordinaten des Extrempunktes und der Wendepunkte W_p und W_p'! Dabei ist W_p der Wendepunkt mit positiver Abszisse.
Der Nachweis für die Wendepunkte ist ohne Berechnung der 3. Ableitung zu führen.

   b) Zeichne den zu $p = 1$ gehörenden Graphen G_{f_1} der Funktion f_1 im Bereich $|x| \leqq 3$!
$1 \text{ LE} = 2 \text{ cm}$.

   c) Wie lautet die Gleichung der Punktmenge (Ortskurve) K für die Wendepunkte W_p, wenn p alle zugelassenen Werte durchläuft? Welche Definitionsmenge hat die Funktion, deren Graph K ist?

2. a) Die Tangente und die Normale an den Graphen G_{f_p} im Wendepunkt W_p der Aufgabe 1. a) schneiden die y-Achse in den Punkten A und B. Wie groß ist die Länge $\overline{AB}$?

   b) Man bestimme nunmehr p so, dass das Verhältnis der Diagonalen im Drachenviereck $AW_p'BW_p$, also $\overline{AB} : \overline{W_pW_p'}$, extremal wird. Von welcher Art ist das Extremum? (Begründung!)

3. W_1 und W_1' sind die Wendepunkte des Graphen G_{f_1}.
Für die Funktion

$$g\colon x \mapsto g(x) = \tfrac{1}{3}(a|x|^3 - 9x^2 + bx + c)$$

sind die Koeffizienten a, b, c so zu berechnen, dass der zugehörige Graph G_g durch den Punkt W_1' geht und die Kurve K der Aufgabe 1. c) im Punkt W_1 berührt.

4. Gegeben ist nun die Funktion $h\colon x \mapsto h(x)$ mit

$$h(x) = \begin{cases} \frac{1}{3}(2|x|^3 - 9x^2 + 13) & \text{für } |x| \leqq 1 \\ \frac{2}{x^2} & \text{für } |x| > 1 \end{cases}$$

   a) Untersuche den Graphen G_h von h auf Symmetrie!

   b) Beweise: Die Funktion h ist an den Stellen $x_1 = 0$ und $x_2 = 1$ stetig.

   c) Zeichne in das Koordinatensystem der Aufgabe 1. b) den Graphen G_h im Bereich $|x| \leqq 3$ nach Aufstellen einer Wertetabelle für die ganzzahigen x-Werte und für $x = 0{,}5$!

   d) Das Flächenstück, das von der x-Achse, dem Graphen G_h und den Geraden mit den Gleichungen $x = 0$ und $x - 2 = 0$ eingeschlossen wird, hat den Inhalt $A = 4{,}5$. Weise dies nach!

11.4. Aufgaben zu den Abschnitten 1. bis 10.

5. Aufgabe

Gegeben ist die Funktion

$$f\colon x \mapsto (\ln x)^2; \quad D_f = \mathbb{R}^+$$

G_f sei ihr Graph.

1. a) Man ermittle, soweit vorhanden, die Nullstellen von f und gebe das Verhalten von f(x) für $x \to 0$ und für $x \to \infty$ an.
   b) Wie lautet die 1. Ableitung f'(x)? Welches Monotonieverhalten zeigt f? Wo liegt das Extremum und von welcher Art ist es? Welche Wertemenge hat f?
   c) Es ist nachzuweisen, dass bei $x = e$ die zweite Ableitung f''(x) das Vorzeichen wechselt. Was bedeutet dies für den Graphen G_f?
   d) Zeichne G_f unter Berücksichtigung aller bisherigen Ergebnisse und einiger geeigneter Funktionswerte im Bereich]0; 4]! 1 LE = 2 cm

2. Nun sei die Funktion

$$g\colon x \mapsto 2 \cdot \int_1^x \frac{\ln t}{t}\,dt; \quad D_g = \mathbb{R}^+$$

gegeben. Man beweise, dass g und f ein und dieselbe Funktion sind.

3. G_L sei der Graph der Funktion

$$L\colon x \mapsto \ln x; \quad D_L = \mathbb{R}^+.$$

   a) Skizziere G_L in das Koordinatensystem von Teilaufgabe 1.d)!
   b) Die Graphen G_f und G_L schneiden aus jeder Parallelen zur y-Achse mit der Gleichung $x = u$, wobei $1 < u < e$, eine Strecke aus.
   Für welchen Wert von u hat die Länge dieser Strecke ein Maximum? Welches ist die maximale Länge dieser Strecke? Das Ergebnis soll durch Eintragung der gefundenen Strecke in die Zeichnung (siehe Teilaufgaben 1.d) und 3.a)) überprüft werden.

6. Aufgabe

Untersucht wird die Funktion

$$f\colon x \mapsto f(x) = \frac{2x-4}{1-x}; \quad D_f = D_{f(x)}$$

Ihr Graph wird mit G_f bezeichnet.

1. a) Gib $D_{f(x)}$ an! Wo schneidet der Graph G_f die Koordinatenachsen?
   b) Wie verhält sich f(x) für $x \to \pm\infty$ und für $x \to 1$?
   c) Welches Monotonieverhalten zeigt die Funktion f? Besitzt G_f Extrempunkte?
   d) Zeichne G_f im Bereich $[-4; 5]$ unter Verwendung der bisherigen Ergebnisse und einiger geeigneter Funktionswerte! 1 LE = 1 cm

2. a) Man begründe, weshalb f umkehrbar ist. Wie lautet die Gleichung $y = f^{-1}(x)$ der Umkehrfunktion f^{-1}? Welches ist die Definitions- und Wertemenge von f^{-1}?

b) Welche Koordinaten haben die Schnittpunkte der Graphen G_f und $G_{f^{-1}}$?
($G_{f^{-1}}$ ist der Graph von $f^{-1}: x \mapsto y$)

3. a) Man zeige, dass die Funktion

$$F: x \mapsto \ln[(1-x)^2] - 2x; \quad D_F = D_f$$

eine Stammfunktion von f ist.

b) Zeige: Die Fläche, die begrenzt wird vom Graphen G_f, der Winkelhalbierenden des III. Quadranten, der negativen y-Achse und der Geraden mit der Gleichung $x = -2$, hat, auf zwei Dezimalen genau, den Inhalt 4,20.

7. Aufgabe

Gegeben ist die Funktion

$$f: x \mapsto f(x) = e^{1-0,5x^2}; \quad D_f = \mathbb{R}.$$

Ihr Graph ist G_f.

1. a) Man untersuche den Graphen G_f auf Symmetrieeigenschaften und ermittle seine waagrechte Asymptote.

b) Zeige: Die erste Ableitung von f (x) lässt sich darstellen in der Form $f'(x) = -x \cdot f(x)$. Ohne Verwendung der zweiten Ableitung soll begründet werden, dass G_f genau einen Extrempunkt besitzt. Welche Koordinaten hat er? Welches ist die Wertemenge W_f der Funktion f?

c) Nur mit Hilfe der zweiten Ableitung soll gezeigt werden, dass der Punkt $W(1; \sqrt{e})$ ein Wendepunkt von G_f ist, und dass es im Bereich $x \geqq 0$ keinen weiteren Wendepunkt gibt. Welche Koordinaten haben die Schnittpunkte der dazugehörigen Wendetangente mit den Koordinatenachsen?

d) Zeichne den Graphen G_f unter Berücksichtigung der bisherigen Ergebnisse einschließlich der Wendetangente! Dazu sollen auch die Punkte mit den Abszissen 0,5; 2 und 3 verwendet werden. (1 LE = 2 cm. Ursprung in Blattmitte)

2. a) Man skizziere den Graphen $G_{f'}$ der Ableitungsfunktion f' im Intervall $[-3; 3]$ in das bereits angelegte Koordinatensystem und erläutere, welche Bedeutung die Wendestellen von f für den Verlauf des Graphen $G_{f'}$ der Ableitungsfunktion f' haben!

b) Der Graph $G_{f'}$ der Ableitungsfunktion, die x-Achse und die Gerade mit der Gleichung $x = 1$ begrenzen ein Flächenstück. Es hat, auf zwei Dezimalen genau, den Inhalt 1,07. Dies soll nachgewiesen werden.

8. Aufgabe

Gegeben ist die Funktion

$$f: x \mapsto \ln \frac{x-3}{2x} \quad \text{mit maximalem Definitionsbereich } D_f.$$

Ihr Graph wird mit G_f bezeichnet.

1. a) Zeige: $D_f = \mathbb{R} \setminus [0; 3]$.

b) Untersuche das Verhalten von f an den Grenzen von D_f und gib die Gleichungen aller Geraden an, die Asymptoten von G_f sind.

c) Bestimme die Nullstelle und das Monotonieverhalten von f.

d) Untersuche das Krümmungsverhalten von G_f.

e) Berechne $f(-5)$, $f(-1)$, $f(4)$ und $f(7)$ auf 2 Dezimalen gerundet und zeichne G_f unter Verwendung der bisherigen Ergebnisse im Bereich $-5 \leqq x \leqq 7$ (Längeneinheit 1 cm).

2. a) Zeige, dass $F(x) = x \cdot \ln \frac{x-3}{2x} - 3\ln(3-x)$ im Bereich $x < 0$ eine Stammfunktion von f ist.

b) Die Einschränkung von f auf $]-\infty; 0[$ ist umkehrbar. Zeichne den Graphen der zugehörigen Umkehrfunktion g in das Koordinatensystem von Teilaufgabe 1e ein. Gib die Definitionsmenge von g an.

c) Berechne mit Hilfe der Teilaufgaben 2a und 2b das vom Graphen von g, den Koordinatenachsen und der Geraden mit der Gleichung $x = \ln 2$ begrenzte Flächenstück.

9. Aufgabe

Gegeben ist die Funktion

$$f\colon x \mapsto (1-x^2)\, e^{\frac{1}{2}(3-x^2)} \quad \text{mit} \quad D_f = \mathbb{R}.$$

Ihr Graph wird mit G_f bezeichnet.

1. a) Untersuche G_f auf Symmetrie, ermittle die Nullstellen von f und bestimme das Verhalten von f für $|x| \to \infty$.
(Hinweis: $\lim\limits_{x\to\infty} x^n \cdot e^{-\frac{1}{2}x^2} = 0$ für $n \in \mathbb{N}$ darf ohne Beweis verwendet werden.)

b) Ermittle das Monotonieverhalten von f und gib Art und Lage der Extrempunkte von G_f an.

c) Zeichne G_f unter Verwendung der bisherigen Ergebnisse und der Funktionswerte $f(3)$ und $f(4)$ im Bereich $-4 \leqq x \leqq 4$ (Längeneinheit 2 cm).

d) Die Schnittpunkte von G_f mit der x-Achse und ein weiterer, beliebiger Punkt P des Graphen von f bestimmen ein Dreieck.
Ermittle unter Verwendung der bisherigen Ergebnisse den Punkt P, für den das Dreieck maximalen Flächeninhalt besitzt. Gib auch diesen Inhalt an.

2. a) Weise nach, dass die Funktion $F\colon x \mapsto x\, e^{\frac{1}{2}(3-x^2)}$ mit $D_F = \mathbb{R}$ die integralfreie Darstellung von $\int_0^x f(t)\,dt$ ist.

b) Bestimme unter Verwendung bisheriger Ergebnisse die Koordinaten der Extrem- und Wendepunkte von F.

c) Bestimme $\lim\limits_{x\to\infty} F(x)$. Was bedeutet das Ergebnis geometrisch – anschaulich?

10. Aufgabe

Gegeben ist für $a \in \mathbb{R}^+$ die Schar von Funktionen

$$f_a\colon x \mapsto \frac{2x^2 - 4a^2}{x^2 - a^2} \quad \text{mit} \quad D_{f_a} = \mathbb{R} \setminus \{-a; +a\}.$$

Die Graphen der Schar werden mit G_a bezeichnet.

1. a) Untersuche G_a auf Symmetrie und ermittle die Schnittpunkte von G_a mit den Koordinatenachsen.
   b) Gib die Gleichungen sämtlicher Asymptoten von G_a an. Zeige, dass die Graphen G_a für $x > a$ unterhalb der horizontalen Asymptote verlaufen.
   c) Zeige, dass alle Graphen G_a denselben Extrempunkt besitzen und bestimme dessen Art und Lage.
2. Weise nach, dass $F_a\colon x \mapsto 2x + a[\ln(x+a) - \ln(x-a)]$ für $x > a$ Stammfunktion von f_a ist.
3. Im Folgenden sei immer $a = \sqrt{2}$.
   a) Ermittle die Gleichung der Tangente t an $G_{\sqrt{2}}$ im Schnittpunkt mit der positiven x-Achse.
   b) Berechne $f_{\sqrt{2}}(1)$, $f_{\sqrt{2}}(3)$ und zeichne $G_{\sqrt{2}}$ unter Verwendung der bisherigen Ergebnisse im Bereich $-6 \leqq x \leqq +6$ (Längeneinheit 1 cm). Trage auch die Tangente t ein.
   c) Zeige, dass die in Teilaufgabe 3a berechnete Tangente t die horizontale Asymptote von $G_{\sqrt{2}}$ an der Stelle $x_0 = 2{,}5$ schneidet. Berechne den Inhalt A des Flächenstücks, das $G_{\sqrt{2}}$ mit seiner horizontalen Asymptote, der Tangente t und der Geraden zu $x = 6$ einschließt. Gib A auf zwei Dezimalen gerundet an.

11. Aufgabe

Gegeben ist die Funktion

$$f\colon x \mapsto x \cdot (1 - \ln x)^2 \quad \text{mit} \quad D_f = \mathbb{R}^+.$$

Ihr Graph wird mit G_f bezeichnet.

1. a) Bestimme die Nullstelle von f. Ermittle Art und Lage der Extrempunkte von G_f.
   b) Zeige, dass G_f genau einen Wendepunkt hat und dass die Wendetangente die Gleichung $y = 2 - x$ besitzt.
   c) Untersuche das Verhalten von $f(x)$ und $f'(x)$ für $x \to 0$ und für $x \to \infty$. Gib die Wertemenge W_f der Funktion f an.
   (Hinweis: $\lim\limits_{x \to 0} x(\ln x)^n = 0$ für $n \in \mathbb{N}$ darf ohne Beweis verwendet werden.)
   d) Berechne $f(2)$ und $f(4)$ auf 2 Dezimalen genau. Zeichne G_f unter Verwendung der bisherigen Ergebnisse im Bereich $0 < x \leqq 4$ (Längeneinheit 2 cm).
   Trage auch die Wendetangente ein.
2. a) Zeige, dass $F\colon x \mapsto \frac{x^2}{2} \cdot [\frac{5}{2} - 3\ln x + (\ln x)^2]$ mit $x \in D_f$ eine Stammfunktion von f ist.
   b) Berechne den Inhalt des endlichen Flächenstücks, das G_f, die Wendetangente und die x-Achse im Bereich $x \geqq 1$ begrenzen.

12. Aufgabe

Gegeben ist die Schar von Funktionen

$$f_k\colon x \mapsto \frac{x^2-k}{x+1} \quad \text{mit} \quad D_{f_k} = \mathbb{R}\setminus\{-1\} \quad \text{und} \quad k \in \mathbb{R}.$$

Ihre Graphen seien mit G_k bezeichnet.

1. a) Berechne die Nullstellen der Funktionen der Schar und bestimme die Anzahl der Nullstellen in Abhängigkeit von k. Achte dabei auf die Definitionsmenge der Funktionen.
   b) Für welchen Wert von k ist f_k an der Stelle $x = -1$ stetig fortsetzbar? Bestimme für diesen Fall $\lim\limits_{x \to -1} f_k(x)$.
   c) Wo schneiden die Graphen der Schar die y-Achse?
2. a) Zeige, dass die Gerade $g\colon y = x - 1$ für alle Graphen der Schar mit $k \neq 1$ Asymptote ist. Welche Bedeutung hat die Gerade $h\colon x = -1$ für die Graphen G_k mit $k \neq 1$?
   b) Untersuche, ob die Graphen der Schar für $k \neq 1$ mit der Asymptote g gemeinsame Punkte besitzen.
3. a) Zeige, dass für die 1. Ableitung von f_k gilt: $f_k'(x) = \dfrac{x^2+2x+k}{(x+1)^2}$.
   b) Untersuche für die Fälle $k = 0$, $k = 1$, ob die Graphen G_k Extrempunkte besitzen. Bestimme gegebenenfalls Art und Lage.
4. Skizziere unter Verwendung der bisherigen Ergebnisse im Bereich $-5 \leqq x \leqq 5$ die Graphen G_0, G_1 und G_4 in ein gemeinsames Koordinatensystem (Längeneinheit 1 cm). Trage auch die Geraden g und h (vgl. Teilaufgabe 2a) ein.
5. Berechne den Inhalt A des Flächenstücks, das von den Graphen G_0 und G_4 sowie den Geraden zu $x = 0$ und $x = e - 1$ begrenzt wird.

13. Aufgabe

Gegeben ist für $a \in \mathbb{R}$ die Schar von Funktionen

$$f_a\colon x \mapsto \frac{x^2+ax}{x+1} \quad \text{mit maximaler Definitionsmenge } D.$$

Die zugehörigen Graphen werden mit G_a bezeichnet.

1. Wir setzen zunächst voraus, dass $a \neq 1$ ist.
   a) Bestimme D und, in Abhängigkeit von a, die Nullstellen von f_a. + Definitionslücke
   b) Zeige, dass in D gilt: $f_a(x) = x + (a-1) - \dfrac{a-1}{x+1}$.
   Gib die Gleichungen aller Asymptoten von G_a an.
   c) Berechne die Ableitung $f_a'(x)$.
   Zeige, dass jeder Graph G_a entweder zwei Stellen oder keine Stelle mit horizontaler Tangente besitzt (Fallunterscheidung bezüglich a).
   d) Skizziere unter Verwendung der bisherigen Ergebnisse für $a = 3$ den Graphen G_3 im Bereich $[-5; 5]$. Zeichne auch die dazugehörigen Asymptoten ein (Längeneinheit 1 cm).

2. Nun wird für $a = 1$ die Funktion f_1 betrachtet. Vereinfache den Funktionsterm $f_1(x)$ und zeichne den Graphen G_1 in ein neues Koordinatensystem ein.

3. Gegeben ist für $x > -1$ die Funktion $F: x \mapsto \frac{1}{2}x^2 + 2x - 2\ln(x+1) + 5$.
   a) Weise nach, dass F eine Stammfunktion von f_3 für $x > -1$ ist.
   b) Berechne den Inhalt $A(b)$ der im ersten Quadranten liegenden endlichen Fläche, die von G_3, der dazugehörigen schrägen Asymptote sowie den Geraden $x = 0$ und $x = b$ mit $b > 0$ begrenzt wird (siehe Teilaufgabe 1d).
   c) Untersuche das Verhalten von $A(b)$ für $b \to \infty$.

14. Aufgabe

Gegeben ist die Funktion

$$f: x \mapsto \frac{2e^x - 1}{e^{2x}} \quad \text{mit} \quad D_f = \mathbb{R}.$$

Ihr Graph sei mit G_f bezeichnet.

1. a) Ermittle die Schnittpunkte von G_f mit den Koordinatenachsen sowie das Verhalten von $f(x)$ für $x \to +\infty$ und $x \to -\infty$.
   b) Zeige, dass $f'(x) = \frac{2 - 2e^x}{e^{2x}}$ ist.
   c) Bestimme das Monotonieverhalten von f sowie Art und Lage des Extrempunktes.
   d) Untersuche das Krümmungsverhalten von G_f. Bestimme den Wendepunkt. Zeige, dass die Wendetangente den y-Achsenabschnitt $t = 0{,}75 + \ln\sqrt{2}$ besitzt.
   e) Berechne die Werte von f an den Stellen 3, $-\frac{1}{2}$ und $-\ln 3$ und zeichne G_f und die Wendetangente im Bereich $-\ln 3 \leqq x \leqq 3$ unter Verwendung der bisherigen Ergebnisse in ein Koordinatensystem (Längeneinheit 2 cm).

2. a) Zeige, dass $F: x \mapsto \frac{1 - 4e^x}{2e^{2x}}$ mit $D_F = \mathbb{R}$ eine Stammfunktion von f ist.
   b) Zeige, dass für $J(k) = \int_k^0 f(x)\,dx \quad (k \in \mathbb{R})$ gilt:

$$J(k) = \frac{4e^k - 1}{2e^{2k}} - \frac{3}{2}$$

   c) Bestimme $J(-\ln 2)$ und beschreibe in der Zeichnung von Teilaufgabe 1.e) eine Fläche, deren Inhalt in Flächeneinheiten ($1\ \text{FE} = 4\ \text{cm}^2$) gerade diesen Wert besitzt.
   d) Bestimme nun $J(-\ln 3)$ und interpretiere das Ergebnis anhand der Zeichnung von Teilaufgabe 1.e).

Ergänzungen und Ausblicke

Iterationsverfahren zur Nullstellenbestimmung

Die Nullstellen von Funktionen lassen sich nur in speziellen Fällen exakt nach den Verfahren der Algebra bestimmen. Daher sind schon sehr früh *Iterationsverfahren*[1] entwickelt worden, mit denen man die gesuchten Nullstellen durch wiederholte Anwendung des Verfahrens mit beliebiger Genauigkeit annähern kann. Durch die Entwicklung des Computers haben diese Methoden zusätzlich an Bedeutung gewonnen.

Als Beispiel wählen wir die noch recht einfache Funktion f mit

$$f(x) = x^3 + x - 1; \quad x \in \mathbb{R} \qquad \text{(Graph schwarz in Fig. 11.3)}$$

Da $f(x) \to -\infty$ für $x \to -\infty$ und $f(x) \to \infty$ für $x \to \infty$ folgt aus der Stetigkeit (Zwischenwertsatz, G.3.3), dass mindestens eine Nullstelle existieren muss. Wegen $f'(x) = 3x^2 + 1 > 0$ folgt, dass f überall streng monoton zunimmt, damit also nur genau eine Nullstelle x_0 haben kann. Wegen $f(0) = -1$ und $f(1) = +1$ muss $0 < x_0 < 1$ sein.

Wir wollen nun drei verschiedene Iterationsverfahren zur Bestimmung von x_0 kennenlernen.

1. Verfahren der fortgesetzten Intervallhalbierung (Weierstraß'sches Halbierungsverfahren)

Man berechnet den Funktionswert in der Intervallmitte $f(0{,}5) = -0{,}375$ und schließt aus seinem Vorzeichen, dass $0{,}5 < x_0 < 1$ sein muss. Für dieses kleinere Intervall wird wieder der Funktionswert in der Mitte $f(0{,}75) = 0{,}171875 > 0$ berechnet, aus dessen Vorzeichen $0{,}5 < x_0 < 0{,}75$ folgt, usw.

In einem entsprechenden Computerprogramm kann man dieses Verfahren z. B. so lange fortsetzen, bis der Betrag des Funktionswertes in der Intervallmitte kleiner ist als eine vorgegebene Zahl ε („Genauigkeit"). Dann wird diese Intervallmitte als Näherungswert für die Nullstelle ausgedruckt.

Der von der Wahl der Programmiersprache unabhängige logische Aufbau des Programms wird durch das nebenstehende „Struktogramm" veranschaulicht. Umseitig ist der Ergebnisausdruck eines entsprechenden BASIC-Programms angegeben; Startintervall war hierbei [0; 1], Genauigkeit $\varepsilon = 1 \cdot 10^{-5}$ (= „1 E-05").

Struktogramm:

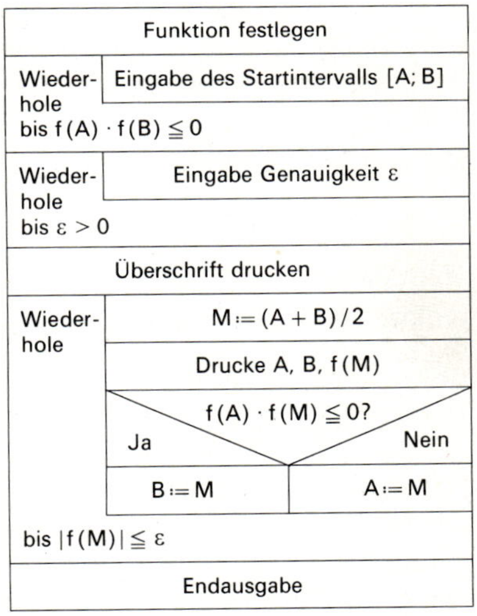

[1] von lat. *iteratio*, Wiederholung

Bei diesem Verfahren kann man bei jedem Schritt sofort eine obere Schranke für den Fehler des Näherungswertes angeben, nämlich die halbe Länge des gerade verwendeten Intervalls. Da diese gegen null geht, ist auch die Konvergenz gesichert.

Allerdings ist die Konvergenz nicht gut: Nach 10 Halbierungen ist die Intervall-Länge erst ein Tausendstel, da $2^{10} = 1024$; man hat erst 3 Dezimalstellen gewonnen.

Ergebnis:

```
INTERVALLGRENZEN                 MITTE M
RECHTS          LINKS             F(M)
1                0               -.375
1                .5               .171875
.75              .5              -.130859375
.75              .625             .0124511721
.6875            .625            -.0611267088
.6875            .65625          -.0248298643
.6875            .671875         -6.31380058E-03
.6875            .6796875         3.03739356E-03
.68359375        .6796875        -1.64600438E-03
.68359375        .681640625       6.9374172E-04
.682617188       .681640625      -4.76619229E-04
.682617188       .682128906       1.0843901E-04
.682373047       .682128906      -1.8412061E-04
.682373047       .682250977      -3.78484338E-05
.682373047       .682312012       3.52934303E-05
.682342529       .682312012      -1.2780074E-06

NAEHERUNG DER NULLSTELLE M= .682327271
FUNKTIONSWERT F(M)= -1.2780074E-06
```

2. Sekantenverfahren („Regula falsi")

Man geht auch hier von zwei groben Näherungswerten a_1 und b_1 für die gesuchte Nullstelle aus, deren Funktionswerte $f(a_1)$ und $f(b_1)$ verschiedene Vorzeichen haben. Die zugehörigen Punkte $P(a_1; f(a_1))$ und $Q_1(b_1; f(b_1))$ liegen also auf verschiedenen Seiten der x-Achse. Den nächsten Näherungswert x_1 gewinnt man nun nicht wie vorhin durch Intervallhalbierung, sondern man berechnet ihn als Schnittpunkt der Kurvensekante P_1Q_1 mit der x-Achse.

Aus der Gleichung für die Gerade P_1Q_1

$$y = \frac{f(b_1) - f(a_1)}{b_1 - a_1}(x - a_1) + f(a_1)$$

ergibt sich für $y = 0$ der neue Näherungswert

$$x_1 = a_1 + \frac{f(a_1)}{f(a_1) - f(b_1)} \cdot (b_1 - a_1).$$

Haben dann $f(a_1)$ und $f(x_1)$ verschiedene Vorzeichen, so setzt man das Verfahren mit den Werten a_1 und x_1 fort, andernfalls mit x_1 und b_1 (in Fig. 11.3 blau eingezeichnet).

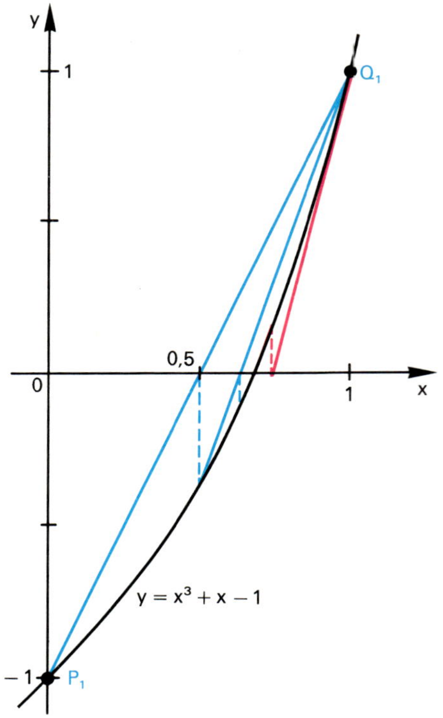

Fig. 11.3

Beginnen wir mit $P_1(0; -1)$ und $Q_1(1; 1)$, so erhalten wir folgende Tabelle (wieder bis $|f(x_1)| < 10^{-5}$):

Schritt	Näherungswert x_1	$f(x_1)$
1	0,500000000	−0,375000000
2	0,636363636	−0,105935386
3	0,671195652	−0,026428287
4	0,679661646	−0,006375484
5	0,681691020	−0,001525536
6	0,682175816	−0,000364224
7	0,682291533	−0,000086928
8	0,682319148	−0,000020744
9	0,682325738	−0,000004950

Auch das Sekantenverfahren konvergiert meist nicht sehr gut. Schneller kommt man im Allgemeinen mit dem nächsten Verfahren ans Ziel.

3. Tangentenverfahren (Newton'sches Näherungsverfahren)

Hier benötigt man nur einen ersten groben Näherungswert x_1 für die Nullstelle. Dann ersetzt man näherungsweise den Funktionsgraphen durch die Tangente im Punkt $Q_1(x_1; f(x_1))$ und berechnet ihren Schnittpunkt x_2 mit der x-Achse. Mit $Q_2(x_2; f(x_2))$ setzt man das Verfahren fort usw. (in Fig. 11.3 rot eingezeichnet).

Wir verfolgen den 1. Schritt rechnerisch. Die Tangentengleichung in Q_1 lautet:

$$y = f'(x_1)(x - x_1) + f(x_1)$$

Für $x = x_2$ soll $y = 0$ ein, also ist $x_2 = x_1 - \frac{f(x_1)}{f'(x_1)}$.

Entsprechend ergibt sich aus dem n-ten Näherungswert x_n der nächste Näherungswert x_{n+1} zu

$$x_{n+1} = x_n - \frac{f(x_n)}{f'(x_n)}.$$

In unserem Beispiel ist $f(x) = x^3 + x - 1$; $f'(x) = 3x^2 + 1$ und damit

$$x_{n+1} = x_n - \frac{x_n^3 + x_n - 1}{3x_n^2 + 1} = \frac{2x_n^3 + 1}{3x_n^2 + 1}$$

Mit dem Anfangswert $x_1 = 1$ erhalten wir dann die folgenden Werte:

n	x_n	$f(x_n)$
1	1,000000000	1,000000000
2	0,750000000	0,171875000
3	0,686046512	0,008941037
4	0,682339583	0,000028231
5	0,682327804	0,0000000009

Das Newton'sche Verfahren konvergiert bei brauchbarem Anfangswert sehr schnell. Wird dieser ungünstig gewählt, so kann es aber auch vollständig versagen.

Auf jeden Fall muss für alle Näherungswerte die Ableitung $f'(x)$ ungleich null sein, da sie im Nenner auftritt.

Aufgaben

1. Wendet man das Newton'sche Verfahren auf $f(x) = x^2 - a$ mit $a > 0$ an, so erhält man das sog. *Heron'sche Quadratwurzelverfahren* mit $x_{n+1} = \frac{1}{2}\left(x_n + \frac{a}{x_n}\right)$.
   Überprüfe dies und berechne damit $\sqrt{2}$ und $\sqrt{5}$ auf 5 Dezimalen genau!
2. Berechne $\sqrt[3]{5}$ auf 4 geltende Dezimalstellen mit Hilfe eines Iterationsverfahrens!

Das Newton-Verfahren mit beliebigen Anfangswerten

Bei den Näherungsverfahren versucht man, mit einem möglichst guten Anfangswert x_1 zu beginnen.

An der sehr einfachen Gleichung $f(x) = x^3 - 1 = 0$ werden wir sehen, welch unerwartete Erscheinung man beobachten kann, wenn man beliebige Anfangswerte x_1 bei dem Newton'schen Verfahren zulässt.

In dem Computerdiagramm Fig. 11.4 ist für alle Punkte einer Bildschirmzeile, die ein Intervall der x-Achse darstellt, nach oben aufgetragen, wie viele Iterationen notwendig sind, bis x_n sich um weniger als 10^{-5} von der Lösung $x_0 = 1$ unterscheidet.

Für $x_1 > 0$ wird erwartungsgemäß die Zahl der nötigen Iterationen umso kleiner, je näher man von links bzw. rechts mit dem Anfangswert x_1 an die Lösung $x_0 = 1$ herangeht.

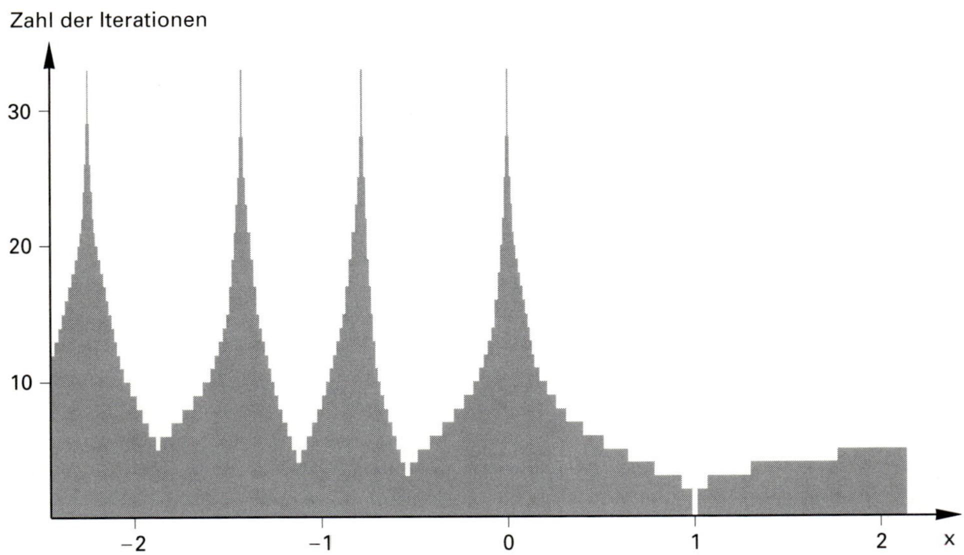

Fig. 11.4

Für $x_1 = 0$ versagt das Newton-Verfahren, da $f'(x) = 3x^2$ null wird. In der Nähe treten hohe Iterationszahlen auf, weil das im Nenner stehende $f'(x)$ sehr klein ist, der Betrag des nächsten Näherungswertes also sehr groß.

Für $x_1 < 0$ erkennt man eine Folge von Stellen, bei denen die Iterationszahl ein lokales Minimum ist, und dazwischen Werte, bei denen, wie in der Nähe von $x = 0$, hohe Iterationszahlen auftreten.

Wir können diese Stellen auch berechnen: Für einen Wert x_1, der nach einer oder mehreren Iterationen zu $x = 0$ führt, versagt das Newton-Verfahren ebenfalls, und in der Umgebung haben wir ein Verhalten wie beim Nullpunkt.

Die Iteration lautet:

$$x_2 = x_1 - \frac{x_1^3 - 1}{3x_1^2}$$

Für welchen Wert x_1 erhält man $x_2 = 0$?

Setzt man $x_2 = 0$, so erhält man

$$2x_1^3 = -1 \quad \text{oder} \quad x_1 = -\sqrt[3]{0{,}5} \approx -0{,}7937.$$

Für $x_1 = -0{,}7937$ versagt das Verfahren also nach *einem* Iterationsschritt.

Nach *zwei* Iterationen kommt man zum Nullpunkt, wenn man diesen Wert für x_2 einsetzt:

$$-0{,}7937 = x_1 - \frac{x_1^3 - 1}{3x_1^2}$$

Mit Hilfe eines unserer Näherungsverfahren erhält man $x_1 \approx -1{,}4338$.

Setzt man dies für x_2 ein, erhält man denjenigen Ausgangswert x_1, für den sich nach *drei* Iterationen null ergibt. Man erhält so eine unendliche Folge solcher Stellen:

$$-0{,}7937 \quad -1{,}4338 \quad -2{,}2495 \quad -3{,}4170 \quad -5{,}1444 \quad -7{,}7250$$
$$-11{,}5913 \quad -17{,}3886 \quad \ldots$$

Eine Gleichung mit mehreren reellen Nullstellen

Wählt man eine Ausgangsgleichung, die mehrere reelle Nullstellen hat, z. B.

$$x^4 - 5x^2 + 4 = 0,$$

so wird man durch das Newton-Verfahren je nach Anfangswert x_1 zu verschiedenen Nullstellen geführt. In Fig. 11.5 ist durch Farben angezeigt, zu welcher Nullstelle man von dem betreffenden x_1-Wert kommt; es sind die „Einzugsbereiche" der 4 Nullstellen -2; -1; $+1$ und $+2$. Wieder gibt es Stellen, wo das Verfahren versagt.

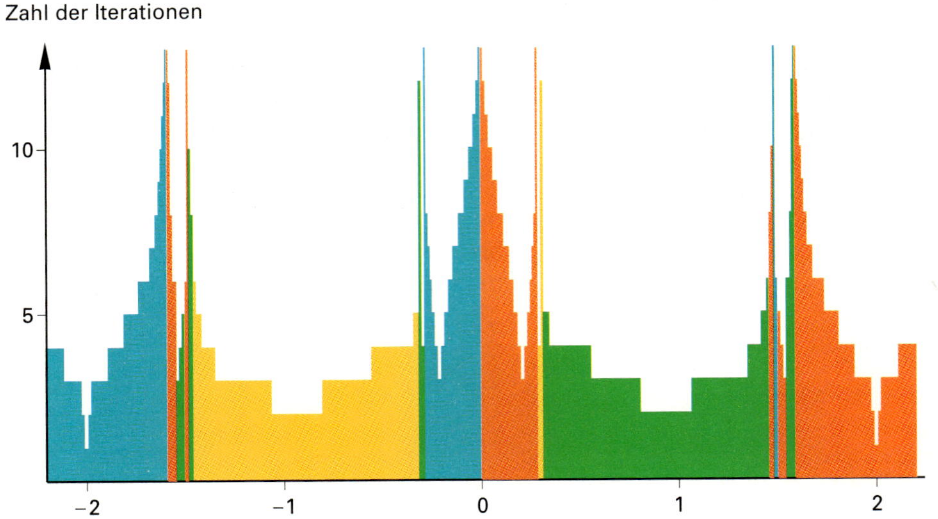

Fig. 11.5

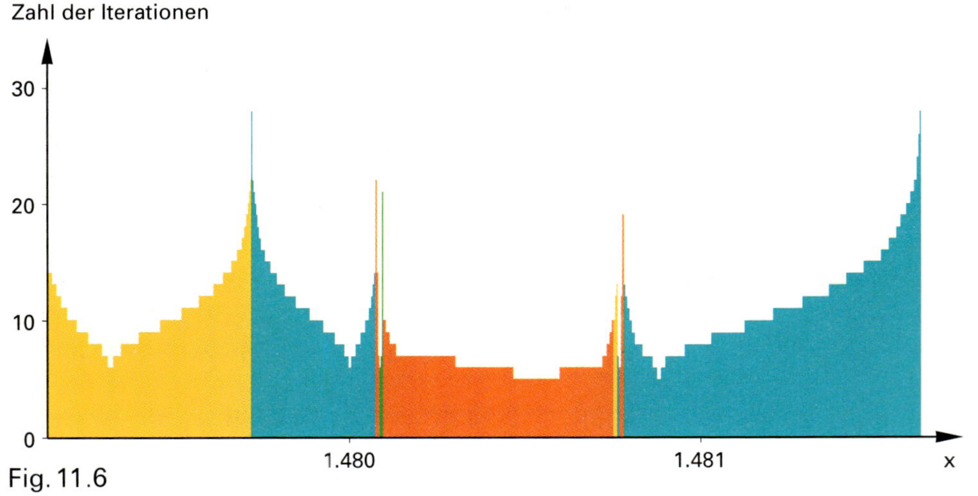

Fig. 11.6

Fig. 11.6 stellt einen winzigen Ausschnitt aus 11.5 dar, nämlich das Intervall

$$J_1: \quad 1{,}4791478 < x < 1{,}4816397$$

Überraschenderweise gibt es in diesem Intervall beliebig viele und beliebig kleine Intervalle, die genau so aussehen, wenn man sie mit einem geeigneten Faktor vergrößert, z. B. das Intervall

$$J_2: \quad 1{,}4790765899 < x < 1{,}4791478342$$

Man spricht von *Selbstähnlichkeit*.

Man erkennt in Fig. 11.6 außerdem, dass noch alle 4 Einzugsbereiche vertreten sind. Da diese Intervalle beliebig klein gewählt werden können, kann eine beliebig kleine Änderung des Startwertes zu irgendeiner anderen Nullstelle führen. Im praktischen Fall, wo man keine exakten Werte hat und wo bei der Berechnung mit irrationalen Zahlen immer Rundungsfehler auftreten, ist daher nicht voraussagbar, zu welcher Lösung das Verfahren führt. Dies ist eine Eigenschaft von *chaotischem Verhalten*, wie es in der Chaostheorie untersucht wird.

Bemerkung:
Noch interessantere Bilder ergeben sich, wenn man unsere Gleichungen und die Einzugsbereiche der Nullstellen für komplexe Zahlen betrachtet: Wir können hier aber nicht näher darauf eingehen. Faszinierende Bilder dazu findet man in vielen Büchern über Fraktale.

Aufgaben

1. Bestimme die Längen der Intervalle J_1 und J_2 und ihren Quotienten, d.h. den Faktor, um den die Skala verändert ist.

2. Versuche auch bei der Gleichung $x^4 - 5x^2 + 4 = 0$ Stellen zu berechnen, wo das Newton-Verfahren versagt, weil sich sofort oder nach einem Näherungsschritt null im Nenner ergibt. An Fig. 11.5 kann man dann das Ergebnis ungefähr überprüfen.

3. Versuche lokale Minima in Fig. 11.4 zu berechnen.
Hilfe: Das absolute Minimum liegt sicher bei $x_0 = 1$, d.h. man verwendet als Näherungswert schon die Lösung. Gesucht sind nun die Werte, bei denen man nach 1, 2, ... Schritten zu $x = 1$ kommt. Die erste sich ergebende Gleichung kann man noch ohne Näherungsverfahren lösen.

4. Versuche ein Computerprogramm zu schreiben, das für einen Punkt x_1 feststellt, zu welcher Lösung der Gleichung $x^4 - 5x^2 + 4 = 0$ das Newton-Verfahren führt. Bilde dann eine Wiederhol-Anweisung, die diese Prüfung für Punkte eines Intervalls mit einer bestimmten Schrittweite durchführt und den x-Wert ausdruckt, wenn der Einzugsbereich wechselt.

Stichwortverzeichnis

Abkühlungsgesetz 127f.
Ableitung 17
Ableitungen, höhere 18
Ableitungsfunktion 18
Ableitungsregeln 19ff., 110, 116, 125
abschnittsweise definierte Funktion 95f.
abschnittsweise Integration 51
Achsensymmetrie von Graphen 13, 26, 28
Additivitätseigenschaft des bestimmten Integrals 58
Arbeitsintegral 84
Asymptote 147, 152
Ausschalten eines Stroms 136

Beschleunigung 82
Beschränktheit 12
bestimmtes Integral 34ff., 55ff.
–, obere Grenze 68

C14-Methode 132

Definitionslücke 146
Definitionsmenge 25
Differenzialgleichung 24
Differenzialquotient 17
Differenzenquotient 17
Differenzierbarkeit 17

e-Funktion 114ff.
Effektivwerte, elektrische 88f.
Einschalten eines Gleichstroms 137
Energie einer Feder 85
Erwärmung 127f.
Euler'sche Zahl 104
Exponentialfunktion
–, allgemeine 123f.
–, natürliche 114ff.
Extremwertsatz 16

Fakultät 138
Flächenberechnungen 58ff.
Flächenextrema 93
Flächeninhalt 30ff.
Fluchtgeschwindigkeit 88
Funktionalgleichungen 102

ganzrationale Funktion 90f.
gebrochenrationale Funktion 146ff.
gerade Funktion 13
Gerade, Neigungswinkel der 8
Geraden, aufeinander senkrechte 8
gerichteter Flächeninhalt 34f.
gliedweise Integration 57
Grenzwert einer Funktion
– für $x \to x_0$ 15
– für $x \to \infty$ 14
Grenzwertregeln 14
größte untere Schranke 12

Halbwertszeit 130
Hauptsatz der Differenzial- und Integralrechnung 72ff.

Infimum 12
Integralfunktion 68
Integralsinus 81
Integrand 49
Integrandenfunktion 49
Integration 35ff.
Integrationsbereich 49
Integrationsformeln 77, 111ff., 118, 126
Integrationsintervall 49
Integrationskonstante 77
Integrationsregeln 77, 111ff., 118, 126
Integrationsvariable 68
Integrationsverfahren 51, 54, 57, 64, 75, 156f.
Intervallhalbierung, fortgesetzte 37ff.
Intervallschachtelung 39
Iterationsverfahren 175ff.

Kettenlinie 121
Kettenregel 23
kleinste obere Schranke 12
Kosinusfunktion 91f.
Krümmung 25, 27
Kurvendiskussion 25

Leistung eines Wechselstroms 88
lineare Funktion 8
Linearitätseigenschaft des bestimmten Integrals 56f.
Logarithmen, Briggs'sche 125
Logarithmusfunktion
–, allgemeine 123ff.
–, natürliche 105ff.

maximale Definitionsmenge 25
Maximum 16, 27
Minimalprinzip der Optik 165
Minimum 16, 27
Mittelwerte 88f.
Monotonie 9
Monotonieeigenschaft des bestimmten Integrals 57

Näherungskurve 152
Newton'sches Abkühlungsgesetz 127
Newton'sches Näherungsverfahren 177ff.
Nullstelle 25
–, einfache 26
Nullstellenbestimmung durch Iteration 175
numerische Integration 54, 64

Obersumme 38ff.

Phantombild 101
Produktregel 20
Punktsymmetrie von Graphen 13

Quotientenregel 21

Radioaktiver Zerfall 130
Radiocarbonmethode 132
rationale Funktion 146ff.
Rauminhalt eines Rotationskörpers 96ff.
Rechengesetze, logarithmische 109
Regula falsi 176
Reihenentwicklung
– der Exponentialfunktion 138f.
– der Sinusfunktion 140
– der Kosinusfunktion 140
Richtungsfeld 101
Rotationskörper 96ff.

schräge Asymptote 151
Schranke 12
Schuss ins Weltall 87
Sehnen-Trapez-Methode 55
Sekantenverfahren 176
senkrechte Asymptote 147, 152
Simpson-Regel 64ff.
Sinusfunktion 91f.
Stammfunktion 69ff.
Steigung
– einer Geraden 8
– eines Graphen 17
Steigungsdreieck 8
Steigungsfaktor 8
stetige Fortsetzung 16
Stetigkeit 16
Streifenmethode 37ff.
Summengrenzwertformel 48ff.
Supremum 12
Symmetrie von Graphen 13, 26, 28

Tabellenkalkulation 40
Tangente 17, 25
Tangentenverfahren 177ff.
Terrassenpunkt 25
Torus, Volumen eines 98
transzendente Zahlen 108

Umkehrbarkeit einer Funktion 11f.
Umkehrfunktion 10
Umkehrung der Integrationsrichtung 55
unbestimmtes Integral 77
Unendlichkeitsstelle 146
ungerade Funktion 13
Untersumme 38ff.

Verkettung von Funktionen 23
Verzinsung 142ff.
–, stetige 143

waagrechte Tangente 25
Wachstumsgesetz 129ff.
Weierstraß'sches Halbierungsverfahren 175
Wendepunkt 25

Zerfallsgesetz 129ff.
Zinseszinsen 142
Zinsformel 142
zusammengesetzte Funktionen 23
Zustandsgleichung realer Gase 162
Zwischenwertsatz 16

Bildnachweis

Bildagentur Mauritius, Mittenwald: 163 (SDP) – Tony Stone, München: 7 (Glenn Allison), 29 (Andy Sacks), 67 (Randy Wells), 99 (David Fitzgerald), 145 (Terry Vine)